电焊与热切割技术

浙江科学技术出版社

图书在版编目(CIP)数据

电焊与热切割技术 / 楼振华主编;浙江省职业技能教学研究所组织编写. —杭州:浙江科学技术出版社,2013.8

(职业技能培训丛书)

ISBN 978-7-5341-5733-2

Ⅰ. ①电… Ⅱ. ①楼…②浙… Ⅲ. ①电焊—技术培训—教材②切割—技术培训—教材 Ⅳ. ①TG443②TG48

中国版本图书馆CIP数据核字(2013)第201591号

丛 书 名	职业技能培训丛书
书 名	**电焊与热切割技术**
组织编写	浙江省职业技能教学研究所
主 编	楼振华

出版发行 浙江科学技术出版社

网 址 www.zkpress.com

地址:杭州市体育场路347号 邮政编码:310006

销售部电话:0571-85171220

排 版	杭州大漠照排印刷有限公司
印 刷	浙江新华印刷技术有限公司
经 销	全国各地新华书店

开 本	787×1092 1/16	**印 张**	14.25
字 数	340 000		
版 次	2013年8月第1版		2013年8月第1次印刷
书 号	ISBN 978-7-5341-5733-2	**定 价**	36.00元

责任编辑 刘雯静 **责任美编** 孙 菁

责任校对 赵 艳 **责任印务** 崔文红

本 册 主 编　楼振华

本册副主编　祝界平

本册编著者　楼振华　祝界平　丁彬彬　方洋洲

本 册 主 审　曹小其

前言 Qian Yan

职业技能培训是提高劳动者技能水平和就业创业能力的主要途径。大力加强职业技能培训工作，建立健全面向全体劳动者的职业技能培训制度，是实施扩大就业的发展战略，解决就业总量矛盾和结构性矛盾，促进就业和稳定就业的根本措施；是贯彻落实人才强国战略，加快技能人才队伍建设，建设人力资源强国的重要任务；是加快经济发展方式转变，促进产业结构调整，提高企业自主创新能力和核心竞争力的必然要求；也是推进城乡统筹发展，加快工业化和城镇化进程的有效手段。为切实贯彻落实全国、全省人才工作会议精神和《国务院关于加强职业培训促进就业的意见》《浙江省中长期人才发展规划纲要（2010—2020年）》，切实加快培养适应浙江省经济转型升级、产业结构优化要求的高技能人才，带动技能劳动者队伍素质整体提高，浙江省人力资源和社会保障厅规划并开展了职业技能培训系列教材建设，由浙江省职业技能教学研究所负责组织编写工作。该系列教材的第二批教材共16册，主要包括汽车检测与维修技术、仪器分析测试技术、机械制造工艺学习指导、制冷与空调技术、电焊与热切割技术、中式烹调实训教学菜谱等地方产业、新兴产业以及特色产业方面的技能培训教材。本系列教材针对职业技能培训的目的和要求，突出技能特点，便于各地开展农村劳动力转移技能培训、农村预备劳动力培训等就业和创业培训，以及用于企业职工、企业生产管理人员技能素质提升培训。本系列教材也可以作为技工院校、职业院校培养技能人才的教学用书。

《电焊与热切割技术》一书根据《中华人民共和国职业技能鉴定规范》的内容，着重编写了焊工基础知识，在了解基本知识的基础上，首先从简单的四大常用焊接方法（手工焊条电弧焊、氧—乙炔气焊、CO_2 气体保护电弧焊、钨极惰性气体氩弧焊)着手,到埋弧焊、等离子弧焊,再到电阻焊、电渣焊、激光焊等高端技术的焊接方法。从焊接普通碳素结构钢到低合金钢,再到铸铁的焊接和异种钢的焊接;从氧—乙炔气割、碳弧气刨到等离子切割和激光切割。本书内容由浅入深,循序渐进。

本书由浙江省机电高级技工学校的楼振华高级讲师担任主编,祝界平工程师担任副主编,曹小其担任主审,参加编写的人员还有丁彬彬和方洋洲老师,楼振华高级讲师还负责全书的修改与统稿。其中,项目一、项目二、项目八、项目十二由楼振华编写;项目三、项目五、项目六、项目十三由祝界平编写;项目四、项目七、项目十由丁彬彬编写;项目九、项目十一由方洋洲编写。

本书注重理论知识和技能操作的连贯性,并附有典型案例和常用工艺分析,强调技术的创新性。本书从内容、结构到版式都进行了精心设计,既有传统的知识和技能,又有近年来焊割方面的新设备、新材料、新工艺、新技术、新方法及最新科研成果,为学员今后的学习和工作做了铺垫。

本书可作为专业课教材供焊工、钣金工专业的学生使用。另外,本书也适用于焊工职业技能鉴定培训,初、中、高级工及技师人员考证使用,且在组织不同级别的培训和教学中,还可按需选用本书中的相关知识和技能来学习。

编写本书具有一定的难度,在编写过程中得到了有关专家和企业的大力支持与帮助,在此表示衷心的感谢!

由于编者水平有限,书中难免出现一些缺陷和不足,敬请读者批评指正。

浙江省职业技能教学研究所

2013 年 8 月

目录 Mu Lu

项目一　焊接技术概论

任务一　概述

一、金属连接的方式

在金属结构和机器的制造中，经常需要用一定的连接方式将两个或两个以上的零件按一定形式和位置连接起来。金属连接方式可以分为两大类：一类是可拆卸连接，即不必毁坏零件（连接件、被连接件）就可以拆卸，如螺栓连接、键和销连接等；另一类是永久性连接，也称不可拆卸连接，其拆卸只有在毁坏零件后才能实现，如铆接、焊接和粘接等。

需要注意的是，有些将拆卸时仅连接件毁坏而被连接件不毁坏的连接情况也归纳为可拆卸连接，如铆接。而将连接件和被连接件全部毁坏后才能实现拆卸的连接方式称为永久性连接。通常可拆卸连接常用于零件的装配和定位；永久性连接通常用于金属结构或零件的制造，如图 1－1 所示。

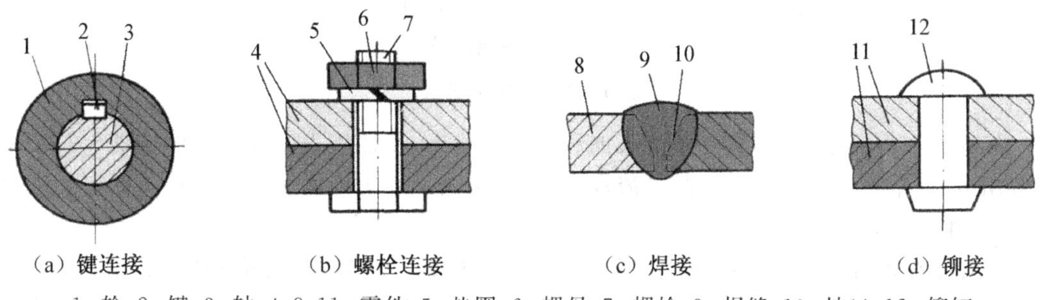

（a）键连接　（b）螺栓连接　（c）焊接　（d）铆接

1－轮；2－键；3－轴；4、8、11－零件；5－垫圈；6－螺母；7－螺栓；9－焊缝；10－坡口；12－铆钉

图 1－1　零件常用的连接方式

二、焊接的定义

焊接就是通过加热或加压，或两者并用，并且用或不用填充材料，使焊件达到结合的一种加工工艺方法。

由此可见，焊接最本质的特点就是通过焊接使焊件达到结合，从而将原来分开的物体形成永久性连接的整体。要使两部分金属材料达到永久连接的目的，就必须使分离的金属相

互之间非常接近，使之产生足够大的结合力，才能形成牢固的接头。这对液体来说是很容易的，而对固体来说则比较困难，需要外部给予很大的能量如电能、化学能、机械能、光能、超声波能等，这就是金属焊接时必须采用加热、加压或两者并用的原因。

三、焊接的分类

按照焊接过程中金属所处的状态不同，可以把焊接方法分为熔焊（fusion welding）、压焊（pressure welding）和钎焊（brazing soldering）3 类，如图 1－2 所示。

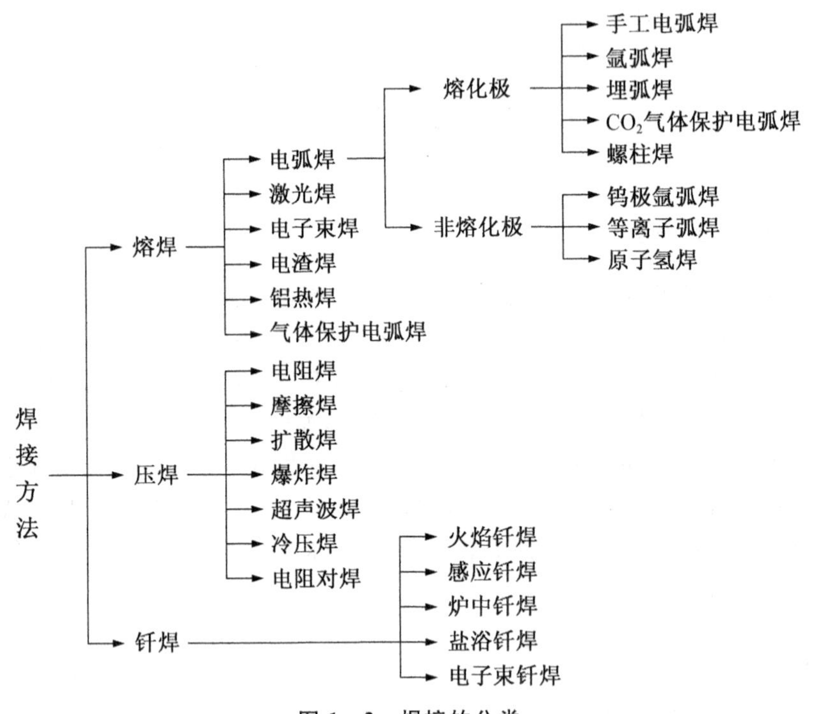

图 1－2 焊接的分类

熔焊是在焊接过程中，将焊件接头加热至熔化状态，不加压力完成焊接的方法。目前熔焊应用最广，常见的气焊、电弧焊、电渣焊、气体保护电弧焊等均属于熔焊。熔焊的必要条件是熔化、相互熔合。

压焊是在焊接过程中，必须对焊件施加压力（加热或不加热），以完成焊接的方法。如电阻焊、摩擦焊、冷压焊、爆炸焊等属于压焊。压焊的必要条件是加热或不加热均可，但必须加压。

钎焊是采用比母材熔点低的钎料作填充材料，焊接时将焊件和钎料加热到高于钎料熔点、低于母材熔点的温度，利用液态钎料润湿母材，填充接头间隙并与母材相互扩散实现连接焊件的方法。常见的钎焊方法有火焰钎焊、炉中钎焊等。

四、焊接的特点

焊接与铆接、铸造相比，有以下优点：可以节省大量金属材料，减轻结构的重量，成本较低；简化加工与装配工序，工序较简单，生产周期较短，劳动生产率高；焊接接头不仅强度高，而且其他性能（如耐热性能、耐腐蚀性能、密封性能）都能与焊件材料相匹配，焊接质量高；劳

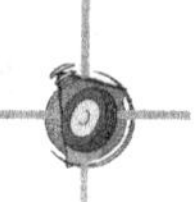

动强度低，劳动条件好等。

焊接的主要缺点是产生焊接应力与变形，焊接中存在一定数量的缺陷，产生有毒、有害的物质等。

目前世界各国年平均生产的焊接结构用钢已占钢产量的45%左右，所以焊接是目前应用极为广泛的一种永久性连接方法。

任务二　焊接技术发展史

一、焊接历史

近代焊接技术是从1885年出现碳弧焊开始，直到20世纪40年代才形成较完整的焊接工艺体系。特别是20世纪40年代初期出现了优质电焊条后，焊接技术得到了一次飞跃。如今世界上已有50余种焊接工艺方法应用于生产中。焊接方法的发展简史见表1-1。

表1-1　焊接方法的发展简史

焊接方法	发明年代	发明国家	焊接方法	发明年代	发明国家
碳弧焊	1885	苏联	冷压焊	1948	英国
电阻焊	1886	美国	高频电阻焊	1951	美国
金属极电弧焊	1892	苏联	电渣焊	1951	苏联
热剂焊	1895	德国	CO_2气体保护电弧焊	1953	美国
氧—乙炔焊	1901	法国	超声波焊	1956	美国
金属喷镀	1909	瑞士	电子束焊	1956	法国
原子氢焊	1927	美国	摩擦焊	1957	苏联
高频感应焊	1928	美国	等离子弧焊	1957	美国
惰性气体保护电弧焊	1930	美国	爆炸焊	1963	美国
埋弧焊	1935	美国	激光焊	1965	美国

二、焊接技术的新发展

随着工业和科学技术的发展，焊接技术也在不断进步，焊接已从单一的加工工艺发展成为综合性的先进工艺技术。焊接技术的新发展主要体现在以下几个方面：

1. 提高焊接生产率，进行高效率焊接

焊条电弧焊中的铁粉焊条、重力焊条和躺焊条工艺；埋弧焊中的多丝焊、热丝焊、窄间隙焊接；熔化极惰性气体保护电弧焊(metal inert-gas arc welding，MIG焊)中的气电立焊、热丝熔化极活性气体保护电弧焊(metal active-gas welding，MAG)等，是常用的高效率焊接方法。

2. 提高焊接过程自动化、智能化水平

国外焊接过程机械化、自动化已达到很高程度，而我国手工焊接所占比例极很大。按焊丝与焊接材料使用所占的比例来计算机械化、自动化比例，2000年日本为80%，西欧为

74%,美国为71%,我国为23%。焊接机器人的应用是提高焊接过程自动化水平的有效途径,应用焊接专家系统、神经网络系统等都能提高焊接过程的智能化水平。

3. 研究开发新的焊接热源

焊接工艺几乎运用了世界上一切可以利用的热源,如火焰、电弧、电阻、激光、电子束等。但新的、更好的、更有效的焊接热源的研发也一直在进行,例如,采用两种热源的叠加,以获得更强的能量密度,即用等离子束加激光、电弧中加激光等方式。

思考题

1. 细划焊接方法的分类。
2. 试述焊接有哪些特点。
3. 焊接是利用哪几种热源进行加工的?

项目二　焊工安全操作技术基本知识

任务一　安全生产法律法规

一、安全生产法规常识

1. 安全生产法规的概念

我国安全生产的基本方针是："安全第一、预防为主、综合治理"。

安全生产法规是指国家机关为加强安全生产监督管理，落实安全生产技术措施，保障人民群众生命和财产安全，防止和减少生产安全事故，促进经济发展，按照一定的法律程序制定并颁布实施的法律规范。

2. 安全生产法规的主要任务

安全生产法规的主要任务是生产经营活动中相关组织与从业人员之间在安全方面权利和义务关系的调整，保护人身和财产的安全。安全生产法规具有国家强制性。一切生产经营单位、行政机关、社会团体和个人都必须认真执行。对违反法规的行为，造成重大后果的，要追究法律责任，根据情节轻重分别给予行政纪律处分、经济处罚，直至追究刑事责任。

二、安全生产法律法规的特征

1. 安全生产法律法规有着较强的科技性

(1) 指技术规范和社会规范两大类法律规范。

(2) 人们依靠科技进步积极采用安全卫生工程技术的规范也不断增加。

(3) 在安全生产法律规范中，技术规范所占比重日益增加。

(4) 体现了社会文明和进步。

2. 安全生产法律规范具有广泛的进步性

(1) 要求企业消除劳动过程中危及人身安全及健康的不安全因素，防止各种伤亡事故和职业病的发生。

(2) 消除由于发生事故对社会和环境的危害。

3. 安全生产法律法规具有强制性

《安全生产法》《安全生产违法行为行政处罚办法》中的一系列规定就充分体现了它的强制性。特别是GB5306－85《特种作业人员安全技术考核管理规则》中对焊工方面的强制要求。

三、安全生产法律法规的作用

1. 确保劳动者的合法权益，体现和谐安全发展

（1）出发点：以人为本，一切为了人，为了保护从业人员的安全和健康。

（2）因素：这是我国社会主义制度所决定的，也是“三个代表”重要思想和科学发展观的具体表现。

（3）和谐发展、可持续发展和安全发展，是科学发展观的体现。

2. 促进生产和经济的发展

如果不能保证从业人员的安全与健康，就无法实现经济建设的快速健康发展。安全生产法律法规对生产和经济发展起着重要的作用。

3. 促进社会稳定

稳定是经济发展和各项工作顺利进行的重要前提。生产经营单位和从业人员双方形成权利和义务关系，纳入国家法制轨道，避免伤亡事故和职业病发生，为从业人员创造良好的环境，实行长周期安全生产，促进社会稳定，以保持国家长治久安。

四、安全生产法律法规的体系

以《中华人民共和国宪法》为依据，《中华人民共和国安全生产法》为核心，以有关法律、行政法规、地方性法规、规章和技术规程、技术标准为依托的安全生产法律法规体系。

五、《中华人民共和国宪法》中有关安全生产的内容

第四十二条规定：公民有劳动的权利和义务。国家通过各种途径，创造就业条件，加强劳动保护，改善劳动条件，并在发展的基础上，提高劳动者报酬和福利待遇。

第四十三条规定：劳动者有休息的权利，规定职工的工作时间和休假制度。《宪法》的这些条款是指导我国安全生产工作的原则性规定。

六、《中华人民共和国劳动法》中有关安全生产的内容

1. 目的

保护劳动者的合法权益，调整劳动关系，建立和维护适应社会主义市场经济的劳动制度，促进经济发展和社会进步。

2. 规定

劳动者享有获得劳动安全卫生保护的权利，劳动者应当执行安全生产规程、遵守劳动纪律。用人单位依法建立和完善规章制度，保障劳动者享有劳动权利和履行劳动义务。

3.《中华人民共和国劳动法》第六章对劳动安全卫生提出的具体要求

第六章第五十五条规定：特种作业的劳动人员必须经过专门培训并取得特种作业资格，才能上岗。

七、《中华人民共和国刑法》中有关安全生产的内容

《中华人民共和国刑法》第二章“危害公共安全罪”规定：对企事业单位职工违反有关规

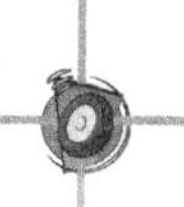

定发生重大事故，造成严重后果的应判处刑罚。

八、《中华人民共和国安全生产法》中涉及特种作业人员的内容

第三章第二十三条规定：生产经营单位的特种作业人员必须按照国家规定经专门的安全作业培训，取得特种作业操作资格证书，方可上岗作业。

第六章第八十二条规定：生产经营单位有下列行为之一的，责令限期改正，逾期未改的，责令停产停业整顿，可以并处 2 万元以下的罚款。

"安全生产违法行为行政处罚办法"第三十九条第五款规定：特种作业人员无证擅自上岗的，必须负法律责任。

《中华人民共和国安全生产法》规定从业人员有八项权利和三项义务。

八项权利：

(1) 知情权。

(2) 建议权。

(3) 批评和检举、控告权。

(4) 拒绝权。

(5) 紧急避险权。

(6) 依法赔偿权。

(7) 获得符合国家标准或行业标准劳动保护用品的权利。

(8) 享有安全教育和培训的权利。

三项义务：

(1) 自律遵规。

(2) 自觉学习安全知识。

(3) 危险报告。

因此，焊接与切割作业人员及其他从业人员的权利和义务以法律的形式被具体地确定下来，如果能够切实履行这些法定义务，逐步提高自身素质，提高安全生产技能，就能及时有效地避免和消除大量的事故隐患，就能按章操作，保障安全，掌握安全生产的主动权。

九、特种作业和安全培训方面的有关行政法规的内容

1.《特种作业人员安全技术培训考核管理办法》

第十九条规定：特种作业人员必须持证上岗。无证上岗的，按国家有关规定对单位和作业人员进行处罚。

第二十条规定：用人单位应当加强对特种作业人员的管理，做好申报、培训、考核、复审的组织工作和日常的检查工作。

第二十四条规定：有下列情形之一的，由发证单位收缴其特种作业操作证书：

(1) 未按规定复审或复审不合格的；

(2) 违章操作造成严重后果或违章操作记录达 3 次以上的；

(3) 弄虚作假骗取特种作业操作证的；

(4) 经确认健康状况已不适宜继续从事所规定的特种作业的。

第二十五条规定：离开岗位达6个月以上的特种作业人员，应重新进行实际操作考核，合格后方可上岗作业。

2.《安全生产培训管理办法》(2005年2月1日实施)

第六条规定：取得三级资质证书的安全培训机构，可以承担特种作业人员的培训。

第十九条规定：从业人员调整岗位或采用新工艺、新技术、新材料的，应对其进行专门的安全教育和培训。未经安全教育和培训合格的从业人员不得上岗作业。

第二十八条规定：特种作业操作资格证的有效期为6年，每3年复审一次。复审内容包括责任事故记录，违法违章记录，参加培训记录。复审不合格的，经重新安全培训考核合格后，办理延期手续。

第三十八条规定：生产经营单位有下列情形之一的责令限期改正；逾期未改正的，责令停产停业整顿，可以处以2万元以下的罚款。

(1) 从业人员上岗前或采用新工艺、新技术、新材料、新设备前，未经安全教育培训的。

(2) 特种作业人员未按规定经专门的安全技术培训并取得特种作业操作资格证书的。

3.《生产经营单位安全培训规定》(2006年3月1日实施)

第二十条规定：生产经营单位的特种作业人员，必须按照国家有关法律法规的规定接受专门的安全培训，经考核合格，取得特种作业操作资格证书后，方可上岗作业。

第三十条规定：生产经营单位特种作业人员未按照规定经专门的安全培训机构培训并取得特种作业操作资格证书上岗作业的，责令其限期改正；逾期未改正的，责令停产、停业整顿，并处2万元以下的罚款。

4. 其他

(1) 焊割作业主要安全标准与规范：

GBJ/T2550—1992 焊接及切割用橡胶氧气软管。

GBJ/T2551—1992 焊接及切割用橡胶乙炔软管。

GBJ/T3609—1994 焊接眼、面防护具。

GB/T5107—1985 焊接和切割用软管接头。

GB7144—1985 气瓶颜色标记。

GB15578—1995 电阻焊机的安全要求。

GB15579—1995 弧焊设备安全要求第一部分：焊接电源。

GB15701—1995 焊接防护服。

GB9448—1999 焊接与切割安全。

GB2894—1996 安全标志。

(2) 焊割设备主要安全标准与规范：

GB/T8118—1995 电弧焊机通用技术条件。

GB/T10235—1988 弧焊变压器防触电装置。

GB/T13164—1991 埋弧焊机。

JB/T685—1991 直流弧焊发电机。

JB/T2751—1993 等离子弧切割机。

JB/T7109—1993 等离子弧焊机。

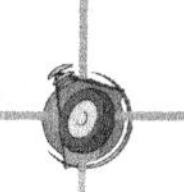

JB/T7824—1995 逆变式弧焊整流器技术条件。

JB/T8747—1999 钨极惰性气体保护弧焊机(TIG 焊机)技术条例。

JB/T9529 电阻焊机变压器通用技术条件。

(3) 焊割用气瓶安全标准与规范：

GB5099—1994 钢制无缝气瓶。

GB5100—1994 钢制焊接气瓶。

GB5842—1996 液化石油气钢瓶。

GB11638—1989 溶解乙炔气瓶。

GB12136—1989 溶解乙炔气瓶用回火防止器。

GB12135—1989 气瓶定期检验站技术条件。

(4) 焊割作业人员职业道德：

① 特种作业人员职业道德主要内容：安全为公、精益求精、好学上进的道德观念。

② 焊割作业人员职业道德守则主要内容：

a. 热爱本职工作,对工作极端负责。

b. 具有良好的职业技术,不断提高工作质量和产品质量。

c. 遵纪守法,严格执行各项操作规程。安全第一,预防为主,创造文明、安全和卫生的工作环境。

d. 团结协作、刻苦钻研业务、提高操作技术水平。

e. 不伤害自己、不伤害别人、不被别人伤害,避免各类事故发生。

任务二 焊工安全操作基本知识

一、焊接安全生产的重要性

焊工在焊接时要与电、可燃及易爆的气体、易燃液体、压力容器等接触,焊接时会产生一些有害因素如有害气体、金属蒸气、烟尘、电弧辐射、高频磁场、噪声和射线等,有时还要在高处、水下、容器设备内部等特殊环境中作业。所以,焊接生产中存在如触电、灼伤、火灾、爆炸、中毒、窒息等一些危险因素,因此必须重视焊接安全生产。

国家有关标准明确规定,金属焊接(气割)作业是特种作业,焊工是特种作业人员。特种作业人员须进行培训并经考试合格后,方可上岗作业。

二、预防触电的安全措施

触电是焊接操作的主要危险因素,我国目前生产的焊条电弧焊机的空载电压限制在90V以下,工作电压为25～40V;自动电弧焊机的空载电压为70～90V;电渣焊机的空载电压一般为40～65V;氩弧焊、CO_2气体保护电弧焊机的空载电压在65V左右;等离子弧切割机的空载电压为300～450V;所有焊机工作的网路电压为380V/220V,50Hz的交流电,都超过安全电压(一般干燥情况为36V,高空作业或特别潮湿场所为12V),因此触电危险率是比较大的,必须采取措施预防触电。

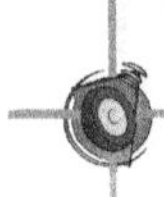

1. 电流对人体的危害

电流对人体的危害有电击、电伤和电磁场生理伤害3种类型。

电击是指电流通过人体内部，破坏心脏、肺部或神经系统的功能，通常称为触电。触电事故基本上是电击，绝大部分触电事故是由电击造成的。

电伤是指加热工件的火星飞溅到皮肤上引起的烧伤。

电磁场生理伤害是指在高频电磁场作用下，使人产生头晕、乏力、记忆力衰退、失眠多梦等神经系统的症状。

2. 焊接触电原因及预防措施

触电可分为直接触电和间接触电。直接触电是直接触及焊接设备正常运行时的带电体或靠近高压电网和电气设备而发生触电。间接触电是触及意外带电体(正常时不带电，因绝缘损坏或电气设备发生故障而带电的导体)而发生触电。

(1) 直接触电及预防措施。

① 在更换焊条、电极和焊接过程中，焊工的手或身体某部接触到焊条、焊钳或焊枪的带电部分，而脚或身体其他部位与地或工件间无绝缘保护。焊工在金属容器、管道、锅炉或金属结构内部施工，或当人体大量出汗，或在阴雨天、潮湿地方焊接时，特别容易发生这种触电事故。

② 在接线、调节焊接电流和移动焊接设备时，手或身体某部接触到接线柱等带电体而触电。

③ 在高处焊接作业时触及低压线路或靠近高压网路引起的触电事故。

(2) 间接触电及预防措施。

① 焊接设备的绝缘烧损、振动或机械损坏，使绝缘损坏部位碰到机壳，而人碰到机壳引起触电。

② 焊机的火线和零线接错，使外壳带电而触电。

③ 焊接操作时人体碰上了绝缘损坏的电缆、胶木电闸带电部分而触电。

三、预防火灾和爆炸

焊接时，电弧及气体火焰的温度很高并有大量的金属火花飞溅物，而且在焊接过程中还会与可燃及易爆的气体、易燃液体、可燃的粉尘或压力容器等接触，都有可能引起火灾甚至爆炸。因此焊工在工作时，必须防止火灾及爆炸事故的发生。

1. 可燃气体的爆炸及预防措施

工业上大量使用的可燃气体，如乙炔、天然气等，与氧气或空气均匀混合达到一定浓度，遇到火源便会发生爆炸。这个浓度称为爆炸极限，常用可燃气在混合物中所占的体积分数来表示。例如，乙炔与空气混合的爆炸极限为2.2%～81%，乙炔与氧气混合的爆炸极限为2.8%～93%，丙烷或丁烷与空气混合的爆炸极限分别为2.1%～9.5%和1.55%～8.4%。

2. 可燃液体的爆炸及预防措施

在焊接场地或附近放有可燃液体时，可燃液体或可燃液体蒸气达到一定浓度，遇到焊接火花就会发生爆炸，如汽油蒸气与空气混合的爆炸极限为0.7%～6%。

3. 可燃粉尘的爆炸及预防措施

可燃粉尘如镁铝粉尘、纤维素粉尘等，它们悬浮于空气中，若达到一定浓度范围，遇到焊

接火花也会发生爆炸。

4. 密闭容器的爆炸及预防措施

对密闭容器或受压容器焊接时，如不采取适当措施（如卸压）也会产生爆炸。

四、焊接过程中的有害因素

焊接过程中产生的有害因素是有害气体、焊接烟尘、电弧辐射、高频磁场、噪声和射线等。各种焊接方法在焊接过程中产生的有害因素及危害程度见表 2-1。

表 2-1 各种焊接方法在焊接过程中产生的有害因素及危害程度

焊接方法	有害因素及危害程度						
	弧光辐射	高频电磁场	焊接烟尘	有害气体	金属飞溅	射线	噪声
酸性焊条电弧焊	轻微	/	中等	轻微	轻微	/	/
碱性焊条电弧焊	轻微	/	强烈	轻微	中等	/	/
高效铁粉焊条电弧焊	轻微	/	最强烈	轻微	轻微	/	/
碳弧气刨	轻微	/	强烈	轻微	/	/	轻微
电渣焊	/	/	轻微	/	/	/	/
埋弧焊	/	/	中等	轻微	/	/	/
实心细丝 CO_2 焊	轻微	/	轻微	轻微	轻微	/	/
实心粗丝 CO_2 焊	中等	/	中等	轻微	中等	/	/
钨极惰性气体氩弧焊（铝、铁、铜、镍）	中等	中等	轻微	中等	轻微	轻微	/
钨极惰性气体氩弧焊（不锈钢）	中等	中等	轻微	轻微	轻微	轻微	/
熔化极氩弧焊（不锈钢）	中等	/	轻微	中等	轻微	/	/

1. 焊接烟尘及预防措施

焊接金属烟尘的成分很复杂，焊接黑色金属材料时，烟尘的主要成分是铁、硅、锰，焊接其他金属材料时，烟尘中还有铝、氧化锌、钼等，其中主要有毒物是锰。使用碱性低氢型焊条时，烟尘中含有极毒的可溶性氟。焊工长期吸入这些烟尘，会引起头痛、恶心，甚至引起焊工尘肺及锰中毒等。

2. 有害气体及预防措施

在各种熔焊过程中，焊接区都会产生或多或少的有害气体。特别是电弧焊中，在焊接电弧的高温和强烈的紫外线作用下，产生有害气体的程度尤甚。所产生的有害气体主要有O_3、N_xO_y、CO和HF。这些有害气体被吸入体内，会引起中毒，影响焊工健康。排出烟尘和有害气体的有效措施是加强通风和加强个人防护，如戴防尘口罩、防毒面罩等。

3. 弧光辐射及预防措施

弧光辐射包括可见光、红外线和紫外线。过强的可见光耀眼眩目；红外线会引起眼部强烈的灼伤和灼痛，发生闪光幻觉；紫外线对眼睛和皮肤有较大的刺激性，可引起电光性眼炎。在各种明弧焊、保护不好的埋弧焊等都会形成弧光辐射。弧光辐射的强度与焊接方法、工艺参数及保护方法等有关，CO_2焊弧光辐射的强度是焊条电弧焊的2～3倍，氩弧焊是焊条电弧焊的5～10倍，而等离子弧焊比氩弧焊更强烈。为了防护弧光辐射，必须根据焊接电流来选择面罩中的电焊防护玻璃，玻璃镜片遮光号的选用见表2－2。

表2－2 玻璃镜片遮光号的选用

焊接、切割方法	镜片遮光号			
	焊接电流/A			
	≤30	30～75	75～200	200～400
电弧焊	5～6	7～8	8～10	11～12
碳弧气刨	/	/	10～11	12～14
焊接辅助工	3～4			

4. 高频电磁场及预防措施

当交流电的频率达到每秒钟振荡10万～30000万次时，它的周围形成高频率的电场和磁场称为高频电磁场。等离子弧焊割、钨极氩弧焊采用高频振荡器引弧时，会形成高频电磁场。焊工长期接触高频电磁场，会引起神经功能紊乱和神经衰弱。防止高频电磁场的常用方法是将焊枪电缆和地线用金属编织线屏蔽。

5. 射线及预防措施

射线主要是指等离子弧焊割、钨极氩弧焊的钍产生放射线和电子束焊时的X射线。焊接过程中放射线影响不严重，钍钨极一般被铈钨极取代，电子束焊的X射线防护主要以屏蔽、减少泄漏为主。

6. 噪声及预防措施

在焊接过程中，噪声危害突出的焊接方法是等离子弧焊、等离子喷涂以及碳弧气刨，其噪声强达120～130dB以上，强烈的噪声可以引起听觉障碍、耳聋等症状。防噪声的常用方法是戴耳塞和耳罩。

五、焊接劳动保护

焊接劳动保护是指为保障焊工在焊接生产过程中的安全和健康所采取的措施。焊接劳动保护应贯穿于整个焊接过程中。加强焊接劳动保护的措施主要应从两方面来控制：一是从采用和研究安全卫生性能好的焊接技术及提高焊接机械化、自动化程度方面着手；二是加强焊工的个人防护。推荐选用的安全卫生性能好的焊接技术措施

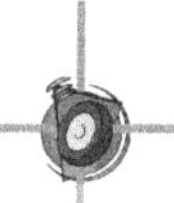

见表2-3。

表2-3 安全卫生性能好的焊接技术措施

目 的	措 施
全面改善安全卫生条件	(1) 提高焊接机械化、自动化水平 (2) 对重复性生产的产品,设计程控焊接生产线 (3) 采用各种焊接机械手和机器人
取代手工焊,以消除焊工触电的危险和电焊烟尘危害	(1) 优先选用安全卫生性能好的埋弧焊等自动焊方法 (2) 对适宜的焊接结构采用高效焊接方法 (3) 选用电渣焊
避免焊工进入狭窄空间焊接,以减少焊工触电和电焊烟尘对焊工的危害	(1) 对薄板和中厚板的封闭和半封闭结构,应优先采取利用各类衬垫的埋弧焊单面焊双面成型工艺 (2) 创造条件,采用平焊工艺 (3) 管道接头,采用单面焊双面成型工艺
避免焊条电弧焊触电	每台焊机应安装防电击装置
降低氩弧焊的臭氧发生量	在Ar中加入0.3%的CO,可使臭氧发生量降低90%
降低等离子切割的烟尘和有害气体	(1) 采用水槽式等离子切割工作台 (2) 采用水弧等离子切割工艺
降低电焊烟尘	(1) 采用发尘量较低的焊条 (2) 采用发尘量较低的焊丝

思考题

1. 我国安全生产的基本方针是什么?
2. 特种作业人员的职业道德是什么?
3. 焊接与切割作业人员要遵循的道德守则是什么?
4. 焊接过程中的有害因素有哪些?
5. 试述焊接与切割作业安全的重要性。
6. 焊接与切割作业安全技术方面有哪些注意事项?

项目三 焊工基础知识

任务一 识图基础知识

一、投影的概念

在制图中，把光源称为投影中心，光线称为投射线，光线的射向称为投射方向，落影的平面（如地面、墙面等）称为投影面，影子的轮廓称为投影，用投影表示物体的形状和大小的方法称为投影法，用投影法画出的物体图形称为投影图。要获得物体的投影图，必须具备光源、被投影对象和投影面，如图 3－1 所示。

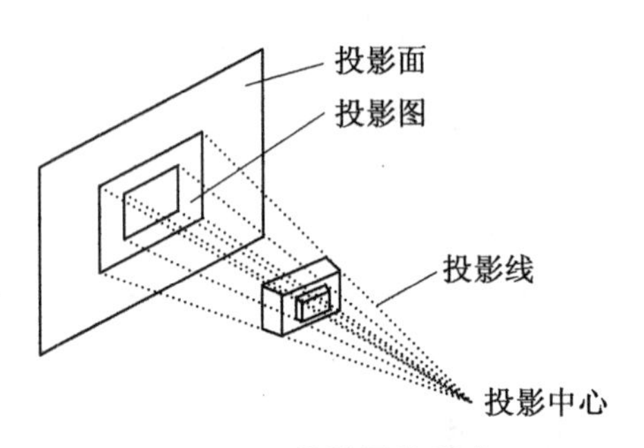

图 3－1 投影图的形成

二、投影法的分类

根据投射方式的不同情况，投影法一般分为两类：中心投影法和平行投影法。

由一点放射的投射线所产生的投影称为中心投影，如图 3－2(a)所示；由相互平行的投射线所产生的投影称为平行投影。平行投射线倾斜于投影面的称为斜投影，如图 3－2(b)所示；平行投射线垂直于投影面的称为正投影，如图 3－2(c)所示。

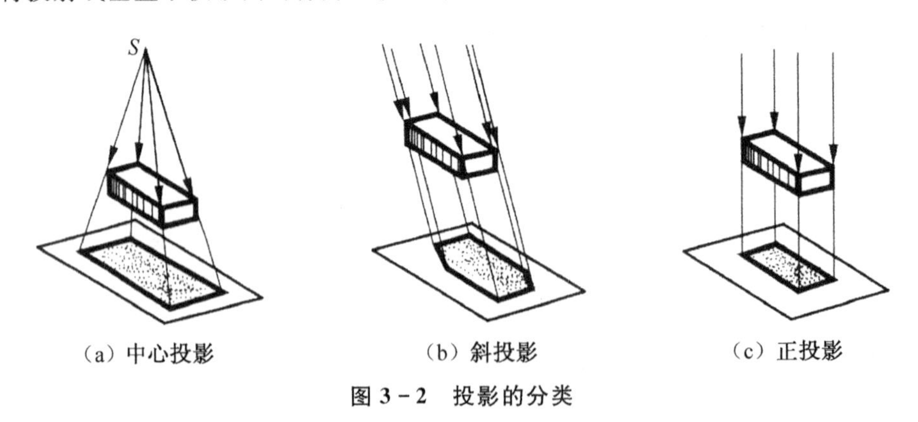

(a) 中心投影　(b) 斜投影　(c) 正投影

图 3－2 投影的分类

中心投影法的投影线集中一点 S，投影的大小与形体离投影面的距离有关，在投影中心

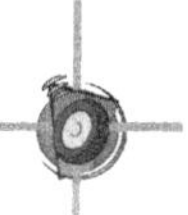

(S)与投影面距离不变的情况下,形体距 S 点愈近,影子愈大,反之则小。

平行投影法的投影线相互平行,投影的大小与形体离投影面的距离远近无关。

三、三面正投影图的形成

如图 3-3 所示的空间有 4 个不同形状的物体,它们在同一个投影面上的正投影却是相同的。

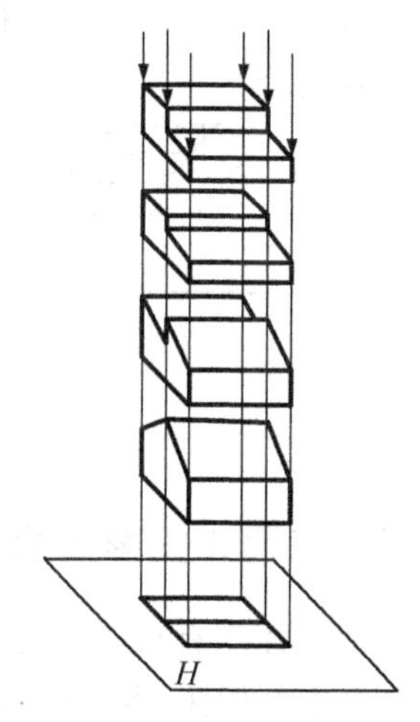

图 3-3　不同形状的物体在同一个投影面的投影

由此可以看出:虽然一个投影面能够准确地表现出形体的一个侧面的形状,但不能表现出形体的全部形状。为了确定物体的形状必须画出物体的多面正投影图,通常是三面正投影图。

1. 三投影面体系的建立

通常,采用 3 个相互垂直的平面作为投影面,构成三投影面体系,如图 3-4 所示。

水平位置的平面称作水平投影面,用字母 H 表示;与水平投影面垂直相交呈正立位置的平面称为正立投影面,用字母 V 表示;位于右侧与 H、V 面均垂直相交的平面称为侧立投影面,用字母 W 表示。3 个投影面的交线 OX、OY、OZ 叫投影轴,3 个投影轴也相互垂直。

2. 三视图的形成

将物体置于 H 面之上,V 面之前,W 面之左的空间,如图 3-5 所示,按箭头所指的投影方向分别向 3 个投影面作正投影。

由上往下在 H 面上得到的投影称为水平投影图(简称俯视图)。

由前往后在 V 面上得到的投影称作正立投影图(简称主视图)。

由左往右在 W 面上得到的投影称作侧立投影图(简称左视图)。

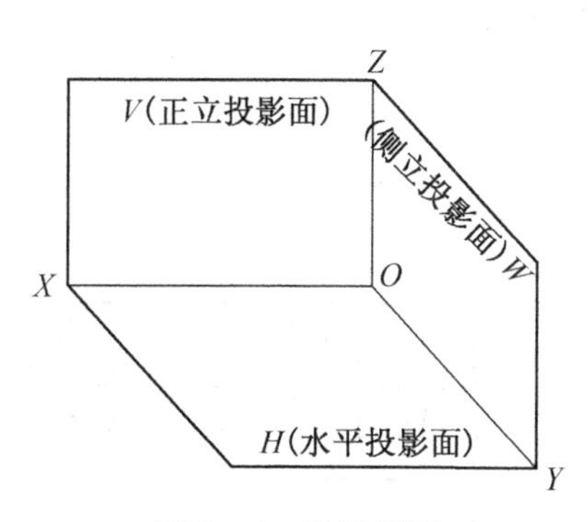

图 3-4　三投影面

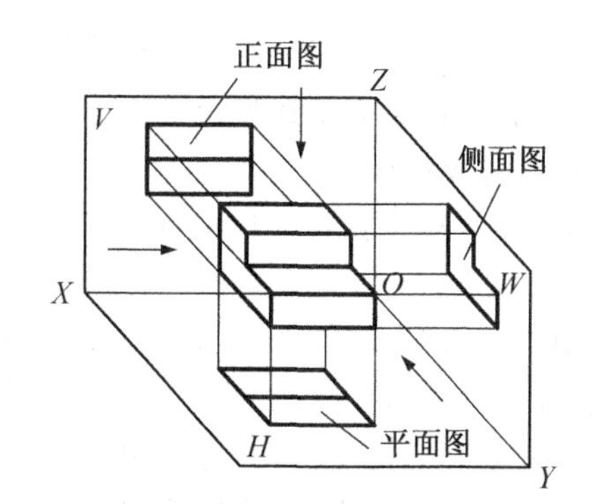

图 3-5　三投影图的形成

3. 三个投影面的展开

为了把空间 3 个投影面上所得到的投影画在一个平面上,需将 3 个相互垂直的投影面展开摊平成为一个平面。即 V 面保持不动,H 面绕 OX 轴向下翻转 90°,W 面绕 OZ 轴向右翻转 90°,使它们与 V 面处在同一平面上,如图 3-6(a)所示。

在初学投影作图时，最好将投影轴保留，并用细实线画出，如图 3-6(b)所示。

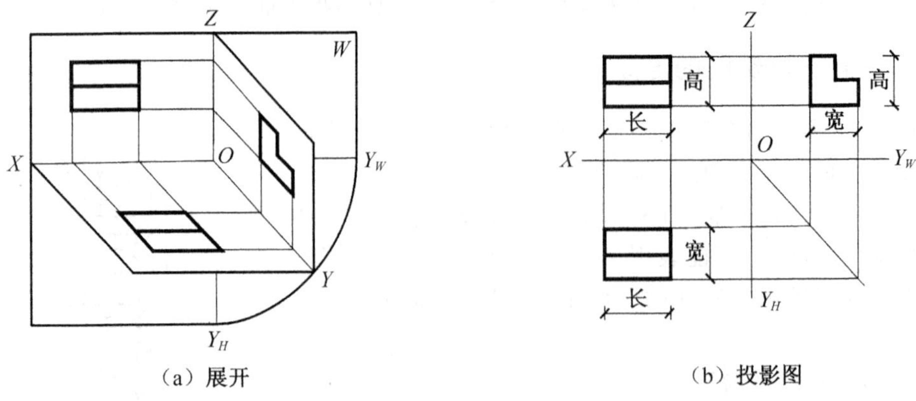

（a）展开　　（b）投影图

图 3-6　投影面的展开

四、三面正投影图的分析

空间形体都有长、宽、高 3 个方向的尺度。

如一个四棱柱，当它的正面确定之后，其左右两个侧面之间的垂直距离称为长度；前后两个侧面之间的垂直距离称为宽度；上下两个平面之间的垂直距离称为高度，如图 3-7 所示。

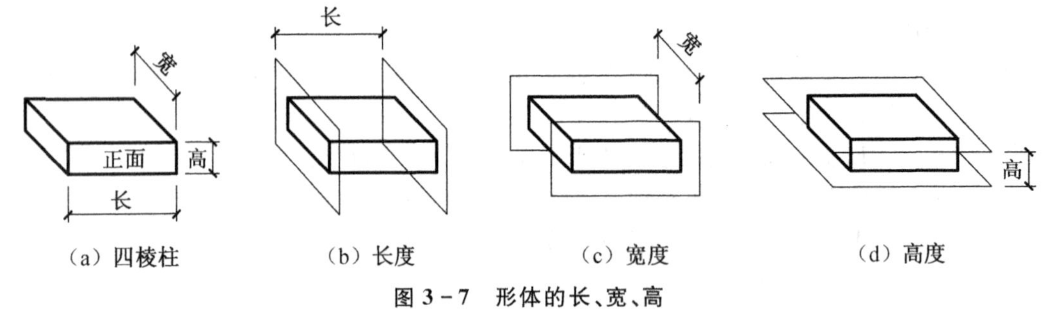

（a）四棱柱　（b）长度　（c）宽度　（d）高度

图 3-7　形体的长、宽、高

三面正投影图具有下述投影规律：

1. 投影对应规律

投影对应规律是指各视图之间在量度上的相互对应。一般情况下，一个视图不能确定物体的形状。如图 3-3 所示，4 个形状不同的物体在同一投影面上具有相同的投影。因此，要反映物体的完整形状必须用几个视图，互相补充。工程上常用的是 3 个视图，即主视图、俯视图、左视图。投影对应规律指的就是三视图的规律。从图 3-8 可以看出，一个视图反映两个方向的尺寸关系，主视图反映物体的长度和高度，俯视图反映物体的长度和宽度，左视图反映物体的宽度和高度。由

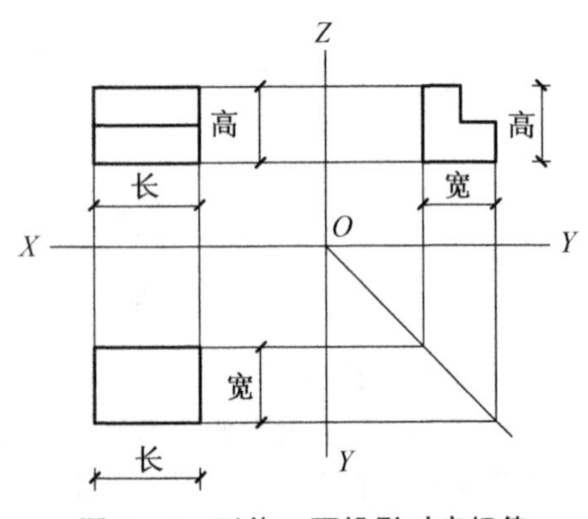

图 3-8　形体三面投影对应规律

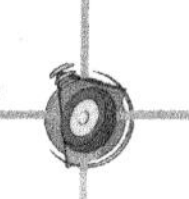

此可以归纳出三视图的投影规律(三等关系)：主、俯视图“长对正”(即等长)；主、左视图“高平齐”(即等高)；俯、左视图“宽相等”(即等宽)。

三视图的投影规律反映了三视图的重要特性，是画图和读图的依据。无论是整个物体还是物体的局部，其三视图都必须符合这一规律。

从图 3－8 可以看出，形体的 3 个投影图之间既有区别，又有联系，三面投影图之间具有下述规律：

投影面展开之后，正平面 V、水平面 H 两个投影左右对齐，这种关系称为“长对正”；正平面 V、侧平面 W 两个投影上下对齐，这种关系称为“高平齐”；水平面 H、侧平面 W 投影都反映形体的宽度，这种关系称为“宽相等”。这 3 个重要的关系叫做正投影的投影对应规律。

2. 方位对应规律

方位对应规律是指各投影图之间在方向位置上相互对应的关系。

在三面投影图中，每个投影图各反映其中四个方位的情况，即：平面图反映物体的左右和前后；正面图反映物体的左右和上下；侧面图反映物体的前后和上下，如图 3－9 所示。

由于物体的三面正投影图反映了物体的 3 个面(上面、正面和侧面)的形状和 3 个方向(长向、宽向和高向)的尺寸，因此，三面正投影图通常是可以确定物体的形状和大小的。但形体的形状是多种多样的，有些形状复杂的形体，3 个投影表达不够清楚，则可增加几个投影；有些形状简单的形体，用两个或一个投影图也能表示清楚，如图 3－10 所示。但需注意，两个投影图常常不能准确地表现出一个形体。

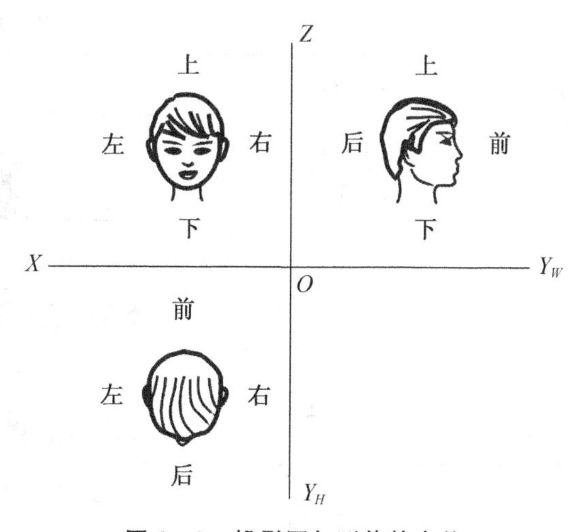

图 3－9　投影图与形体的方位

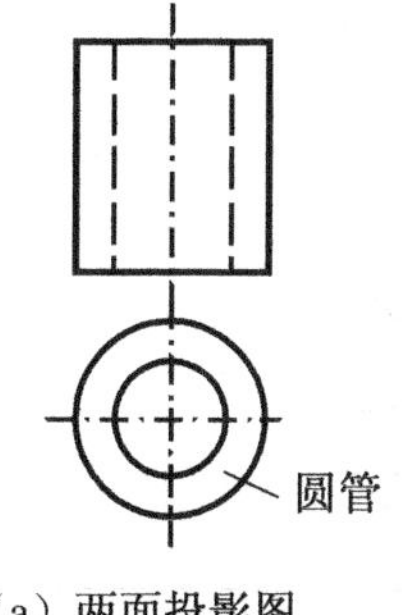

(a) 两面投影图

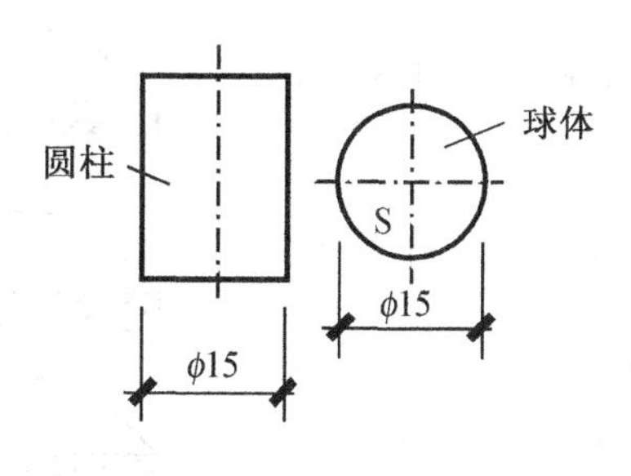

(b) 单面投影图

图 3－10　用两个或一个投影图来表示形体

任务二　焊缝符号表示方法

一、焊缝符号

为了简化图样上的焊缝，一般应采用规定的焊缝符号表示，也可采用机械制图方法表示。焊缝符号应明确地表示所要说明的焊缝，而且不使图样增加过多的注解。焊缝符号一般由基本符号与指引线组成，必要时还可以加上辅助符号、补充符号和焊缝尺寸符号。图形符号的比例、尺寸和在图样上的标注方法，按机械制图有关规定。为了方便，允许制定专门的说明书或技术条件，用以说明焊缝尺寸和焊接工艺等内容，必要时也可在焊缝符号中表示这些内容。

1. 焊缝基本符号

焊缝基本符号是表示焊缝横截面形状的符号，见表 3－1。

表 3－1　焊缝基本符号

序　号	名　称	示意图	符　号
1	卷边焊缝 （卷边完全熔化）		 八
2	I 形焊缝		 ‖
3	V 形焊缝		 V
4	单边 V 形焊缝		 ✓
5	带钝边 V 形焊缝		 Y
6	带钝边单边 V 形焊缝	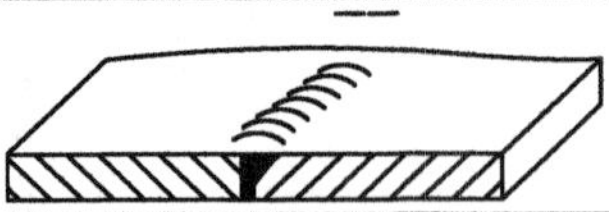	
7	带钝边 U 形焊缝		
8	带钝边单边 J 形焊缝		

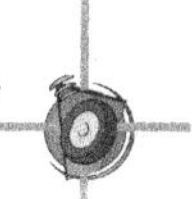

续　表

序　号	名　称	示意图	符　号
9	封底焊缝	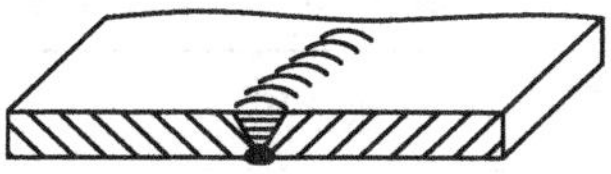	
10	角焊缝	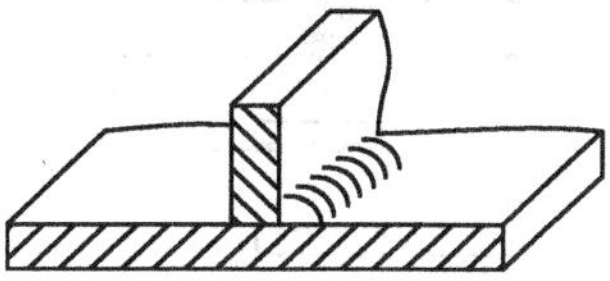	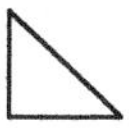
11	塞焊缝或槽焊缝	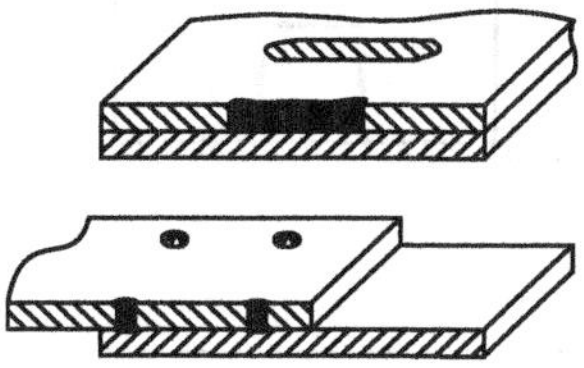	
12	点焊缝	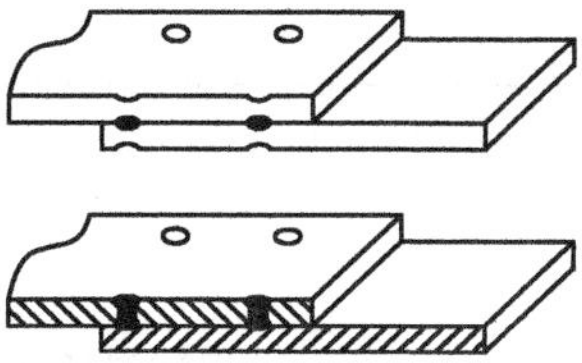	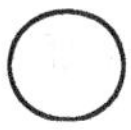
13	缝焊缝	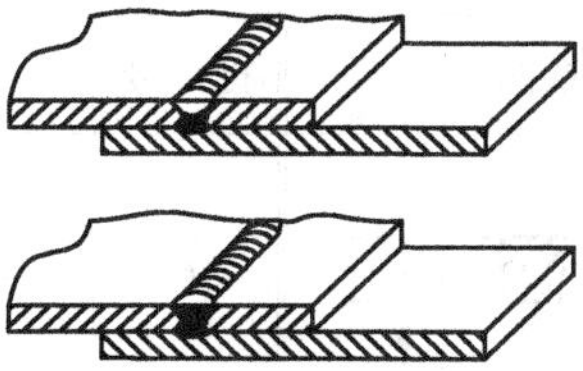	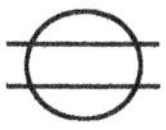

2. 焊缝辅助符号

焊缝辅助符号是表示焊缝表面形状特征的符号，见表 3－2。

表 3－2　焊缝辅助符号

序　号	名　称	示意图	符　号	说　明
1	平面符号	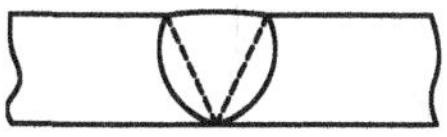		焊缝表面齐平 （一般通过加工）
2	凹面符号	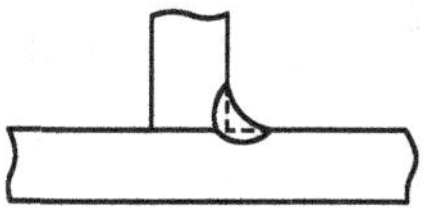		焊缝表面凹陷
3	凸面符号	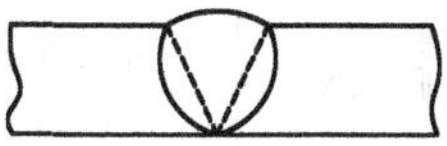		焊缝表面凸起

3. 焊缝补充符号

焊缝补充符号为了补充说明焊缝的某些特征而采用的符号，见表3－3。

表3－3　焊缝补充符号

序　号	名　称	示意图	符　号	说　明
1	带垫板			表示焊缝底部有垫板
2	三面焊缝	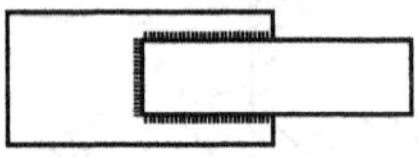		表示三面带有焊缝
3	周围焊缝	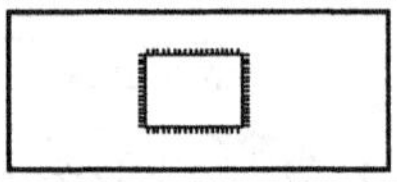	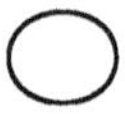	表示围绕工件周围焊缝
4	现场符号	/		表示在现场或工地上进行焊接
5	尾部符号	/		标注焊接工艺方法

4. 焊缝尺寸符号

焊缝尺寸符号见表3－4。

表3－4　焊缝尺寸符号

符　号	名　称	示意图	符　号	名　称	示意图
δ	工件厚度	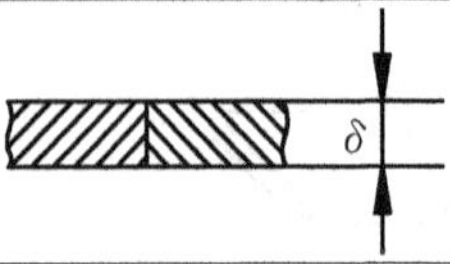	e	焊缝间距	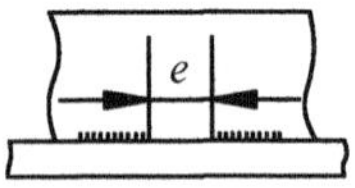
α	坡口角度	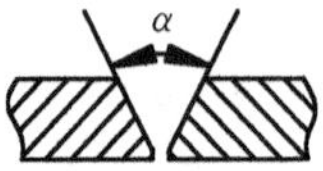	k	焊角尺寸	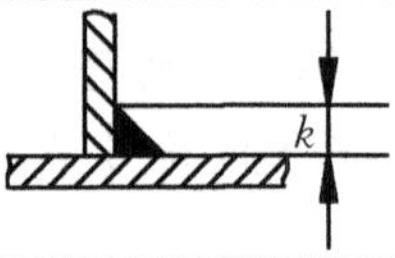
b	根部间隙	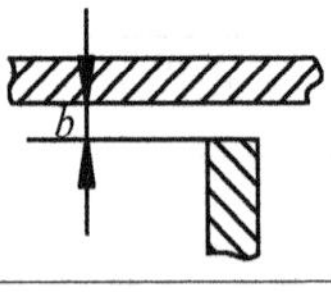	d	熔核直径	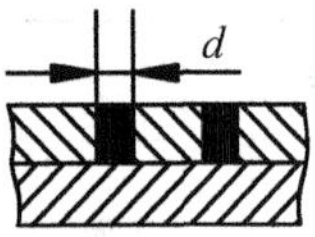
p	钝边	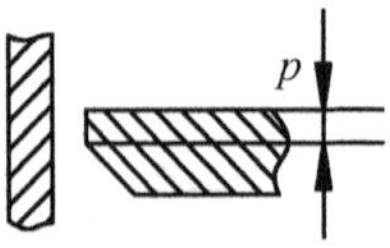	s	焊缝有效厚度	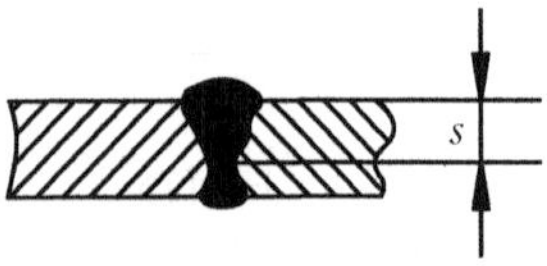
B	焊缝宽度	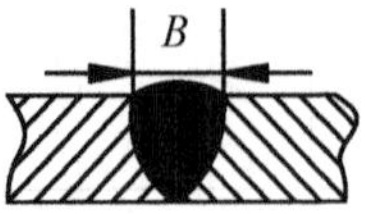	N	相同焊缝数量符号	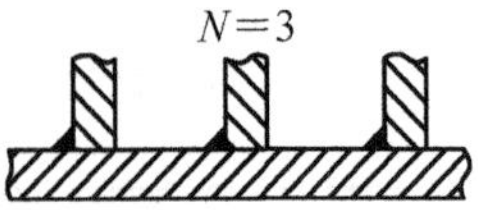 $N=3$

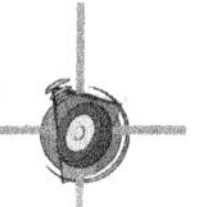

续 表

符 号	名 称	示意图	符 号	名 称	示意图
R	根部直径	R	H	坡口深度	H
L	焊缝长度	L	h	余高	h
n	焊缝段数	$n=2$	β	坡口面角度	β

二、焊接方法代号

在焊接结构图纸上，为了简化焊接方法的标注和说明，可采用国家标准 GB5185—85 规定的用阿拉伯数字表示的金属焊接及钎焊等各种焊接方法的代号。GB5185—85 中规定了 6 类 99 种焊接方法的代号，常用的主要焊接方法代号见表 3－5。

表 3－5 常用的主要焊接方法代号

焊接方法名称	焊接方法代号	焊接方法名称	焊接方法代号
电弧焊	1	压焊	4
手弧焊	111(S)②	摩擦焊	42
埋弧焊	12(Z)③	扩散焊	45
熔化极惰性气体保护电弧焊(MIG)	131(C)④	其他焊接方法	7
熔化极活性气体保护电弧焊(MAG)	135(A)⑤	电渣焊	72(D)⑥
钨极惰性气体保护电弧焊(TIG)①	141	气电立焊	73
等离子弧焊	15	激光焊	751
电阻焊	2	电子束焊	76
点焊	21	螺柱焊	78
缝焊	22	硬钎焊、软钎焊	
闪光焊	24	钎焊	9
电阻对焊	25(J)	硬钎焊	91
气焊	3(Q)	软钎焊	94
氧—乙炔焊	311	/	/

注：① TIG 为 tungsten inert gas arc welding 的简称。

②～⑥ 为 GB324—64 代号。

三、焊接接头在图纸上的表示方法

在技术图纸和有关技术文件中，如何正确地表示焊接接头，我国 1990 年 1 月 12 日公布的国家标准 GB12212－90《技术制图　焊接符号的尺寸、比例及简化表示法》（1990 年 10 月 1 日实施）中有详细而明确的规定。该标准规定，在技术图样中，一般可以按 GB324－88 规定的焊缝符号表示焊缝，也可以按 GB4458.1《机械制图　图样画法》和 GB4458.3《机械制图　轴测图》规定的制图方法表示焊缝。

1. 焊缝的图示法

国家标准规定，需要在图样中简易地绘制焊缝时，可用视图、剖视图或剖面图表示，也可用轴测图示意表示。焊缝视图的画法如图 3－11(a)、3－11(b)所示，图中表示焊缝的一系列细实线段允许用徒手绘制，也允许采用粗实线表示焊缝，如图 3－11(c)所示。但在同一图样中，只允许采用一种画法。表示焊缝端面的视图中，通常用粗实线绘出焊缝的轮廓，必要时可用细实线画出坡口形状等，如图 3－12(a)所示。在剖视图或剖面图上，通常将焊缝区涂黑，如图 3－12(b)所示，若同时需要表示坡口等的形状，可按图 3－12(c)所示绘制。轴测图上焊缝的画法如图 3－13 所示。必要时可将焊缝部位放大并标注焊缝尺寸符号数字，如图 3－14所示，这就是焊缝的局部放大图。

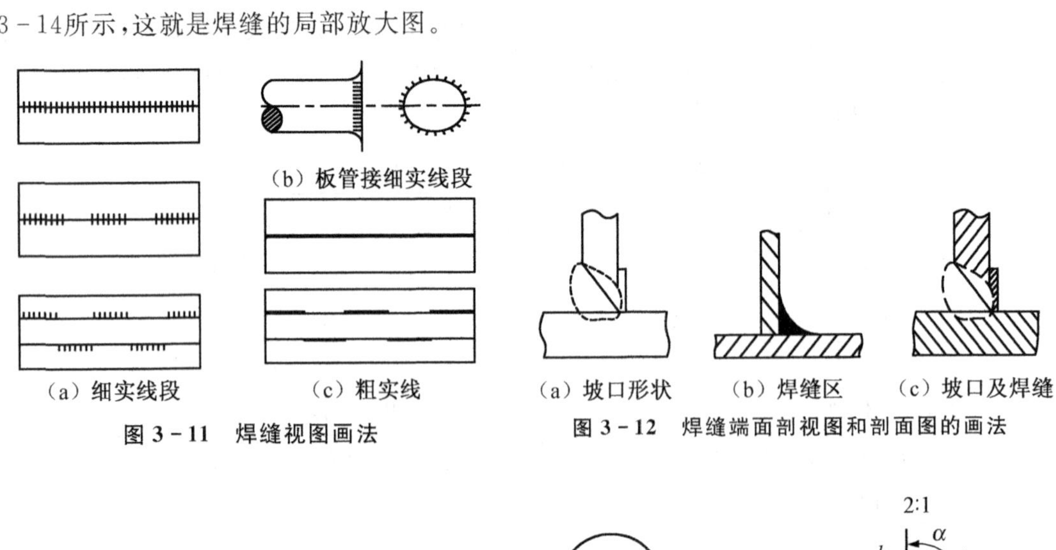

(a) 细实线段　(b) 板管接细实线段　(c) 粗实线

图 3－11　焊缝视图画法

(a) 坡口形状　(b) 焊缝区　(c) 坡口及焊缝

图 3－12　焊缝端面剖视图和剖面图的画法

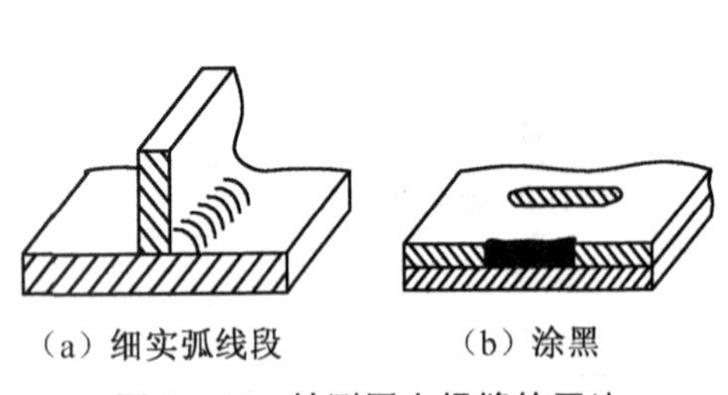

(a) 细实弧线段　(b) 涂黑

图 3－13　轴测图上焊缝的画法

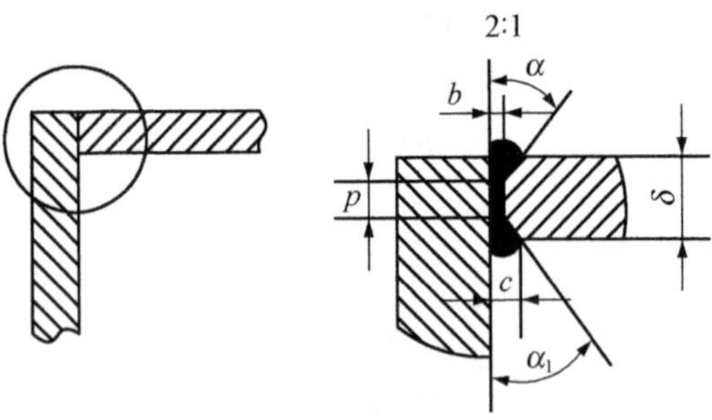

图 3－14　焊缝的局部放大图

2. 焊缝符号和焊接方法代号标注方法

GB324—88、GB12212—90 和 GB5185—85 中分别对焊缝符号和焊接方法代号的标注方法作了规定，并列举了大量的标注示例。

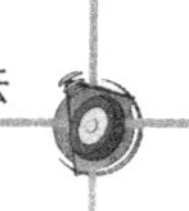

焊缝符号和焊接方法代号必须通过指引线及有关规定才能准确无误地表示焊缝。指引线一般由带有箭头的箭头线和两条基准线(一条为实线,一条为虚线)两部分组成,如图3-15所示。标准规定,箭头线相对焊缝的位置一般没有特殊要求,但在标注V、单边V、J形焊缝时,箭头应指向带有坡口一侧的工件。必要时允许箭头线折弯一次。基准线的虚线可以画在基准线的实线上侧或下侧,基准线一般应与图样的底边相平行,但在特殊条件下亦可与底边相垂直。如果焊缝和箭头线在接头的同一侧,则将焊缝基本符号标在基准线的实线侧;相反,如果焊缝和箭头线不在接头的同一侧,则将焊缝基本符号标在基准线的虚线侧。此外,标准还规定,必要时基本符号可附带有尺寸符号及数据,其标注原则如图3-16所示,这些原则是:

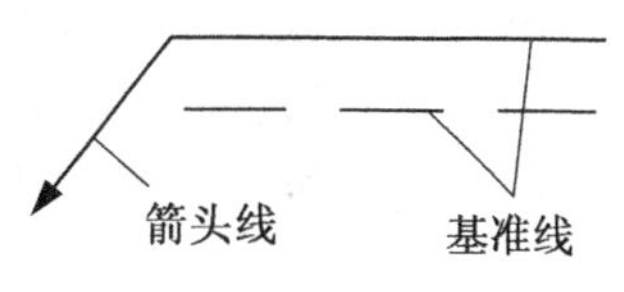

图3-15 标注焊缝的指引线

(1) 焊缝横截面上的尺寸标注在基本符号的左侧。

(2) 焊缝长度方向的尺寸标注在基本符号的右侧。

(3) 坡口角度、坡口面角度、根部间隙等尺寸标注在基本符号的上侧或下侧。

(4) 相同焊缝数量符号标注在尾部。

(5) 当需要标注的尺寸数据较多又不易分辨时,可在数据前面增加相应的尺寸符号。

焊缝符号和焊接方法代号的标注举例如图3-17所示。图3-17(a)表示T形接头交错断续角焊缝,焊角尺寸为5mm,相邻焊缝的间距为30mm,焊缝段数为35,每段焊缝长度为50mm。图3-17(b)表示对接接头周围焊缝,由埋弧焊焊成的V形焊缝在箭头一侧,要求焊缝表面平齐;由手弧焊焊成的封底焊缝在非箭头一侧,也要求焊缝表面平齐。

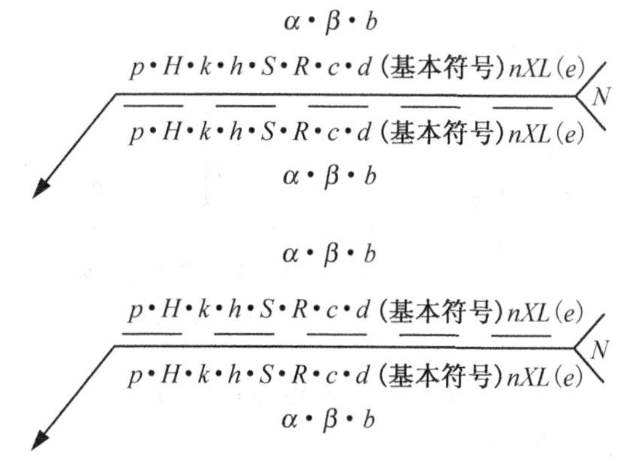

图3-16 焊缝基本符号标注原则

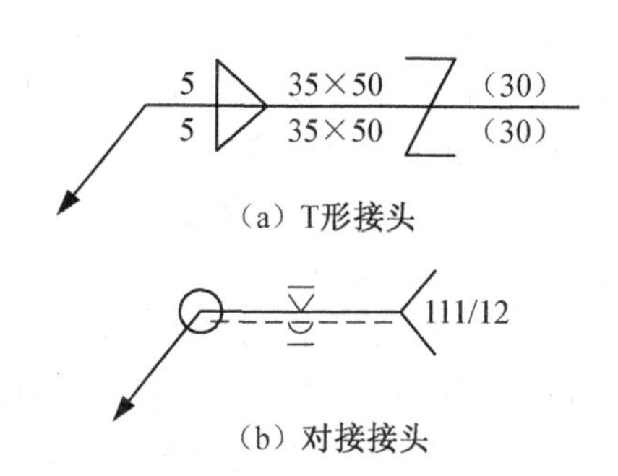

图3-17 焊缝符号和焊接方法代号的标注举例

此外,标准中还规定了某些情况下,简化的焊缝符号标注方法。

3. 焊缝符号的尺寸和比例

GB12212—90规定在图样中用作焊缝符号的字体和图线应符合GB4457.3《机械制图 字体》和GB4457.4《机械制图 图线》的规定。在任一图样中,焊缝图形符号的线宽、焊缝符号中字体的字形、字高和字体笔画宽度应与图样中其他符号的线宽、尺寸字体的字形、字高和笔画宽度相同,并且规定了焊缝图形符号在基准线上的位置及比例关系。

任务三　焊接接头与焊缝形式

一、焊接接头的类型

用焊接方法连接的接头叫焊接接头，一个焊接结构总是由若干个焊接接头所组成。焊接接头可分为对接接头、T形接头、十字接头、搭接接头、角接接头、端接接头、套管接头、斜对接接头、卷边接头和锁底对接接头等共10种，其中以对接、T形、搭接、角接等4种接头用得较多。

1. 对接接头

两焊件表面构成大于或等于135°，小于或等于180°夹角的接头，即两焊件（板、棒、管）相对端面焊接而成的接头称为对接接头，如图3－18所示，对接接头是各种焊接结构中采用最多的一种接头形式。

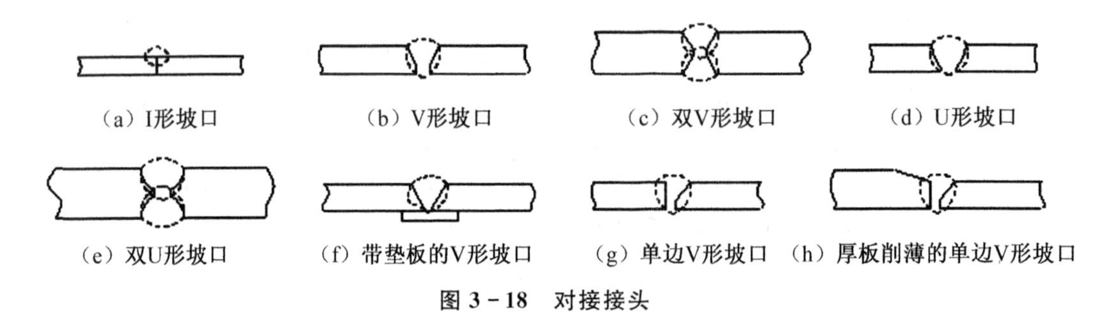

图3－18　对接接头

I形坡口焊成的对接接头，用于较薄钢板的焊件，如果产品不要求在整个厚度上全部焊透，则可进行单面焊接，但是此时必须保证焊缝的计算厚度 $H\geqslant 0.7\delta$，其中 δ 为板厚，如图3－19所示。如果要求产品在整个厚度上全部焊透，则可在焊缝背面用碳弧气刨清根后再进行焊接，即形成I形坡口的双面焊接对接接头。

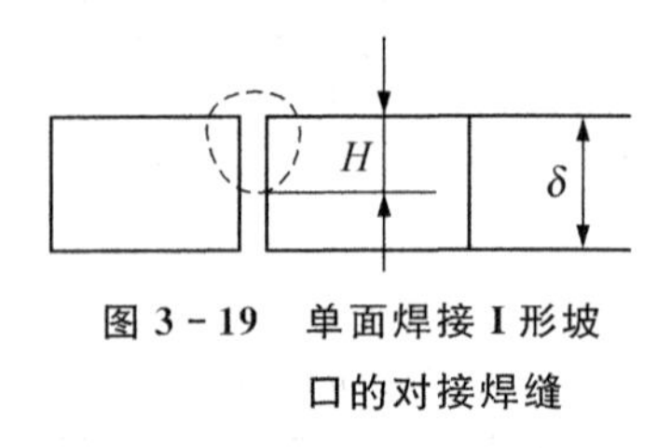

图3－19　单面焊接I形坡口的对接焊缝

开坡口的对接接头，用于钢板较厚而需要全焊透的焊件，根据钢板厚度不同，可开成各种形状的坡口，其中常用的有V形、双V形和U形等坡口形式。

带垫板的V形坡口是在坡口背面放置一块与母材金属成分相同的垫板，常用于要求全焊透而焊缝背面又无法焊接的焊件，如小直径管道的对接焊缝。这种坡口形式对装配要求较严格，因为垫板与母材的接触程度不一致，则在装配时，两者之间在局部地方会形成间隙，焊接时，熔渣流入此间隙，因无法上浮而会形成夹渣。因此，对于一些重要的焊件，不宜使用带垫板的接头，而应该推广使用单面焊双面成形的焊接工艺。

厚板削薄的单边V形坡口，用于不等厚度钢板的对接。对接接头的两侧钢板如果厚度相差太多，则连接后由于连接处的截面变化较大，将会引起严重的应力集中。所以，对于重要的焊接结构，如压力容器，应对厚板进行削薄。通常规定，当薄板厚度小于或等于10mm，两板厚度差超过3mm；或当薄板厚度超过10mm，两板厚度差大于薄板厚度的30％，或超过

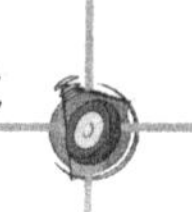

5mm 时，对厚板边缘应进行削薄，如图 3－20 所示。

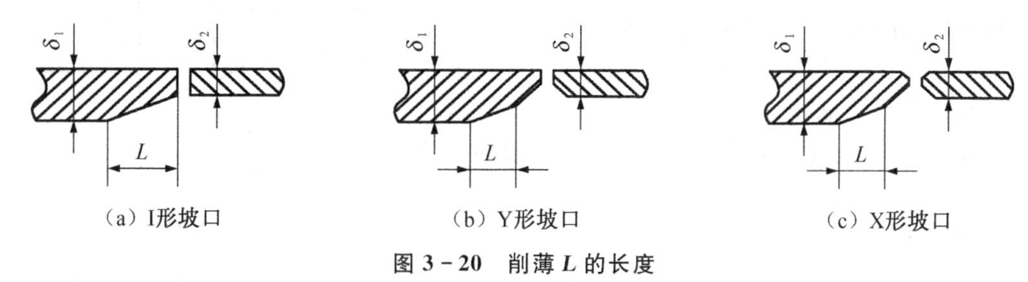

图 3－20　削薄 *L* 的长度

2. T 形接头

一焊件之端面与另一焊件表面构成直角或近似直角的接头叫 T 形接头，如图 3－21 所示。这是一种用途仅次于对接接头的焊接接头，特别是造船厂的船体结构中约 70%的接头都采用这种形式。根据垂直板厚度的不同，T 形接头的垂直板可开 I 形坡口或开成单边 V 形、K 形、J 形或双 J 形等坡口。

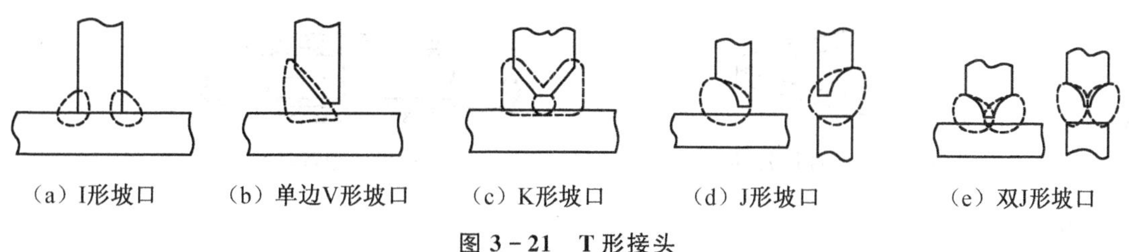

图 3－21　T 形接头

3. 十字接头

3 个焊件装配成“十”字形的接头叫十字接头，如图 3－22 所示。这种接头实际上是两个 T 形接头的组合，根据焊透程度的要求，可开 I 形坡口或在两块板中开 K 形坡口。

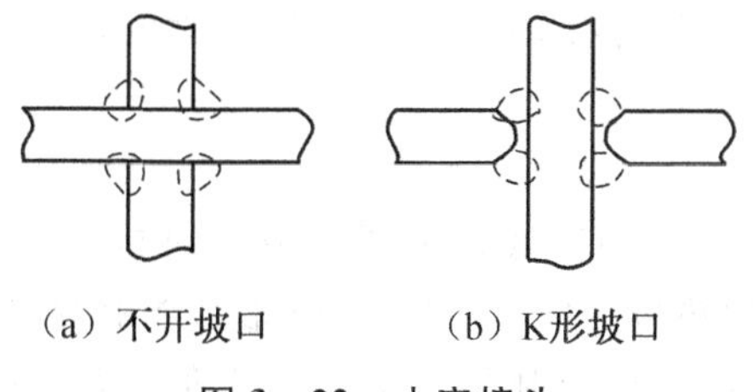

图 3－22　十字接头

4. 搭接接头

两焊件部分重叠构成的接头叫搭接接头，如图 3－23 所示。根据结构形式和对强度的要求不同，可分为 I 形坡口、圆孔内塞焊以及长孔内角焊三种形式。I 形坡口的搭接接头强度较差，很少采用。当重叠钢板的面积较大时，建议采用圆孔内塞焊和长孔内角焊。

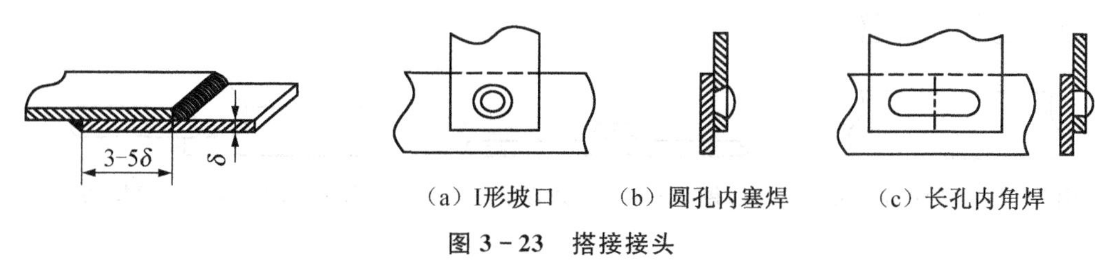

图 3－23　搭接接头

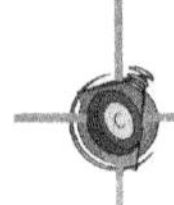

5. 角接接头

两板件端面间构成大于或等于 30°、小于 135°夹角的接头叫角接接头，如图 3－24 所示。

这种接头受力状况不太好，常用于不重要的结构中。根据焊件厚度不同，接头形式也可分为 I 形和开坡口两种。

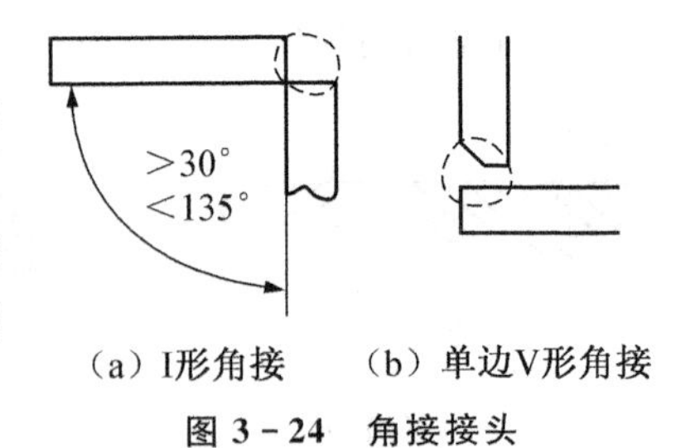

图 3－24　角接接头

6. 端接接头

两板(棒)件重叠放置或两焊件表面之间的夹角不大于 30°构成的端接接头，如图 3－25 所示。端接接头实际上是一种小角度的角接接头，用在不重要的结构中。

7. 套管接头

将一根直径稍大的短管套于需要被连接的两根管子的端部构成的接头，叫套管接头，如图 3－26 所示。这种接头常用于锅炉制造中，当连接锅炉管的管子通入冷水时，管子受到锅筒内的高温，常会发生爆裂，加上套管后，就能避免通冷水的管子直接和高温接触。

图 3－25　端接接头　　图 3－26　套管接头

8. 斜对接接头

接缝在焊件平面上倾斜布置的对接接头称为斜对接接头，如图 3－27 所示。通常倾斜角度为 45°。它可提高接头的连接强度，但浪费材料，已较少采用。

9. 卷边接头

薄板焊件端部预先卷起，将卷边部分熔化的焊接称卷边接头，如图 3－28 所示。这种接头主要应用于薄板和有色金属的焊接，为防止焊接时焊件的烧穿，卷边后可以增加连接接头的厚度。

10. 锁底对接接头

一个焊件端部放在另一板件预留底边上所构成的对接接头，称为锁底对接接头，如图 3－29所示。锁底的目的和加垫板一样，是保证焊缝根部能够焊透。

设计人员要使自己设计的结构或制品由制造人员准确无误地制造出来，就必须把结构或制品的施工条件等在设计文件(设计说明书和设计图纸)上详尽地表述出来。对于焊接接头的焊接加工要求和注意事项，用图纸或文字详细地加以说明是非常复杂的。采用各种代号和符号简单明了地指出焊接接头类型、形状、尺寸、位置、表面状况、焊接方法以及与焊接有关的各项条件是非常必要的。

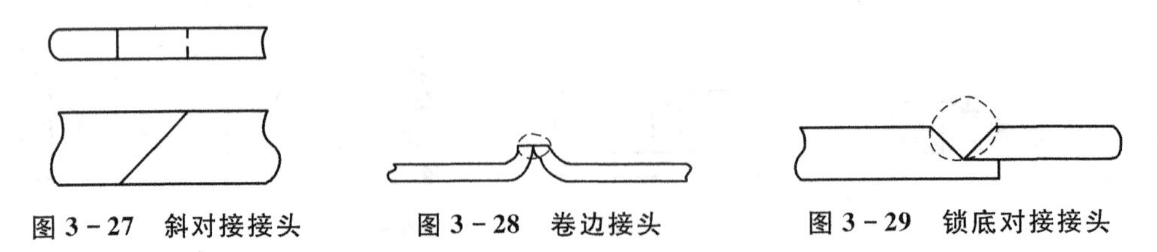

图 3－27　斜对接接头　　图 3－28　卷边接头　　图 3－29　锁底对接接头

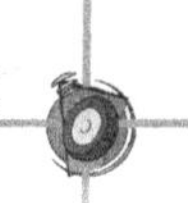

二、焊接位置种类

根据 GB/T3375—94《焊接术语》的规定，焊接位置，即熔焊时，焊件接缝所处的空间位置可用焊缝倾角和焊缝转角来表示。有平焊、立焊、横焊和仰焊位置等。

焊缝倾角，即焊缝轴线与水平面之间的夹角，如图 3－30 所示。

焊缝转角，即焊缝中心线(焊根和盖面层中心连线)和水平参照面 Y 轴的夹角，如图 3－31 所示。

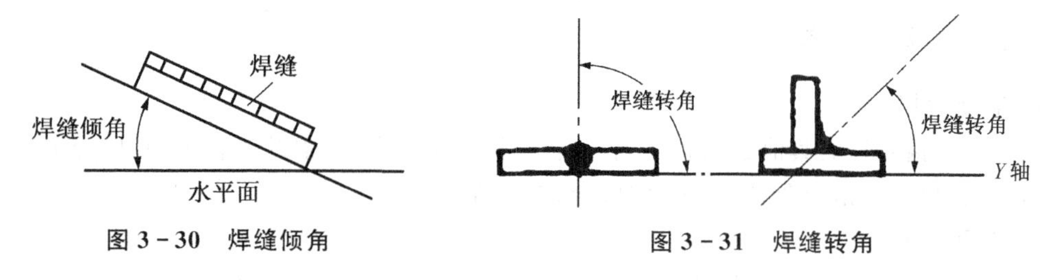

图 3－30 焊缝倾角　　图 3－31 焊缝转角

1. 平焊位置

焊缝倾角 0°，焊缝转角 90°的焊接位置，如图 3－32(a)所示。

2. 横焊位置

焊缝倾角 0°或 180°，焊缝转角 0°或 180°的对接位置，如图 3－32(b)所示。

3. 立焊位置

焊缝倾角 90°(立向上)，270°(立向下)的焊接位置，如图 3－32(c)所示。

4. 仰焊位置

对接焊缝倾角 0°或 180°，转角 270°的焊接位置，如图 3－32(d)所示。

此外，对于角焊位置还规定了另外两种焊接位置。

5. 平角焊位置

角焊缝倾角 0°或 180°，转角 45°或 135°的角焊位置，如图 3－32(e)所示。

6. 仰角焊位置

倾角 0°或 180°，转角 225°或 315°的角焊位置，如图 3－32(f)所示。

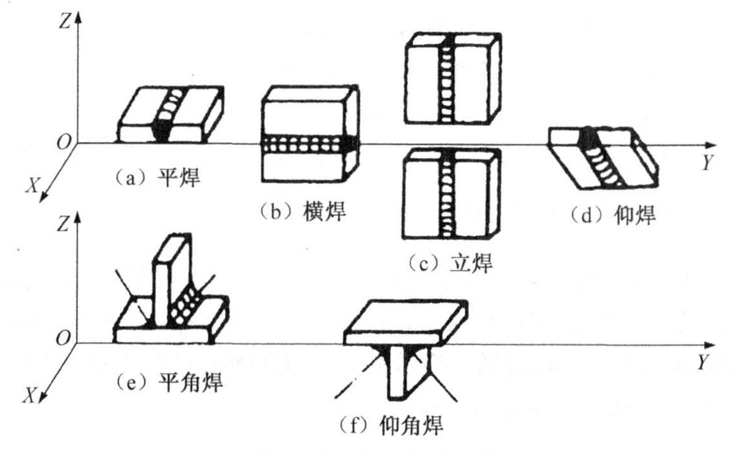

图 3－32 各种焊接位置

在平焊位置、横焊位置、立焊位置、仰焊位置进行的焊接分别称为平焊、横焊、立焊、仰焊。把焊缝置于像船一样的位置来进行的焊接称为船形焊。在工程上常用的水平固定管的焊接，由于在管子360°的焊接中，有仰焊、立焊、平焊，所以称全位置焊接。当焊件接缝置于倾斜位置(除平、横、立、仰焊位置以外)时进行的焊接称为倾斜焊。

任务四　金属材料基础知识

一、金属材料分类

1. 有色金属

除铁、铬、锰之外的其他金属属有色金属，包括铜及铜合金、铝及铝合金、其他合金(镁合金、钛合金、镍合金、铅合金、锌合金、硬质合金、锡合金等)。

2. 黑色金属

铁、铬、锰属此类，主要包括铸铁与钢两大类。一般C含量在0.0218%以下的Fe-C合金称为纯铁；C含量在0.0218%～2.11%的Fe-C合金称为钢；C含量在2.11%～4.33%的Fe-C合金称为铸铁。

二、钢的分类

1. 按用途分

包括建筑用钢、结构用钢(渗碳钢、调质钢、弹簧钢、轴承钢等)、工具钢(碳素工具钢、低合金工具钢、高合金工具钢等)、特殊用钢(不锈钢、耐热钢、抗磨钢、磁钢等)。

2. 按化学成分分

(1) 碳素钢(低碳钢：C含量≤0.25%；中碳钢：C含量在0.25%～0.45%；高碳钢：C含量>0.45%)。

(2) 合金钢(微合金化钢：合金元素含量在0.1%；低合金钢：合金元素含量小于或等于5%；中合金钢：合金元素含量在5%～10%范围内；高合金钢：合金元素含量大于10%)。

3. 按质量分

(1) 普通质量钢(P含量≤0.040%，S含量≤0.050%)。

(2) 质量钢(P含量≤0.035%，S含量≤0.035%)。

(3) 优质钢(P含量≤0.025%，S含量≤0.025%)。

(4) 高级优质钢(P含量≤0.025%，S含量≤0.015%)。

三、碳素钢的牌号、性能及用途

常见碳素结构钢的牌号用“Q+数字”表示，其中“Q”为屈服点的“屈”字的汉语拼音字首，数字表示屈服强度的数值。若牌号后标注字母，则表示钢材质量等级不同。

优质碳素结构钢的牌号用两位数字表示钢的平均含碳量的质量分数的万分数，例如，20钢的平均碳质量分数为0.2%，见表3-6。

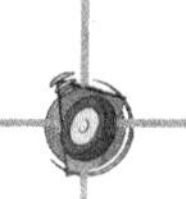

表 3-6　常见碳素结构钢的牌号、机械性能及其用途

<table>
<tr><th rowspan="2">类　别</th><th rowspan="2">常用牌号</th><th colspan="3">机械性能</th><th rowspan="2">用　途</th></tr>
<tr><th>屈服点 σ_s /MPa</th><th>抗拉强度 σ_b/MPa</th><th>伸长率 δ/%</th></tr>
<tr><td rowspan="8">碳素结构钢</td><td>Q195</td><td>195</td><td>315～390</td><td>33</td><td rowspan="4">塑性较好，有一定的强度，通常轧制钢筋、钢板、钢管等。可作为桥梁、建筑物等的构件，也可用作螺钉、螺帽、铆钉等</td></tr>
<tr><td>Q215</td><td>215</td><td>335～410</td><td>31</td></tr>
<tr><td>Q235A</td><td rowspan="4">235</td><td rowspan="4">375～460</td><td rowspan="4">26</td></tr>
<tr><td>Q235B</td></tr>
<tr><td>Q235C</td><td>可用于重要的焊接件</td></tr>
<tr><td>Q235D</td><td rowspan="3">强度较高，可轧制成型钢、钢板，作构件用</td></tr>
<tr><td>Q255</td><td>255</td><td>410～510</td><td>24</td></tr>
<tr><td>Q275</td><td>275</td><td>490～610</td><td>20</td></tr>
<tr><td rowspan="9">优质碳素结构钢</td><td>08F</td><td>175</td><td>295</td><td>35</td><td>塑性好，可制造冷冲压零件</td></tr>
<tr><td>10</td><td>205</td><td>335</td><td>31</td><td rowspan="2">冷冲压性与焊接性能良好，可用作冲压件及焊接件，经过热处理也可以制造轴、销等零件</td></tr>
<tr><td>20</td><td>245</td><td>410</td><td>25</td></tr>
<tr><td>35</td><td>315</td><td>530</td><td>20</td><td rowspan="4">经调质处理后，可获得良好的综合机械性能，用来制造齿轮、轴类、套筒等零件</td></tr>
<tr><td>40</td><td>335</td><td>570</td><td>19</td></tr>
<tr><td>45</td><td>355</td><td>600</td><td>16</td></tr>
<tr><td>50</td><td>375</td><td>630</td><td>14</td></tr>
<tr><td>60</td><td>400</td><td>675</td><td>12</td><td rowspan="2">主要用来制造弹簧</td></tr>
<tr><td>65</td><td>410</td><td>695</td><td>10</td></tr>
</table>

四、合金钢的牌号、性能及用途

合金钢的牌号、性能及用途见表 3-7。为了提高钢的性能，在碳素钢基础上特意加入合金元素所获得的钢种称为合金钢。

合金结构钢的牌号用“两位数（平均碳质量分数的万分之几）＋元素符号＋数字（该合金元素质量分数，小于 1.5%不标出；1.5%～2.5%标 2；2.5%～3.5%标 3，依次类推）”表示。

对于合金工具钢的牌号而言，当 C 含量＜1%时，用“一位数（表示碳质量分数的千分之几）＋元素符号＋数字”表示；当 C 含量＞1%时，用“元素符号＋数字”表示（注：高速钢 C 含量＜1%时，其 C 含量也不标出）。

表 3-7 常见合金钢的牌号、机械性能及其用途

类 别	常用牌号	机械性能			用 途
		屈服点 σ_s /MPa	抗拉强度 σ_b/MPa	伸长率 δ/%	
低合金高强度结构钢	Q295	≥295	390～570	23	具有高强度、高韧性、良好的焊接性能和冷成型性能。主要用于制造桥梁、船舶、车辆、锅炉、高压容器、输油输气管道、大型钢结构等
	Q345	≥345	470～630	21～22	
	Q390	≥390	490～650	19～20	
	Q420	≥420	520～680	18～19	
	Q460	≥460	550～720	17	
合金渗碳钢	20Cr	540	835	10	主要用于制造汽车、拖拉机中的变速齿轮、内燃机上的凸轮轴、活塞销等机器零件
	20CrMnTi	835	1080	10	
	20Cr2Ni4	1080	1175	10	
合金调质钢	40Cr	785	980	9	主要用于汽车和机床上的轴、齿轮等
	30CrMnTi	/	1470	9	
	38CrMoAl	835	980	14	

五、铸钢的牌号、性能及用途

常见碳素铸钢的成分、性能及其用途见表 3-8。

铸钢主要用于制造形状复杂，具有一定强度、塑性和韧性的零件。碳是影响铸钢性能的主要元素，随着碳质量分数的增加，屈服强度和抗拉强度均增加，而且抗拉强度比屈服强度增加得更快，但当 C 含量>0.45%时，屈服强度很少增加，而塑性、韧性却显著下降。所以，在生产中使用最多的是 ZG230-450、ZG270-500、ZG310-570 三种。

表 3-8 常见碳素铸钢的成分、性能及其用途

牌 号	化学元素含量			机械性能参数					用途举例
	C 含量/%	Mn 含量/%	Si 含量/%	σ_s /MPa	σ_b /MPa	δ /%	ψ/%	a_k/ (J/cm^2)	
ZG200-400	0.20	0.80	0.50	200	400	25	40	600	机座、变速箱壳
ZG230-450	0.30	0.90	0.50	230	450	22	32	450	机座、锤轮、箱体
ZG270-500	0.40	0.90	0.50	270	500	18	25	350	飞轮、机架、蒸汽锤、水压机、工作缸、横梁
ZG310-570	0.50	0.90	0.60	310	570	15	21	300	联轴器、汽缸、齿轮、齿轮圈
ZG340-640	0.60	0.90	0.60	340	640	10	18	200	起重运输机中齿轮、联轴器等

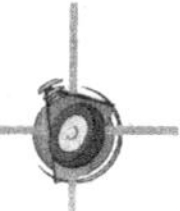

六、铸铁的牌号、性能及用途

常见灰铸铁的牌号、性能及其用途见表3-9。

铸铁是C含量>2.11%，并含有较多Si、Mn、S、P等元素的铁碳合金。铸铁的生产工艺和生产设备简单，价格便宜，具有许多优良的使用性能和工艺性能，所以应用非常广泛，是工程上最常用的金属材料之一。

铸铁按照碳存在的形式可以分为白口铸铁、灰口铸铁、麻口铸铁；按铸铁中石墨的形态可以分为灰铸铁、可锻铸铁、球墨铸铁、蠕墨铸铁。

表3-9　常见灰铸铁的牌号、性能及其用途

牌　号	铸件壁厚/mm	力学性能		用途举例
		σ_b/ MPa	HBW/MPa	
HT100	2.5～10 10～20 20～30	130 100 90	110～166 93～140 87～131	适用于载荷小、对摩擦和磨损无特殊要求的不重要的零件，如防护罩、盖、油盘、手轮、支架、底板、重锤等
HT150	2.5～10 10～20 20～30	175 145 130	137～205 119～179 110～166	适用于承受中等载荷的零件，如机座、支架、箱体、刀架、床身、轴承座、工作台、带轮、阀体、飞轮、电动机座等
HT200	2.5～10 10～20 20～30	220 195 170	157～236 148～222 134～200	适用于承受较大载荷和要求一定气密性或耐腐蚀性等较重要的零件，如汽缸、齿轮、机座、飞轮、床身、汽缸体、活塞、齿轮箱、刹车轮、联轴器盘、中等压力阀体、泵体、液压缸、阀门等
HT250	4.0～10 10～20 20～30	270 240 220	175～262 164～247 157～236	
HT300	10～20 20～30 30～50	290 250 230	182～272 168～251 161～241	适用于承受高载荷、耐磨和高气密性的重要零件，如重型机床、剪床、压力机、自动机床的床身、机座、机架、高压液压件、活塞环、齿轮、凸轮、车床卡盘、衬套、大型发动机的汽缸体、缸套等
HT350	10～20 20～30 30～50	340 290+ 260	199～298 182～272 171～257	

七、常用合金元素在钢中的作用

碳(C)：　提高钢件强度，提高耐磨性。

钨(W)：　提高红硬性。

铬(Cr)：　提高淬透性、耐磨性。

钒(V)：　细化晶粒。

钼(Mo)：提高二次硬化。

钴(Co)：提高红硬性优胜。

锰(Mn)：提高强度，并在一定程度上提高可淬性。

镍(Ni)：提高强度，减小氢脆。

硼(B)：　提高淬透性。

硅(Si)：　保证钢件的强度，适当的含量改善钢件的塑性和韧性。

铝(Al)：　与氮(N)结合成 Al-N 阻止奥氏体晶粒长大。

任务五　金属材料的焊接性

一、焊接性的概念

一定焊接技术条件下，获得优质焊接接头的难易程度，即金属材料对焊接加工的适应性称为金属材料的焊接性。焊接性包括两个方面：

1. 接合性能

主要指在给定的焊接工艺条件下，形成完好焊接接头的能力，特别是接头对产生裂纹的敏感性。

2. 使用性能

在指定的焊接工艺条件下，焊接接头在使用条件下安全运行的能力，包括焊接接头的力学性能和其他特殊性能(如耐高温、耐腐蚀、抗疲劳等)。

焊接性是金属的工艺性能在焊接过程中的反映，了解及评价金属材料的焊接性，是焊接结构设计、确定焊接方法、制定焊接工艺的重要依据。金属焊接性的内容是多方面的，对于不同材料、不同工作条件下的焊件，其焊接性的内容不同。因此焊接性只是相对比较的概念。

二、焊接性的评价

用碳当量法评价焊接性。碳当量(carbon equivalent, CE)是把钢中的合金元素(包括碳)的含量，按其作用换算成碳的相对含量。国际焊接学会推荐的公式为：

$$CE=\left[\omega(C)+\frac{\omega(Mn)}{6}+\frac{\omega(Cr)+\omega(Mo)+\omega(V)}{5}+\frac{\omega(Ni)+\omega(Cu)}{15}\right]\times 100\%$$

式中，$\omega(C)$、$\omega(Mn)$等——碳、锰等相应成分的质量分数(%)。

当 CE<0.4%时，钢材的塑性良好，淬硬倾向不明显，焊接性良好。在一般的焊接技术条件下，焊接接头不会产生裂纹，但对厚大件或在低温下焊接，应考虑预热；当 CE 在 0.4%～0.6%时，钢材的塑性下降，淬硬倾向逐渐增加，焊接性较差。焊前工件需适当预热，焊后注意缓冷，才能防止裂纹；当 CE>0.6%时，钢材的塑性变差，淬硬倾向和冷裂倾向大，焊接性更差。工件必须预热到较高的温度，要采取减少焊接应力和防止开裂的技术措施，焊后还要进行适当的热处理。

三、低碳钢的焊接性

低碳钢的 CE 小于 0.4%，塑性好，一般没有淬硬倾向，对焊接热过程不敏感，焊接性良好。

四、中、高碳钢的焊接性

中碳钢的CE一般为0.4%～0.6%，随着CE的增加，焊接性能逐渐变差。高碳钢的CE一般大于0.6%，焊接性能更差，这类钢的焊接一般只用于修补工作。为了保证中、高碳钢焊件焊后不产生裂纹，并具有良好的力学性能，通常采取以下技术措施：

(1) 焊前预热、焊后缓冷。焊前预热和焊后缓冷的主要目的是减小焊接前后的温差，降低冷却速度，减少焊接应力，从而防止焊接裂纹的产生。预热温度取决于焊件的含碳量、焊件的厚度、焊条类型和焊接规范。

(2) 尽量选用抗裂性好的碱性低氢焊条，也可选用比母材强度等级低一些的焊条，以提高焊缝的塑性。当不能预热时，也可采用塑性好、抗裂性好的不锈钢焊条。

(3) 选择合适的焊接方法和规范，降低焊件冷却速度。

五、普通低合金钢的焊接性

屈服强度为294～392MPa的普通低合金钢，其CE大多小于0.4%，焊接性能接近低碳钢。焊缝及热影响区的淬硬倾向比低碳钢稍大。常温下焊接，不用复杂的技术措施，便可获得优质的焊接接头。当施焊环境温度较低或焊件厚度、刚度较大时，则应采取预热措施，预热温度应根据工件厚度和环境湿度进行考虑。焊接16Mn钢的预热条件见表3-10。

表3-10　焊接16Mn钢的预热条件

工件厚度/mm	不同气温的预热温度
<16	不低于-10℃不预热，-10℃以下预热100～150℃
16～24	不低于-5℃不预热，-5℃以下预热100～150℃
25～40	不低于0℃不预热，0℃以下预热100～150℃
>40	预热100～150℃

强度等级较高的低合金钢，其CE在0.4%～0.6%，有一定的淬硬倾向，焊接性较差。应采取的技术措施是：尽可能选用低氢型焊条或使用碱度高的焊剂配合适当的焊丝；按规范对焊条进行烘干，仔细清理焊件坡口附近的油、锈、污物，防止氢进入焊接区；焊前预热，一般预热温度超过150℃；焊后应及时进行热处理以消除内应力。

六、奥氏体不锈钢的焊接性

奥氏体不锈钢是实际应用最广泛的不锈钢，其焊接性能良好，几乎所有的熔焊方法都可采用。焊接时，一般不需要采取特殊措施，主要应防止晶界腐蚀和热裂纹。

奥氏体不锈钢由于本身导热系数小，线膨胀系数大，焊接条件下会形成较大拉应力，同时晶体分界处可能形成低熔点共晶，导致焊接时容易出现热裂纹。因此，为了防止焊接接头热裂纹，一般应采用小电流、快速焊，不横向摆动，以减少母材向熔池的过渡。

七、铸铁的焊补

铸铁焊补的主要困难：焊接接头易产生白口组织，硬度很高，焊后很难进行机械加工；焊接接头易产生裂纹，铸铁焊补时，其危害性是形成白口组织大；铸铁含碳量高，焊接过程中熔池中碳和氧发生反应，生成大量 CO 气体，若来不及从熔池中逸出而存留在焊缝中，焊缝中易出现气孔。

铸铁的焊补，一般采用气焊、焊条电弧焊，对焊接接头强度要求不高时，也可采用钎焊。铸铁的焊补过程根据焊前是否预热，可分为热焊和冷焊两类。

八、铝及铝合金的焊接性

铝及铝合金焊接的困难主要是铝容易氧化成 Al_2O_3。此外，铝及铝合金液态时能吸收大量的氢气，但在固态几乎不溶解氢，熔入液态铝中的氢大量析出，使焊缝易产生气孔；铝的热导率为钢的 4 倍，焊接时，热量散失快，需要能量大或密集的热源，同时铝的线膨胀系数为钢的 2 倍，凝固时收缩率达 6.5%，易产生焊接应力与变形，并可能产生裂纹；铝及铝合金从固态转变为液态时，无塑性过程及颜色的变化，因此，焊接操作时，很容易造成温度过高、焊缝塌陷、烧穿等缺陷。

铝及铝合金的焊接常用氩弧焊、气焊、电阻焊和钎焊等方法。无论采用哪种焊接方法，焊前都必须进行氧化膜和油污的清理。

九、铜及铜合金的焊接性

铜及铜合金的焊接性较差，焊接接头的各种性能一般均低于母材。

铜及铜合金焊接的主要困难是：铜及铜合金的导热性很强，焊接时热量很快从加热区传导出去，导致焊件温度难以升高，金属难以熔化，以致填充金属与母材不能很好地熔合。铜及铜合金的线膨胀系数及收缩率都较大，并且由于导热性好，而使焊接热影响区变宽，导致焊件易产生变形。另外，铜及铜合金在高温液态下极易氧化，生成的氧化铜与铜形成易熔共晶体沿晶界分布，使焊缝的塑性和韧度显著下降，易引起热裂纹。铜在液态时能溶解大量氢，而凝固时，溶解度急剧下降，焊接熔池中的氢气来不及析出，在焊缝中形成气孔。同时，以溶解状态残留在固态金属中的氢与氧化亚铜发生反应，析出水蒸气，而水蒸气不溶于铜，但以很高的压力状态分布在显微空隙中导致裂缝产生，即所谓的氢脆现象。

目前焊接铜及铜合金较理想的方法是氩弧焊。对质量要求不高时，也常采用气焊、焊条电弧焊和钎焊等。

任务六　冷作工基本知识

一、手工矫正工艺

手工矫正是在平板、砧子或台虎钳上用锤子等手工工具进行的。常用的手工矫正方法有延展法、扭转法、弯形法和伸张法。

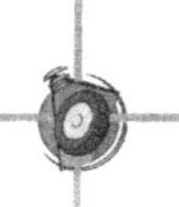

1. 延展法

延展法主要针对金属薄板中部凹凸而边缘呈波浪形以及翘曲等变形的情形，如图 3－33 所示。

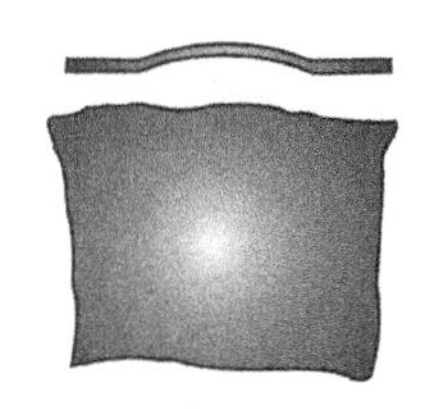

（a）中间凸起

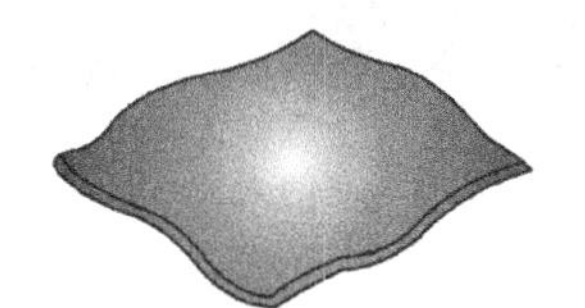

（b）边缘呈波浪形

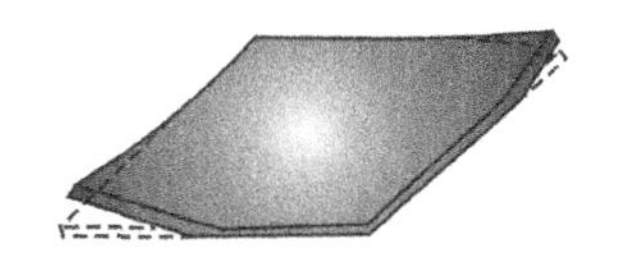

（c）对角翘起

图 3－33　延展法

（1）凸鼓面的矫正：

① 将板料凸面向上放在平台上，左手按住板料，右手握锤。

② 敲击应由板料四周边缘开始，逐渐向凸鼓面中心靠拢，如图 3－34 所示。

③ 板料基本矫正后，再用木锤进行一次调整性敲击，以使整个组织舒展均匀。

（2）边缘翘曲的矫正：

① 将边缘呈波浪形板料放在平台上，左手按住板料，右手握锤。

② 敲击由板料中间开始，逐渐向四周扩散，如图 3－35 所示。

③ 板料基本矫正后，再用木锤进行一次调整性敲击，以使整个组织舒展均匀。

（3）对角翘曲的矫正：

① 将翘曲板料放在平台上，左手按住板料，右手握锤。

② 先沿着没有翘曲的对角线开始敲击，依次向两侧伸展，使其延伸而矫正，如图 3－36 所示。

③ 板料基本矫正后，再用木锤进行一次调整性敲击，以使整个组织舒展均匀。

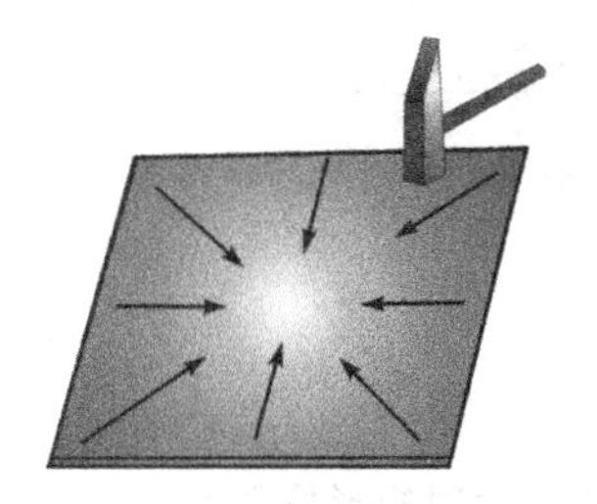

图 3－34　凸鼓面的矫正

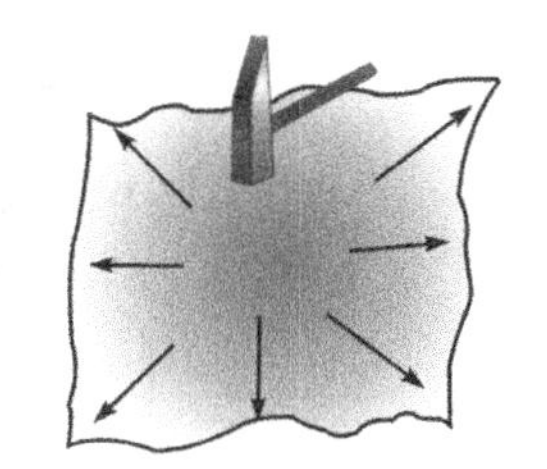

图3－35　边缘翘曲的矫正

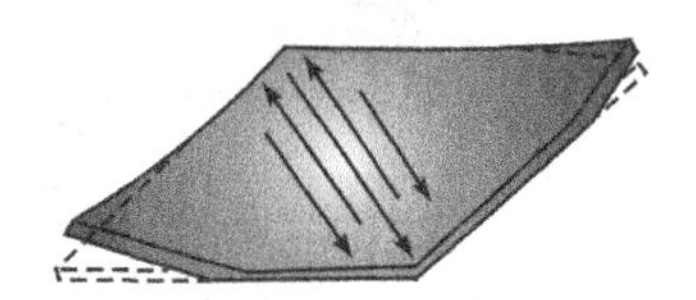

图 3－36　对角翘曲的矫正

2. 扭转法

扭转法是用来矫正条料扭曲变形的。操作时将条料夹持在台虎钳上，用扳手把条料反扭转到原来形状，如图 3－37 所示。

3. 弯形法

弯形法是用来矫正各种弯曲的棒料和在宽度方向上弯曲的条料。

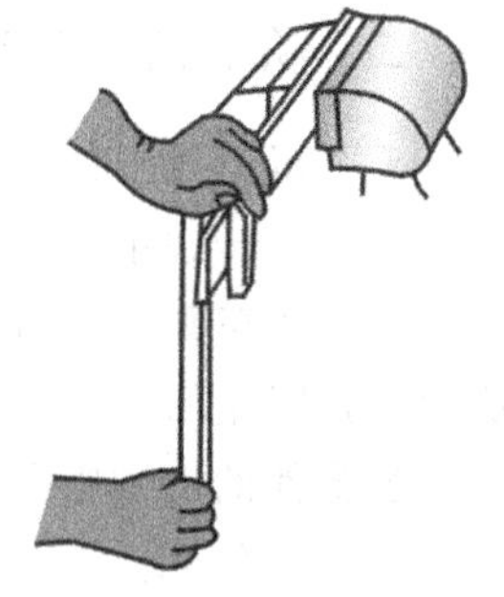

图 3－37　扭转法

4. 伸张法

伸张法是用来矫正各种细长线材的，如图 3－38 所示。

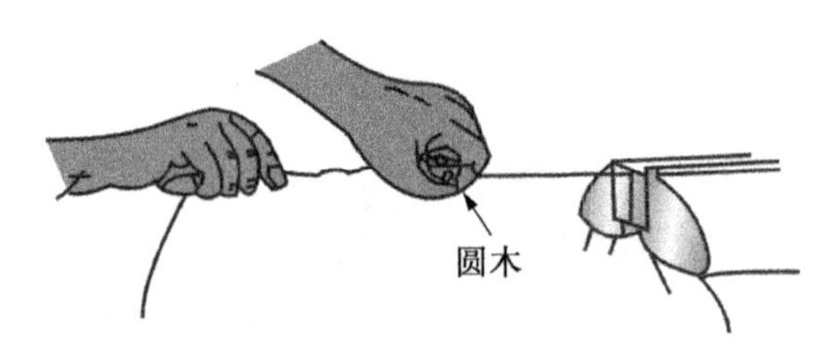

图 3－38　伸张法

5. 焊接件的矫正

(1) L 形焊接件角度的矫正。

矫正方法：如图 3－39 所示为由两根角钢垂直地焊在一起构成的 L 形焊接件，冷却后焊接角度会发生变化。因此，焊接前角度稍放大。

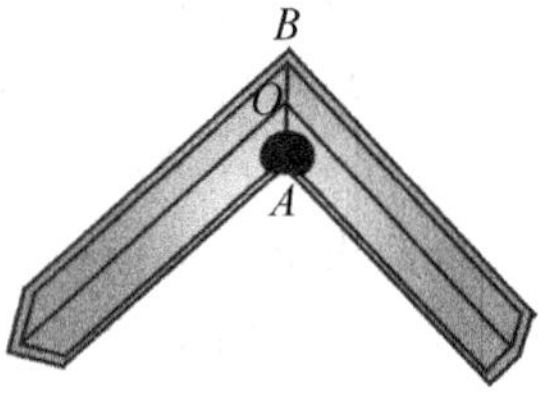

(2) 矩形框架的矫正。

矫正方法：如图 3－40 所示为矩形框架的矫正。框架 AD 与 BC 边出现双边弯曲现象时，可将框架立于平台上，外弯边 AD 朝上，BC 边两端垫上垫板，捶击凸起点 E。如果四边都略有弯曲，可分别向外或向内捶击凸起处。

图 3－39　L 形焊接件角度的矫正

当尺寸误差不太大时，把框架竖起来，捶击较长一边的端头，使其总长缩短。如$\angle B$ 和$\angle D$ 小于 90°时，采用图 3－41 所示的方法，捶击 B 点使其扩展。

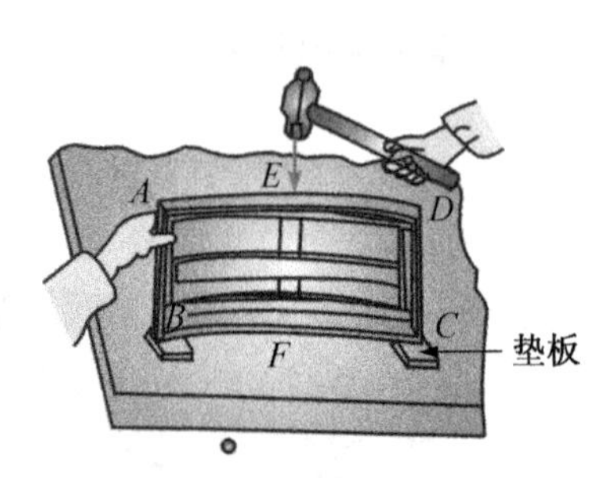

图 3－40　矩形框架的矫正

图3－41　尺寸误差不太大时矩形框架的矫正

二、机械矫正工艺

手工矫正效率低，劳动强度大，仅适用于对小件的矫正。对于尺寸较大的工件，则采用专用机械进行矫正。

机械矫正则是通过矫正机对钢板进行多次反复弯曲，使钢板长短不等的纤维趋向相等，从而达到矫正的目的。

钣金件的机械整平

(1) 操作要求：

① 正确使用辊子式整平机。

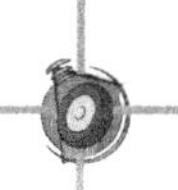

② 按照要求将变形钣金件整平。

③ 操作时，不得将手放在辊子周边。

（2）操作步骤：

① 金属板料的机械整平。整平方法如图 3－42 所示，轴辊的间隙根据板厚进行调节。矫正的质量取决于辊子的精度。

② 预先成型工件的滚压。滚压方法如图 3－43 所示，首先将工件下面的辊子换成较工件之上的辊子曲率略小的辊子，然后利用急松装置将底辊升起，同时将工件置于辊子之间，调整底轮的压力，使工件能在适度的压力之下在辊子间滑动。

图3－42　金属板料的机械整平

（a）前后滚压方法

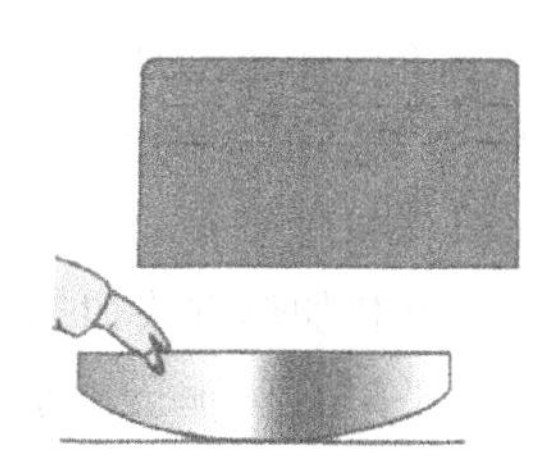

（b）样板核对

图 3－43　预先成型工件的滚压方法

注意：要全面滚压，以免局部延展伸长。要随时利用样板核对工件的曲率。将钣金件在一个方向依次滚压完后，再将工件调转 90°，重复以上操作，滚压线路与原来方向交叉进行，如图 3－44 所示。

图 3－44　滚压注意事项

③ 平钣金件波形皱纹的滚压如图 3－45 所示。滚压时金属板移动的方向与原来移动的方向成对角线，压力保持均匀，并平稳地移动，以免再度造成波纹。

④ 大型钣金件的成型方法如图 3－46 所示。根据工件的要求在滚压大型钣金件时需要两个人把持工件，在滚压机上按以上描述依次前后移动。

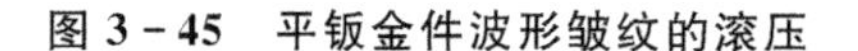

（a）平钣金件的波形皱纹

（b）滚压方法

图 3－45　平钣金件波形皱纹的滚压

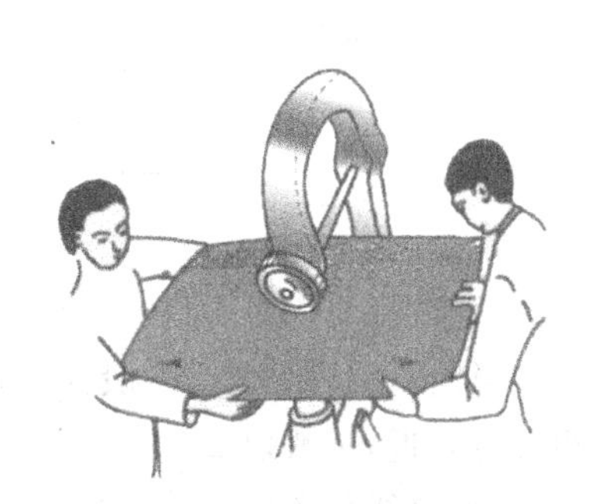

图 3－46　大型钣金件的成型方法

三、火焰矫正工艺

1. 火焰矫正原理

火焰矫正就是对变形的钢材采用火焰局部加热的方法进行矫正。金属材料具有热胀冷缩的特性。火焰矫正正是利用这种新的变形去矫正原来的变形。

2. 火焰矫正的位置、方法

(1) 加热位置、火焰能率与矫正的关系：火焰矫正的效果主要取决于加热的位置和火焰的能率。不同的加热位置可以矫正不同方向的变形。若位置选择错误，不但起不到矫正的作用，反而会使变形更加复杂、严重。

(2) 加热方式：

① 点状加热：加热的区域为一定直径范围的圆圈状点，故称点状加热，如图 3－47(a)所示。

② 三角形加热：加热区域呈三角形的加热方法称为三角形加热，如图 3－47(b)所示。

(3) 中部凸鼓工件的火焰矫正：

① 将板料置于平台上，用卡子将板料四周压紧。

② 用点状加热方式加热凸鼓处周围。说明：也可采用线状加热方式，如图 3－47(c)所示。

③ 矫平后再用锤子沿水平方向轻击卡子，便松开卡子取出板料。

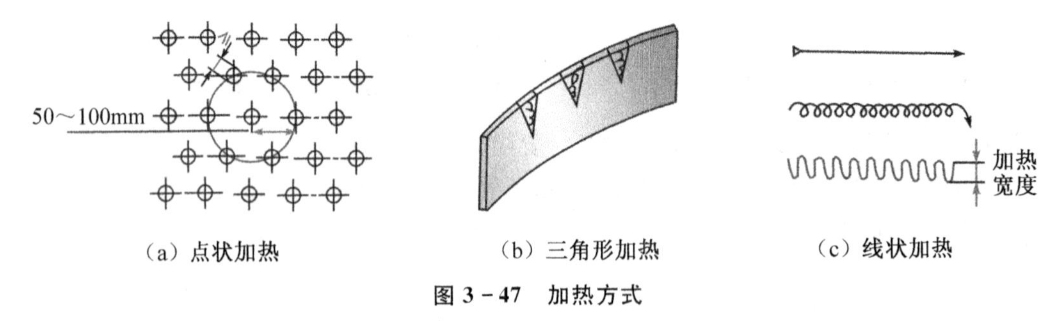

(a) 点状加热　(b) 三角形加热　(c) 线状加热

图 3－47　加热方式

(4) 边缘波浪形工件的火焰矫正：

步骤 1：用卡子将板料三面压紧在平台上，波浪形变形集中的一边不要卡紧，如图 3－48(a)所示。

步骤 2：用线状加热方式先从凸起两侧平的地方开始加热，再向凸起处围拢，加热次序如图 3－48(b)中的箭头所示。

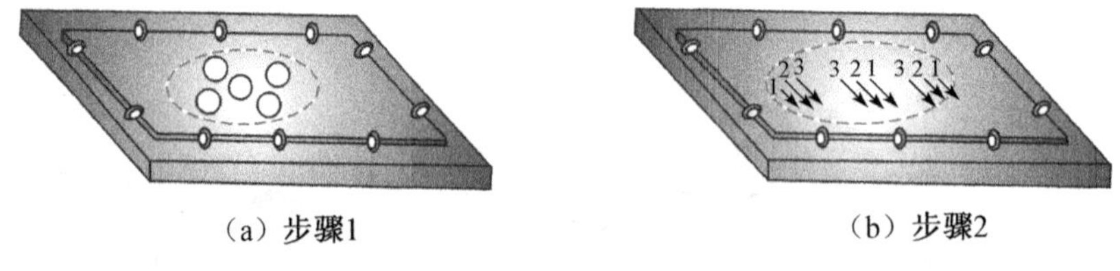

(a) 步骤1　(b) 步骤2

图 3－48　边缘波浪形工件的火焰矫正

说明：加热线长度一般为板宽的 1/3～1/2，加热线距离视凸起的高度而定，凸起越高，距离应越近，一般取 20～50mm。若经过第一次加热后还有不平，可重复进行第二次加热矫正，但加热线位置应与第一次错开。

任务七 常用焊接材料知识

焊接材料是焊接时使用的形成熔敷金属的填充材料、保护熔融金属不受氧化氮化的保护材料、协助熔融金属凝固成形的衬垫材料等。包括焊条、焊丝、电极、焊剂、气体、衬垫等。

一、焊条

焊条由焊芯和药皮组成，如图 3－49 所示。

手工焊条电弧焊时，焊条焊芯既是电极，又是填充金属。

1. 常用焊条类型及其特点

焊条药皮类型主要有 6 种，其特点如下：

(1) 低氢型焊条：其药皮主要由碳酸盐及氟化物等碱性物质组成的碱性焊条，可分为低氢钠型(型号为 EXX15 碱性，只能用直流电源)和低氢钾型(型号为 EXX16 碱性，也可以是钛型或钛钙型，可用交直流两用)两种。正确使用时，熔敷金属中的扩散氢的含量低，其冲击韧性和塑性较好。这类焊条熔渣流动性好、焊接工艺性一般、焊波较粗、飞溅稍大、电弧较短、熔深较深、脱渣一般，适于全位置焊接，是压力容器用得最多的一种焊条。电源一般用直流电源。

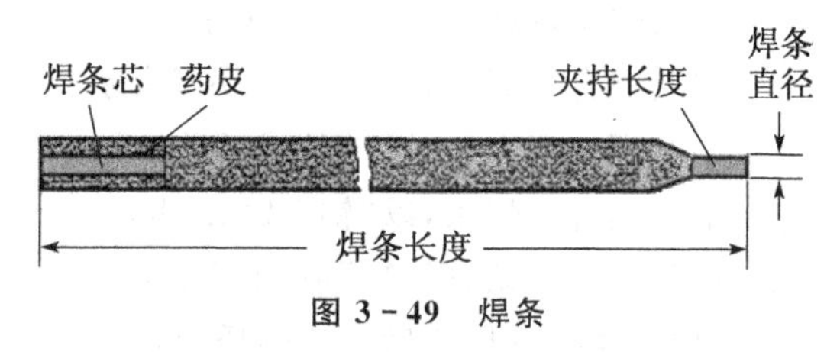

图 3－49 焊条

(2) 钛钙型焊条 (型号为 EXX03)：其药皮中含有质量分数为 30％以上氧化钛(金红石或钛白粉)及适量(质量分数 ＜ 20％)的钙和镁碳酸盐矿石的酸性焊条。这类焊条熔渣流动性好、电弧较稳定、熔深一般、脱渣容易、飞溅少、焊波美观，适于全位置焊接。电源可为交直流电源。

属于钛钙型焊条的还有铁粉钛钙型(型号为 EXX23)。

(3) 钛铁矿型焊条(型号为 EXX01)：其药皮中含有质量分数为 30％以上钛铁矿及一定量碳酸盐的酸性焊条。这类焊条熔渣流动性良好、电弧稍强、熔深较深、熔渣覆盖良好、脱渣容易、飞溅一般、焊波整齐，适于全位置焊接，可交直流电源两用。

(4) 高钛型焊条：其药皮中以氧化钛为主要组成物，其质量分数≥35％的酸性焊条，可分为高钛钠型(型号为 EXX12)和高钛钾型(型号为 EXX13)两种。这类焊条电弧稳定、引弧容易、熔深较浅、熔渣覆盖良好、焊波美观、脱渣容易、飞溅少，适于全位置焊接，可交直流焊接。但熔敷金属的塑性和抗裂性较差。EXX14、EXX24 是铁粉钛型焊条，后者比前者的铁粉量更多些。

(5) 高纤维素型焊条：其药皮中含有多量有机物的酸性焊条，可分为高纤维素钠型(型号为 EXX10)和高纤维素钾型(型号为 EXX11)两种。纤维素含量约占药皮总量的20％～30％。这类焊条的纤维素产生大量气体保护熔敷金属，电弧吹力强，熔深深，熔化速度快，脱渣少，飞溅一般，适于全位置焊接，尤其是立焊和仰焊，也可向下焊，可交直流两用。

(6) 氧化铁型焊条：其药皮中含有大量氧化铁及二氧化硅组成物的酸性焊条，可分为

EXX20 型号、EXX22 型号，EXX20 不适用于薄板焊接，而 EXX22 适用于薄板焊接。这类焊条熔化速度快，焊接生产率高，电弧稳定，引弧容易，熔深较深，飞溅稍多，最适合中厚板平焊，立焊和仰焊的操作性能较差，熔敷金属抗裂性较好。电源可为交流、直流电源。

2. 国产焊条的分类

一般有 3 种分类方法：

（1）按焊条用途分类（即按“焊接材料产品样本”分类）：

① 结构钢焊条，以“结”字或“J”表示。

② 钼和铬钼耐热钢焊条，以“热”字或“R”表示。

③ 不锈钢焊条，以“铬”和“奥”字或“G”和“A”表示。

④ 堆焊焊条，以“堆”字或“D”表示。

⑤ 低温钢焊条，以“温”字或“W”表示。

⑥ 铸铁焊条，以“铸”字或“Z”表示。

⑦ 镍及镍合金焊条，以“镍”或“Ni”表示。

⑧ 铜及铜合金焊条，以“铜”或“T”表示。

⑨ 铝及铝合金焊条，以“铝”或“L”表示。

⑩ 特殊用途焊条，以“特”或“TS”表示。

（2）按焊条药皮熔化后熔渣性质分：

① 酸性焊条。

② 碱性焊条。

（3）按药皮的类型分类，见表 3－11。

表 3－11　焊条药皮类型

牌　号	药皮类型	焊接电源	牌　号	药皮类型	焊接电源
××0	不规定的类型	不规定	××5	纤维素型	交流或直流
××1	氧化钛型	交流或直流	××6	低氢型	交流或直流
××2	氧化钛钙型	交流或直流	××7	低氢型	直流
××3	钛铁矿型	交流或直流	××8	石墨型	交流或直流
××4	氧化铁型	交流或直流	××9	盐基型	直流

3. 结构钢焊条牌号

结构钢焊条牌号表示的意义如图 3－50 所示，其焊条焊缝强度、特殊用途符号见表 3－12、表 3－13。

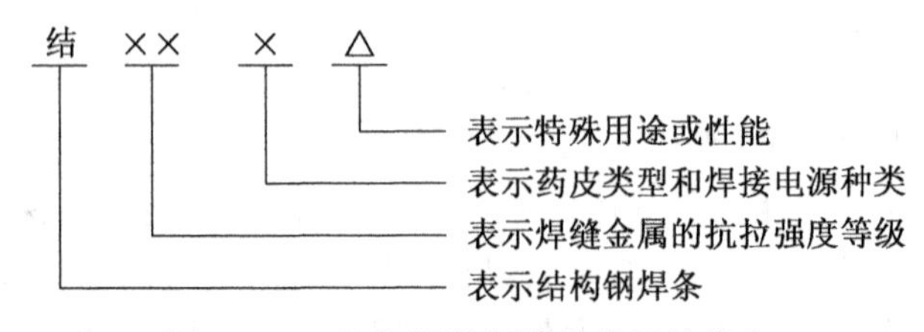

图 3－50　结构钢焊条牌号表示的意义

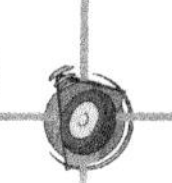

表 3－12　结构钢焊条焊缝强度

牌　号	焊缝金属抗拉强度/MPa	焊缝金属屈服强度/MPa
J42×	420(43)	330(34)
J50×	490(50)	410(42)
J55×	540(55)	440(450)
J60×	590(60)	530(54)
J70×	690(70)	590(60)
J75×	740(75)	640(65)
J80×	780(80)	690(70)
J85×	830(85)	740(75)
J90×	880(90)	780(80)
J10×	980(100)	880(90)

表 3－13　焊条特殊用途符号

特殊用途符号	含　义	特殊用途符号	含　义
G	管道焊接(只有 J422G)	RH	高韧性超低氢
X	立向下焊	GH	有较高低温韧性、低氢
GM	盖面		
Z	重力	R	高韧性
D	底层焊	XG	管子用立向
H	超低氢	GR	低温高韧性
DF	低尘	CuP	焊接铜磷钢用
LMA	耐吸潮	Fe	铁粉焊条

4. 钼钢和铬钼耐热钢焊条牌号

钼钢和铬钼耐热钢焊条牌号表示的意义如图 3－51 所示，其化学元素含量见表 3－14。

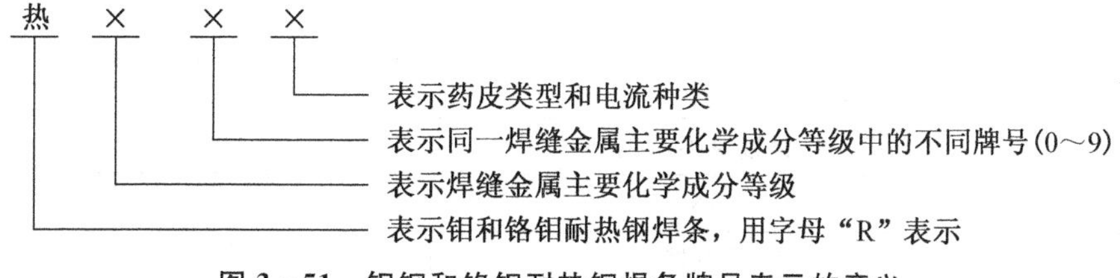

图 3－51　钼钢和铬钼耐热钢焊条牌号表示的意义

表 3-14　钼钢和铬钼耐热钢焊条化学元素含量

牌　号	焊缝主要化学元素 Cr 含量/%	焊缝主要化学元素 Mo 含量/%
热 1××	/	0.5
热 2××	0.5	0.5
热 3××	1～2	0.5～1
热 4××	2.5	1
热 5××	5	0.5
热 6××	7	1
热 7××	9	1
热 8××	11	1

5. 不锈钢焊条牌号

不锈钢焊条牌号表示的意义如图 3-52 所示，其焊缝金属化学元素含量见表 3-15。

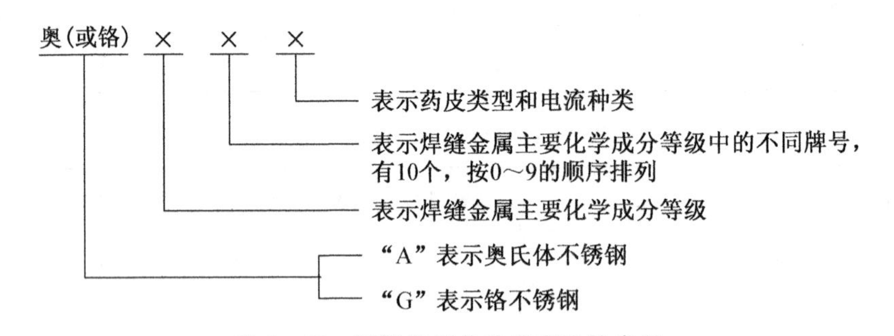

图 3-52　不锈钢焊条牌号表示的意义

表 3-15　不锈钢焊缝金属化学元素含量

牌　号	焊缝金属主要化学元素 Cr 含量/%	焊缝金属主要化学元素 Ni 含量/%
G2××	13	/
G3××	17	/
A0××	(C 含量≤0.04%为超低碳)	/
A1××	18	8
A2××	18	12
A3××	25	13
A4××	25	20
A5××	16	25
A6××	15	35
A7××	铬锰氮不锈钢	/
A8××	18	18
A9××	待发展	/

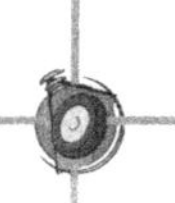

6. 焊条型号和焊条牌号的对应关系

焊条型号是国家标准中规定的焊条编号，牌号是原国家机械工业委员会在“焊接材料产品样本”中统一规定的焊条行业编号。它们之间的差别在于，牌号中没有区别焊接位置的编号。型号和牌号之间的对应关系以及焊条型号关于焊接位置、药皮类型、焊接电流种类的含义见表3-16、表3-17。

表3-16　国标焊条型号与牌号之间的对应关系

国家标准			焊接材料产品样本			
焊条大类（按化学成分分）			焊条大类（按用途分）			
标准号	名称	代号	类别	名称	代号	
					字母	汉字
GB5117—95	碳钢焊条	E	1	结构钢焊条	J	结
GB5118—95	低合金钢焊条	E	2	钼和铬钼耐热钢焊条	R	热
			3	低温钢焊条	W	温
GB983—85	不锈钢焊条	E	4	不锈钢焊条	G	铬
					A	奥
GB984—85	堆焊焊条	ED	5	堆焊焊条	D	堆
/	/	/	6	铸铁焊条	Z	铸
/	/	/	7	镍及镍合金焊条	Ni	镍
GB3670—83	铜及铜合金焊条	TCu	8	铜及铜合金焊条	T	铜
GB3669—83	/	TAl	9	铝及铝合金焊条	L	铝
/	/	/	10	特殊用途焊条	TS	特殊

表3-17　焊条型号关于焊接位置、药皮类型、焊接电流种类的含义

焊条型号	第三位数字代表焊接位置	第三、第四位数字组合代表的意义	
		药皮类型	焊接电流种类
E××00	各种位置（平、立、横、仰）	特殊型	交流或直流正、反接
E××01		钛铁矿型	
E××03		钛钙型	
E××10		高纤维素型	直流反接
E××11		高纤维素钾型	交流或直流反接
E××12		高钛钠型	交流或直流正接
E××13		高钛钾型	交流或直流正、反接
E××14		铁粉钛型	交流或直流正、反接
E××15		低氢钠型	直流反接
E××16		低氢钾型	交流或直流反接
E××18		铁粉低氢型	交流或直流反接

续 表

焊条型号	第三位数字代表焊接位置	第三、第四位数字组合代表的意义	
		药皮类型	焊接电流种类
E××20	平角焊	氧化铁型	交流或直流反接
E××22	平		交流或直流正、反接
E××23	平、平角焊	铁粉钛钙型	交流或直流正、反接
E××24		铁粉钛型	交流或直流正、反接
E××27		铁粉氧化铁型	交流或直流正接
E××28		铁粉低氧型	/
E××48	平、立、仰、立向下	铁粉低氢型	交流或直流反接

7. 碳钢焊条型号编号方法

碳钢焊条型号编号方法的意义如图 3-53 所示。

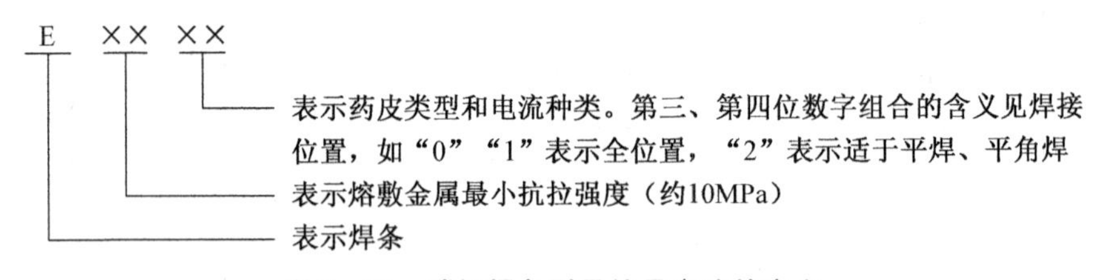

图 3-53 碳钢焊条型号编号方法的意义

8. 不锈钢焊条型号表示方法

不锈钢焊条型号表示方法与碳钢焊条的表示方法基本一样，不同的是“E”后面的一组数字不是表示强度，而是表示不锈钢的化学成分。常用不锈钢焊条型号标准对照见表 3-18。

表 3-18 常用不锈钢焊条型号标准对照

GB/T983—1995	GB983—1985	GB/T983—1995	GB983—1985
E308	E019—10	E310	E2—26—21
E308L	E00—19—10	E316	E0—18—12MO2
E309	E1—23—13	E316L	E00—18—12 MO2
E309L	E00—23—13	E347	E019—10NB

二、焊丝

1. 焊丝的种类

实芯焊丝是从金属线材直接拉拔而成的焊丝。药芯焊丝是将薄钢带卷成圆形钢管或异形钢管的同时，在其中填满一定成分的药粉，经拉制而成的焊丝。

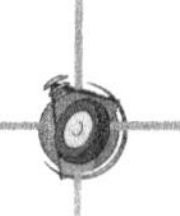

2. 实芯焊丝牌号编制方法

实芯焊丝牌号编制方法的意义如图 3－54 所示。

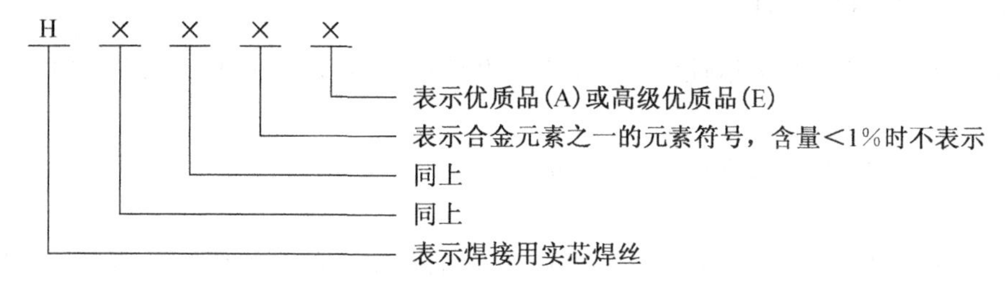

图 3－54 实芯焊丝牌号编制方法的意义

3. 药芯焊丝牌号编制方法

药芯焊丝牌号编制方法的意义如图 3－55 所示，其牌号中保护方法的含义见表 3－19。

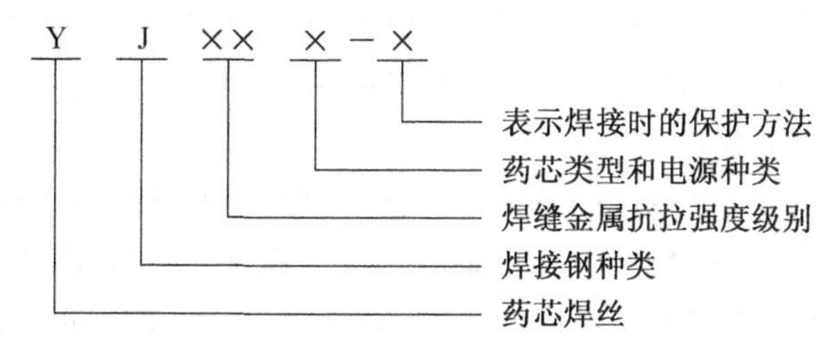

图 3－55 药芯焊丝牌号编制方法的意义

表 3－19 药芯焊丝牌号中保护方法的含义

牌 号	焊接时的保护方法
YJ××—1	气保护
YJ××—2	自保护
YJ××—3	气保护、自保护两用
YJ××—4	其他保护形式

三、钨极

钨极和焊条或埋弧焊、电渣焊、熔化极气体保护的焊丝都是电极，但钨极是难熔化填充金属的电极。钨的熔点为 3410℃，沸点为 5900℃，是常见金属中熔、沸点最高的，因而是非熔化极电弧的最合适的电极材料。

钨极有纯钨、钍钨、铈钨 3 种。

纯钨极电子逸出功大，电子发射能力差，要求空载电压高，承载电流能力小，目前基本不用。

钍钨极加入氧化钍可降低电子逸出功，提高电子发射能力，可降低空载电压，改善引弧性能和稳弧性能，增大电流许用范围。但有微量放射性。牌号有 WHh—10(含 ThO_2 1.0%～1.5%)和 WHh—15(含 ThO_2 1.5%～2.0%)。

铈钨极加入少量氧化铈，比钍钨极更易引弧，电弧损耗更少，放射性剂量也低得多，是目前应用最多的钨极。牌号为 Wce—20(含 CeO_2 2.0%)。

四、焊接用保护气体

焊接用保护气体可分为惰性气体(Ar,He)和活性气体(CO_2 及 CO_2 和 O_2 的混合气体)两大类。

保护气体主要包括 Ar、CO_2、He、O_2 和 H_2。

1. Ar

(1) Ar 的性质。Ar 是空气中除 N_2、O_2 之外,含量最多的一种稀有气体,其体积分数约为 0.935%。Ar 无色无味,在 0℃ 和 1 个标准大气压(101325Pa)下,密度是 1.78kg/m^3,约为空气的1.25倍。Ar 的沸点为 −186℃,介于 O_2(−183℃)和 H_2(−196℃)的沸点之间。分馏液态空气制取 O_2 时,可同时制取 Ar。

Ar 是一种惰性气体,焊接时既不与金属起化学反应,也不溶解于液态金属中,因此可以避免焊缝中金属元素的烧损和由此带来的其他焊接缺陷,使焊接冶金反应变得简单并容易控制,为获得高质量的焊缝提供了有利条件。

(2) 焊接用 Ar 的纯度。Ar 是制 O_2 的副产品,因为 Ar 的沸点介于 O_2 和 N_2 之间,差值很小,所以在 Ar 中常残留一定数量的其他杂质。按照我国现行规定,焊接用 Ar 的纯度应达到 99.99%,具体技术要求按 GB 4842—84 和 GB 10642—89 的规定执行。不同材质焊接时所使用的 Ar 纯度见表 3-20。

表 3-20　不同材质焊接时所使用的 Ar 纯度

被焊材料	各气体含量/%			
	Ar	N_2	O_2	H_2O
钛、锆、钼、铌及其合金	≥99.98	≤0.01	≤0.005	≤0.07
铝、镁及其合金、铬镍耐热合金	≥99.9	≤0.04	≤0.05	≤0.07
铜及铜合金、铬镍不锈钢	≥99.7	≤0.08	≤0.015	≤0.07

焊接中如果 Ar 的杂质含量超过规定标准,在焊接过程中不但影响对熔化金属的保护,而且极易使焊缝产生气孔、夹渣等缺陷,影响焊接接头质量,加剧钨极的烧损量。

2. CO_2

(1) CO_2气体的性质。CO_2 气体是氧化性保护气体,CO_2有固态、液态、气态 3 种状态。纯净的 CO_2 气体无色、无味。CO_2 气体在 0℃ 和 1 个标准大气压(101325Pa)下,密度是 1.9768g/L,是空气的 1.5 倍。CO_2易溶于水,当溶于水后略有酸味。

CO_2气体在高温时发生分解($CO_2 \rightarrow CO + O$, −283.24kJ),由于分解出原子态氧,因而使电弧气氛具有很强的气体性。在高温的电弧区域里,因 CO_2气体的分解作用,高温电弧气氛中常常是三种气体(CO_2、CO 和 O_2)同时存在。CO_2气体的分解程度与焊接过程中的电弧温度有关,随着温度的升高,CO_2气体的分解反应越剧烈,当温度超过 4727℃ 时,CO_2气体几乎全部发生分解。

液态 CO_2是无色液体,其密度随温度变化而变化,当温度低于 −11℃ 时比水密度大,高

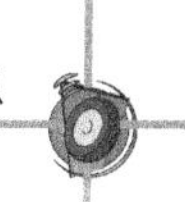

于-11℃则比水密度小。CO_2由液态变为气态的沸点很低(-78℃),所以工业用CO_2一般都是液态的,常温下即可汽化。在0℃和1个标准大气压下,1kg液态CO_2可汽化成CO_2气体509L。

(2) 焊接用CO_2气体的纯度。液态CO_2中可溶解质量分数为0.05%的水,多余的水则成自由状态沉于瓶底。这些水在焊接过程中随CO_2一起挥发并混入CO_2中,直接进入焊接区。因此水分是CO_2气体中最主要的有害杂质。随着CO_2气体中水分的增加(即露点温度的提高),焊缝金属中含氢量逐渐升高,塑性下降,甚至产生气孔等缺陷,因此焊接用的CO_2气体必须具有较高的纯度。国内一般要求CO_2含量>99%,O_2含量<0.1%,H_2O含量<0.05%;国外有时还要求CO_2含量>99.8%,H_2O含量<0.0066%。

五、焊剂

埋弧焊、电渣焊都用焊剂。常用焊剂有熔炼焊剂和烧结焊剂。

1. 熔炼焊剂牌号表示方法

熔炼焊剂牌号表示方法的意义如图3-56所示,其与Si、F含量及MnO含量见表3-21、表3-22。

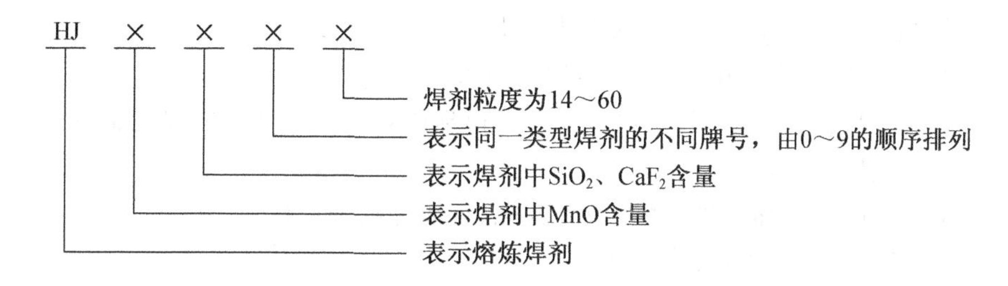

图3-56 熔炼焊剂牌号表示方法的意义

表3-21 熔炼焊剂牌号与Si、F含量

牌　号	焊剂类型	SiO_2 含量/%	CaF_2 含量/%
HJ×1×	低Si低F	<10	<10
HJ×2×	中Si低F	10～30	<10
HJ×3×	高Si低F	>30	<10
HJ×4×	低Si中F	<10	10～30
HJ×5×	中Si中F	10～30	10～30
HJ×6×	高Si中F	>30	10～30
HJ×7×	低Si高F	<10	>30
HJ×8×	中Si高F	10～30	>30
HJ×9×	其他	/	/

表 3-22　熔炼焊剂牌号与 MnO 含量

牌　号	焊剂类型	MnO 含量/%
HJ1××	无 Mn	<2
HJ2××	低 Mn	2～5
HJ3××	中 Mn	15～30
HJ4××	高 Mn	>30

2. 烧结焊剂表示方法

烧结焊剂表示方法的意义如图 3-57 所示。

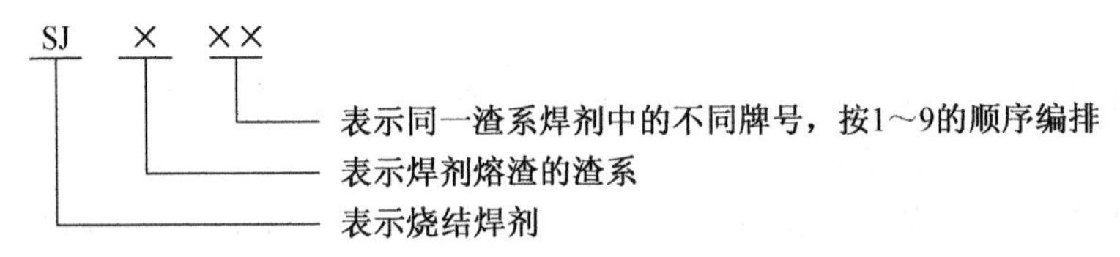

图 3-57　烧结焊剂表示方法的意义

焊剂作用相当于焊条的药皮，它的作用如下：

(1) 保护熔池，防止空气中 O_2、N_2 等气体侵入。

(2) 具有脱氧与合金化作用，与焊丝配合可得到所需成分和性能的焊缝金属。

(3) 使焊缝成形良好。

(4) 使熔敷金属的冷却速度减慢，减少气孔、夹渣等缺陷产生。

(5) 防止飞溅，减少损失，提高熔敷系数。

熔炼焊剂主要由矿物熔炼后呈玻璃状再碎成一定粒度的颗粒，制造时耗能多，焊剂中不能加入脱氧剂和合金剂，但颗粒强度高、不易粉化、耐潮性较好。

烧结焊剂由药粉加粘结剂拌好后造粒烧结而成。制造时耗能较少，焊剂中可加入脱氧剂和合金剂，有利于提高焊缝质量和性能，但颗粒强度低、易粉化、耐潮性不好。

六、中外常用焊条、焊剂对照

常用焊条、焊剂牌号对照及烘焙要点见表 3-23。

表 3-23　常用焊条、焊剂牌号对照及烘焙要点

牌　号	符合(相当)下述标准的焊条型号			烘干温度/℃	保温时间/h
	GB	AWS	JIS		
J442	E4303	/	D4303	150	1～2
J427	E4315	E6015	/	350～400	1～2
J502	E5003	/	D5003	150	1～2
J507	E5015	E7015	D5015	350～400	1～2
A132	E347-16	E347-16	D347-16	150	1～2

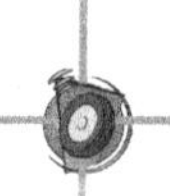

续　表

牌　号	符合(相当)下述标准的焊条型号			烘干温度/℃	保温时间/h
	GB	AWS	JIS		
A137	E347－15	E347－15	/	350～400	1～2
A302	E309－16	E309－16	D309－16	150	1～2
A307	E309－15	E309－15	/	350～400	1～2
HJ350	HJ402－H10Mn2	F6A0－EH14	YSF43－W41	250～350	2
HJ250G	/	/	/	250～350	2
HJ431	HJ401－H08A	F6A2－EL12	YSF42－W11	250～350	2

任务八　焊接电弧与弧焊电源知识

一、焊接电弧

1. 焊接电弧的性质

电弧：两电极间强烈而持久的放电现象称为电弧。

焊接电弧：由焊接电源供给的具有一定电压的两电极间或电极与焊件间气体介质中产生的强烈而持久的放电现象。其特性是能放出强烈的光和大量的热。

2. 电离及电子发射

(1) 概念。气体受到电场或热能的作用，就会使中性的气体分子中的电子获得足够的能量，以克服原子核对它的引力，而成为自由电子，同时中性原子由于失去电子而变成带正电荷的正离子，这种使中性的气体分子或原子释放电子形成正离子的过程称为电离。K、Na、Al、Ca、Ar、F、He不同元素电离的难易程度是不同的。

(2) 电离的方式：

① 热电离。

② 电场作用下的电离。

③ 光电离。

(3) 电子发射：阴极的金属表面连续地向外发射电子的现象称为阴极电子发射。焊接时，气体的电离是产生电弧的重要条件，但是，如果只有气体电离而阴极不能发射电子，没有电流通过，那么电弧还是不能形成。因此阴极电子发射也和气体电离一样，两者都是电弧产生和维持的必要条件。

电子逸出金属表面需要吸收能量，根据吸收能量的不同，阴极电子发射可分为以下3种形式：

① 热电子发射：阴极表面温度升高，其中自由电子动能增加，当动能增加到一定值时，电子就会逸出金属表面而产生热电子发射。温度越高，电子发射能力越强。

② 场致电子发射：当电极间有一定强度的电场时，电场促使阴极表面电子逸出，从而产

生电子发射。电场强度与电极间电压成正比，与电极间的距离成反比。电场强度越大，场致电子发射能力越强。

③ 撞击电子发射：当运动速度较高，能量较大的阳离子撞击阴极表面时，将能量传递给阴极表面的电子而产生电子发射称为撞击电子发射。电场强度越大，阳离子的运动速度也越快，则撞击电子发射的作用也越激烈。

3. 焊丝金属的熔化及熔滴过渡

(1) 焊丝金属的熔化。

① 焊丝金属的加热。熔化极电弧焊时，焊丝具有两个作用：电极和填充金属。

a. 电阻热。取决于焊丝伸出长度。

b. 电弧热。熔化焊丝、熔化母材、热量消耗。

② 焊丝金属的熔化。它指金属加热达到熔点由固态变为液态。

(2) 焊丝金属的熔滴过渡。弧焊时，在焊丝端部形成的向熔池过渡的液态金属滴叫熔滴。熔滴通过电弧空间向熔池转移的过程叫熔滴过渡。

① 熔滴上的作用力。

a. 重力。

b. 表面张力：其大小与熔滴的成分、温度及环境气氛有关。与焊丝直径成正比。平焊阻碍熔滴过渡，其他位置则有利于过渡。

c. 电磁压缩力：作用方向都是促使熔滴向熔池过渡的。

d. 斑点压力：电弧中的带电质点——电子和阳离子，在电场的作用下向两极运动，撞击在两极的斑点上而产生的机械压力，这个力称为斑点压力。斑点压力的作用方向是阻碍熔滴向熔池过渡，并且正接时的斑点压力较反接时大。

e. 等离子流力：由于电弧截面处电磁压缩力大小不同，使电弧气流的两端形成压力差，使等离子体迅速流动产生压力，这种压力称为等离子流力。这种流力有利于熔滴过渡。

f. 电弧气体的吹力：有利于熔滴过渡。

② 熔滴过渡形态。

a. 滴状过渡：当电弧长度超过一定值时，熔滴依靠表面张力的作用，自由过渡到熔池，而不发生短路。

b. 短路过渡：焊丝端部的熔滴与熔池短路接触，由于强烈的热和磁收缩的作用使其爆断，直接向熔池过渡。在小功率电弧下，适合薄板。

c. 喷射过渡：熔滴是细小颗粒并以喷射状态快速通过电弧空间向熔池过渡的形式。除了要有一定的电流密度外，还必须要有一定的电弧长度。特点是熔滴细、过渡频率高、电弧稳定、飞溅小、熔深大、焊缝成形美观、生产效率高等优点。

③ 熔滴过渡的飞溅。

a. 气体爆炸引起的飞溅。

b. 斑点压力引起的飞溅。

④ 熔滴过渡时的蒸发：熔滴过渡时金属蒸气是有一定的蒸发。

4. 直流电弧的结构

直流电弧的结构如图 3－58 所示。

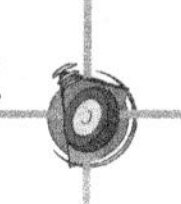

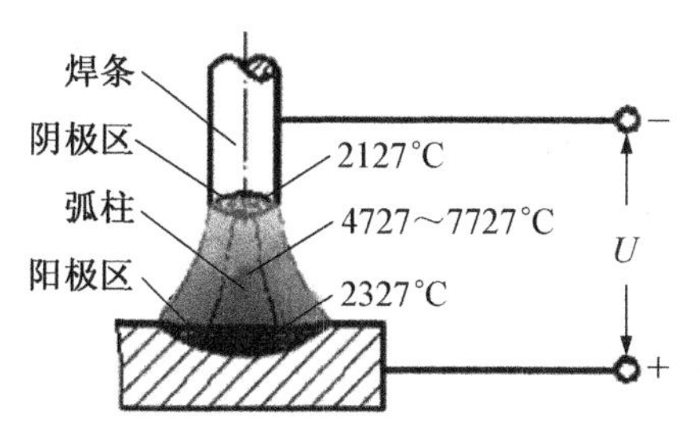

图 3－58　直流电弧的结构

(1) 阴极区：电弧紧靠负电极的区域为阴极区。它是电子发射时的发源地，电流密度很大，也是阴极区温度最高的地方。

(2) 阳极区：电弧紧靠正电极的区域为阳极区。它是集中接收电子的微小区域，电场强度比阴极小得多。

(3) 弧柱区：阴极区和阳极区之间为弧柱区。该区充满了电子、正离子、负离子和中性的气体分子或原子，并伴随着激烈的电离反应。

5. 焊接电弧的极性及应用

由于直流电焊时，焊接电弧正、负极上热量不同，所以采用直流电源时有正接和反接之分，如图 3－59 所示。所谓正接，是指焊条接电源负极，焊件接电源正极，此时焊件获得热量多，温度高，熔池深，易焊透，适于焊厚件；所谓反接，是指焊条接电源正极，焊件接电源负极，此时焊件获得热量少，温度低，熔池浅，不易焊透，适于焊薄件。如果焊接时使用交流电焊设备，由于电弧极性瞬时交替变化，所以两极加热一样，两极温度也基本一样，不存在正接和反接的问题。

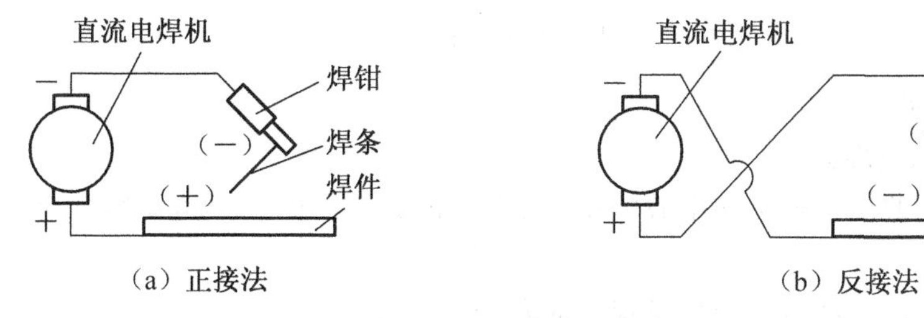

(a) 正接法　　(b) 反接法

图 3－59　直流正接和反接法

6. 电弧静特性曲线

在电极材料、气体介质和弧长一定的情况下，电弧稳定燃烧时，焊接电流和焊接电压变化的关系称为电弧的静特性，如图 3－60 所示。

不同的电弧焊方法，在一定的条件下，其静特性只是曲线的某一区域。

手工电弧焊：a—b—c。

埋弧自动焊：

正常电流 b—c。

大电流 c—d。

钨极氩弧焊：

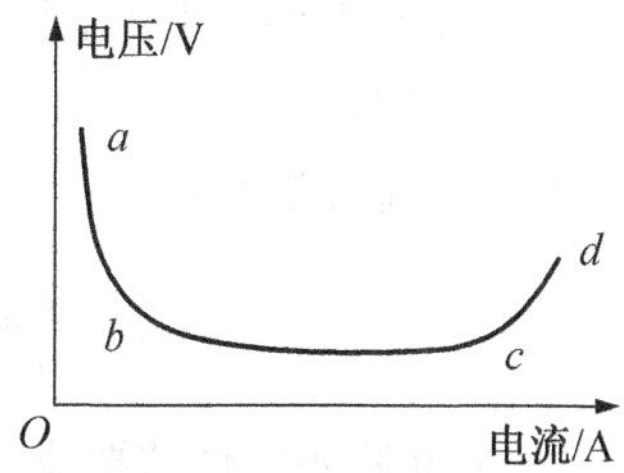

图 3－60　电弧静特性曲线

小电流 a—b。

大电流 b—c。

细丝熔化极气体保护焊：c—d。

7. 电弧电压和弧长的关系

弧长与电弧电压成正比。

二、弧焊电源基本知识

电源是在电路中用来向负载供给电能的装置，而电弧焊的焊接电源即是在焊接电路中为焊接电弧提供电能的设备。为区别于其他的电源，这类电源称为弧焊电源。弧焊电源种类很多，其分类方法也不尽相同。按弧焊电源输出的焊接电流波形的形状，将弧焊电源分为交流弧焊电源、直流弧焊电源和脉冲弧焊电源 3 种类型，俗称交流弧焊机（或弧焊变压器）、直流弧焊机（或弧焊发电机）、整流弧焊机（或整流弧焊器）。这些弧焊电源可用于手工电弧焊、埋弧焊等以焊接电弧为热源的焊接工艺方法上。每种类型的弧焊电源根据其结构特点不同又可分为多种形式，如图 3－61 所示。

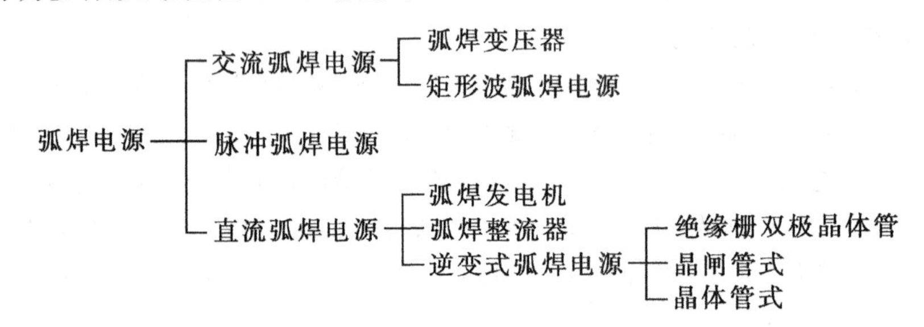

图 3－61　弧焊电源的形式

1. 对空载电压的要求

（1）电弧的燃烧稳定性。

（2）经济性：电源的额定容量和空载电压成正比，空载电压越高，则电源容量越大，制造成本越高。

（3）安全性：过高的空载电压会危及焊工的安全。

国家标准规定：弧焊变压器 $U_{空} \leqslant 80V$，弧焊整流器 $U \leqslant 90V$，弧焊发电机 $U_{空} \leqslant 100V$（单头焊机），$U \leqslant 60V$（多头焊机）。

2. 对短路电流的要求

当电极和焊件短路时，电压为零，此时焊机的输出电流称作短路电流。

短路电流应满足：

$$1.25 < \frac{I_{短}}{I_{工}} < 2$$

3. 对电源外特性的要求

电源外特性：焊接电源输出电压与输出电流之间的关系，如图 3－62 所示。

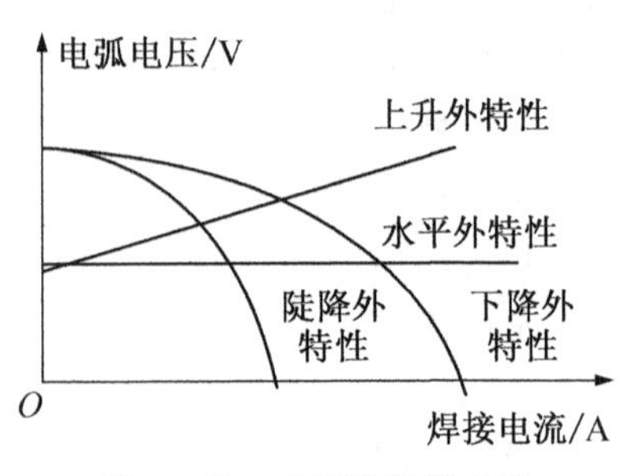

图 3－62　电源外特性曲线

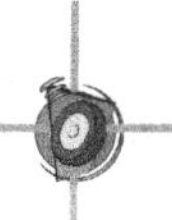

4. 对电源动特性的要求

电源动特性：弧焊电源对焊接电弧这样的动负载所输出的电流和电压与时间的关系。

5. 对电源调节特性的要求

一般采用机械的方法对感抗的大小进行调节，从而实现输出电流的调节。

6. 焊机型号

(1) 焊机型号的编制原则如图 3－63 所示。

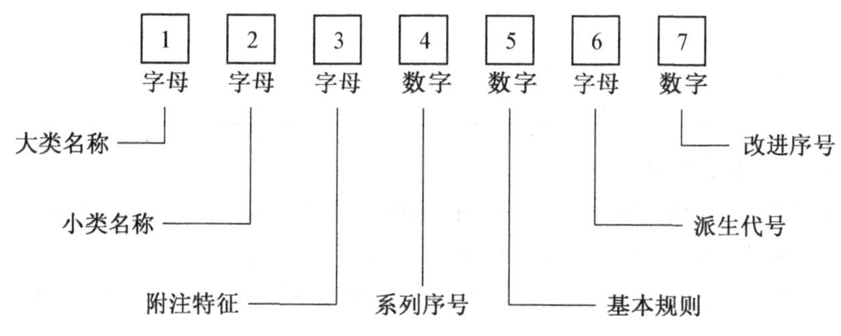

图 3－63　焊机型号的编制原则

(2) 焊机的主要技术指标：

① 负载持续率：焊机负载的时间占选定工作时间的百分率。

② 额定值：对电源规定的使用限额。

电焊机型号代表字母见表 3－24。

表 3－24　电焊机型号代表字母

大类		小类		
名称	代号	名称	代号	
焊接发电机	A	下降特性 平特性 多特性	X P D	额定电流/A
焊接变压器	B	下降特性 平特性	X P	/
焊接整流器	Z	下降特性 平特性 多特性	X P D	/

三、弧焊电源的选用原则

弧焊电源在焊接设备中是决定电气性能的关键部分。不同类型的弧焊电源，其结构、电气性能和主要技术参数是不同的。因此，必须根据具体工作条件正确选择弧焊电源，确保焊接过程的顺利进行，提高生产效率，并获得良好的焊接接头。

交、直流弧焊电源特点比较见表 3－25。

表 3-25　交、直流弧焊电源特点比较

项　目	交　流	直　流	项　目	交　流	直　流
电弧的稳定性	低	高	构造与维修	较简单	较复杂
磁偏吹	很小	较大	噪声	不大	较小
极性可换性	无	有	成本	低	较高
空载电压	较高	较低	供电	一般单相	一般三相
触电危险	较大	较小	重量	较轻	较重

1. 焊接电流种类的选择

焊接电流有直流、交流和脉冲等 3 种，相应的电源是直流弧焊电源、交流弧焊电源和脉冲弧焊电源。应根据焊接工艺方法选择弧焊电源。

(1) 焊条电弧焊：焊条电弧焊的电弧静特性工作在水平段，要求采用下降外特性的弧焊电源。

(2) 埋弧焊：埋弧焊电弧处于静特性曲线的水平线段或略上升段。在等速送丝时，宜选用较平缓的下降特性；在变速送丝时，则选用陡降外特性。

(3) 氩弧焊：钨极氩弧焊要求选用陡降外特性或恒流特性的交流弧焊电源或直流弧焊电源。焊接铝、镁及其合金时，为清除氧化膜并减轻钨电极的烧损，需采用交流弧焊电源，如弧焊变压器，最好采用矩形波交流弧焊电源；焊接其他材料时，最好采用直流弧焊电源，如弧焊逆变器、弧焊整流器，且采用直流正极性，以减轻钨极的烧损。

对于熔化极氩弧焊，应选用平特性(等速送丝)或下降特性(变速送丝)的弧焊整流器和弧焊逆变器。对铝及其合金的焊接可采用矩形波交流弧焊电源。

(4) CO_2气体保护焊：一般选用平特性或缓降特性的弧焊整流器和弧焊逆变器，以提高等速送丝电弧自身调节的灵敏度。一般采用直流反接。

(5) 等离子弧焊：一般多为非熔化极，应选用陡降或垂直陡降外特性的直流弧焊电源。

(6) 脉冲弧焊：脉冲等离子弧焊和脉冲氩弧焊可选用单相整流式脉冲弧焊电源。在要求较高的场合，宜采用晶闸管式、晶体管式、逆变式脉冲弧焊电源。

2. 根据工作条件和节能要求选择

电弧焊是用电的“大户”，在条件允许的条件下，从节能观点出发，尽可能选用高效节能的弧焊电源。如弧焊逆变器与普通的弧焊电源相比较，具有高效节能、体积小、重量轻，并具有良好的动特性和弧焊工艺性能等特点。因此，弧焊逆变器是一种很有发展前途的弧焊电源。

3. 弧焊电源功率的选择

粗略确定弧焊电源功率、不同负载持续率下的许用焊接电流、额定功率等。

思考题

1. 试述正投影的基本原理。
2. 试述三面视图之间的关系。
3. 熟记常用的焊缝符号。
4. 熟记常用焊接方法的代号。
5. 熟记焊缝符号和焊接方法代号的标注。
6. 焊接接头的类型有几种？最常用的是哪几种？
7. 坡口形式主要分为哪几种？
8. 熟记坡口角度、钝边、根部间隙的含义。
9. 说说焊接位置有哪些种类。
10. 常用的碳素钢和合金钢分别是哪些？
11. 低合金高强度钢具有哪些性能和用途？
12. 什么是金属材料的焊接性？它包括哪些方面？
13. 金属材料的碳当量对其焊接性有什么影响？
14. 焊接普低钢应当注意哪些方面？
15. 手工矫正的常用方法有哪些？
16. 火焰矫正的原理是什么？
17. 常用电焊条有哪几种类型？
18. 熟记焊条特殊用途符号。
19. 常用保护气体指哪些？Ar、CO_2要求的纯度是多少？
20. Ar不纯对焊接质量有哪些影响？
21. 焊接电弧产生的必要条件是什么？
22. 什么是正接和反接？焊接时产生的效果有什么不同？
23. 焊接电源有哪三种？如何根据焊接工艺方法选择弧焊电源？

项目四　焊缝金属熔化原理

任务一　焊接概念

一、焊接的定义

焊接是通过加热或加压，并且用或不用填充材料，使焊件间达到原子间结合的一种加工方法。通过焊接，焊件在宏观上建立了永久连接，在微观上也形成了原子间结合。

二、焊接方法

焊接方法的分类：

1. 熔焊

在焊接过程中，将待焊处的母材金属熔化，但不加压以形成焊缝的焊接方法。包括焊条电弧焊、埋弧焊、气焊、电渣焊、气体保护焊。

2. 压焊

其包括电阻焊、摩擦焊、锻焊等。

3. 钎焊

将焊件和钎料加热到高于钎料熔点，但低于母材熔点的温度，利用液态钎料润湿母材，填充焊头间隙，并与母材相互扩散而实现连接焊件的方法。

三、焊接热过程

在焊接热源作用下金属局部被加热与熔化，同时出现热量的传播和分布现象，而且这种现象贯穿整个焊接过程的始终，这就是焊接热过程。

在焊接条件下，热源离开后被熔化的金属便迅速冷却，并发生结晶和相变的过程，最后形成焊缝，如图 4－1 所示。

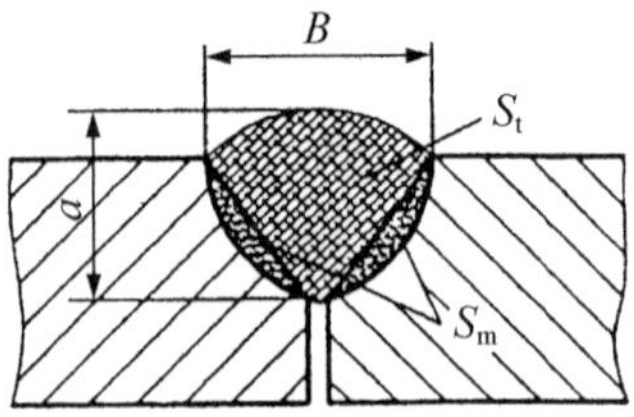

图 4－1　焊缝中的母材和填充金属

1. 焊接热过程的两个基本特点

(1) 焊接热量集中在焊件连接部位，而不是均匀加热整个焊件。

(2) 热作用的瞬时性。

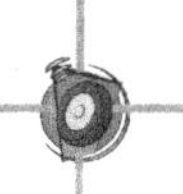

常见的焊接热源：电弧热，化学热，电阻热，摩擦热，等离子弧，电子束，激光束，高频感应热。

焊接热源主要特征：最小加热面积，最大功率密度，在正常的焊接参数条件下能达到的温度。

埋弧焊的热效率高于焊条电弧焊。电渣焊时，在熔化金属的同时，有大量的热能向母材金属传导，因而导致焊接热影响区过宽，晶粒粗大，成为电渣焊的最大缺点。

2. 焊接过程中热能传递方式

(1) 热传导(在金属内部，传导是热交换的唯一形式)。

(2) 对流。

(3) 辐射。

3. 焊接温度场

它是指焊接过程中某一瞬时焊件上各点的温度分布。其特点为：

(1) 用等温线(或面)表示最为常用。

(2) 等温线或等温面之间互不相交，有等温梯度。

4. 焊接热循环

在焊接过程中热源沿焊件移动时，焊件上某点的温度随时间由低到高最后又由高到低的过程称为焊接热循环。

焊接热循环的 4 个参数：加热速度、峰值温度、高温停留时间、冷却速度。

影响焊接热循环的主要因素：热输入、预热温度、焊接方法、焊接接头尺寸、焊道长度。

四、焊缝金属的形成

焊缝金属的形成过程如图 4－2 所示。

引弧基本过程：短路，空载，起弧。

电弧焊时，加热和熔化焊条的能量有：

(1) 焊接电流通过焊芯时所产生的电阻热。

(2) 焊接电弧传给焊条端部的热能。

(3) 熔敷系数。

单位电流、单位时间内焊芯熔敷在焊件的金属量称为熔敷系数，它是真正反映金属利用率及生产率的指标，其中涉及的参数有：

(1) 熔滴比表面积：指熔滴的表面积与其体积或质量之比。

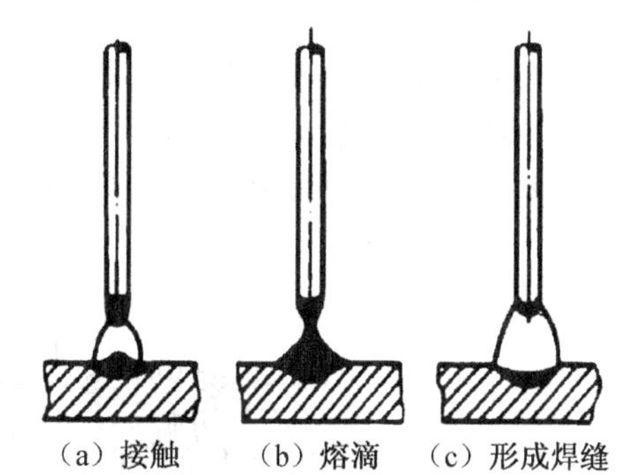

图 4－2 焊缝金属的形成过程

(2) 熔滴过渡的作用力：重力、表面张力、电磁力、熔滴爆破力、电弧的气体吹力、斑点压力。

(3) 熔滴过渡的形式：短路过渡、颗粒状过渡、喷射过渡、渣壁过渡。

任务二 焊缝冶金知识

一、焊接冶金

焊条电弧焊时有 3 个反应区如图 4-3 所示：药皮反应区、熔滴反应区、熔池反应区。其中熔滴反应区的熔滴温度高，熔滴比表面积大，作用时间短。

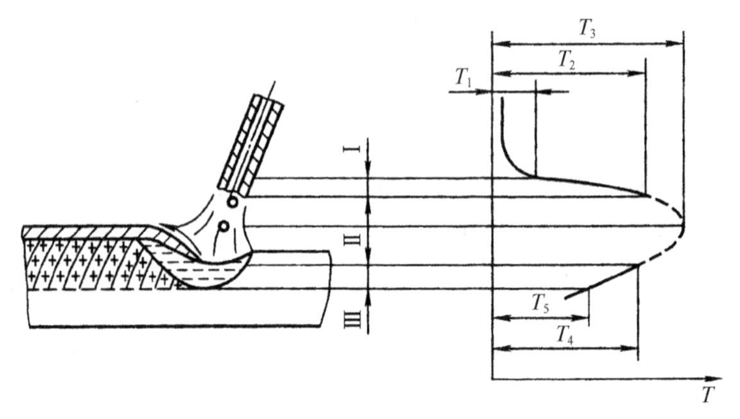

Ⅰ-药皮反应区；Ⅱ-熔滴反应区；Ⅲ-熔池反应区；T_1-药皮开始反应温度；
T_2-焊条端部熔滴温度；T_3-弧柱中部熔滴温度；T_4-熔池最高温度；
T_5-熔池最低温度

图 4-3 焊条电弧焊的反应区

二、焊缝金属的结晶

焊接熔池具有如下特点：熔池体积小，熔池的温度分布不均匀，熔池是在运动的状态下结晶，焊接熔池凝固以熔化母材为基础。

焊缝金属中的偏析主要有：显微偏析、层状偏析和区域偏析。

焊缝金属的结晶组织如图 4-4 所示。

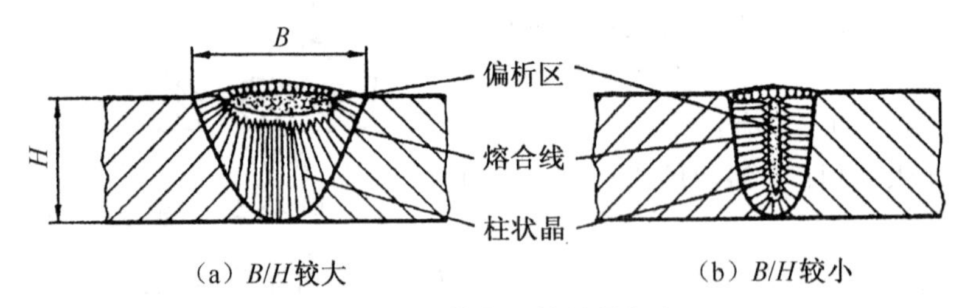

(a) B/H较大　　(b) B/H较小

图 4-4 焊缝金属的结晶组织

1. 改善一次结晶组织的措施

(1) 变质处理。在金属中加入少量的合金元素使结晶过程发生明显的变化，从而达到细化晶粒的方法称为变质处理。

(2) 振动结晶。

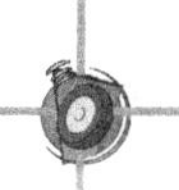

(3) 调节焊接参数。

(4) 锤击坡口或焊道表面。

2. 改善焊缝金属的二次结晶组织

(1) 焊后进行热处理。

(2) 进行多层焊。

(3) 跟踪回火。

三、焊接热影响区

1. 焊接热影响区

焊接热影响区如图 4-5 所示。

(1) 熔合区：它是主要热影响区，是焊接接头中焊缝向母材热影响区过渡的部位。它在焊缝金属与母材相邻的熔合线附近，又称半熔化区。熔合区性能有所下降，主要原因是由于在这个地区存在严重的化学不均匀性和物理不均匀性。

(2) 过热区：它是紧邻熔合区具有过热组织或晶粒明显粗化部位。焊接碳含量和合金元素较高的易淬火钢时，在热影响区的过热区会形成脆硬和马氏体组织，导致热影响出现脆化。

(3) 相变重结晶区，即正火区。获得正火组织，性能略高于母材。

(4) 不完全重结晶区，即部分相变区，部分组织发生相变重结晶，该区域组织不均匀，机械性能不均匀。

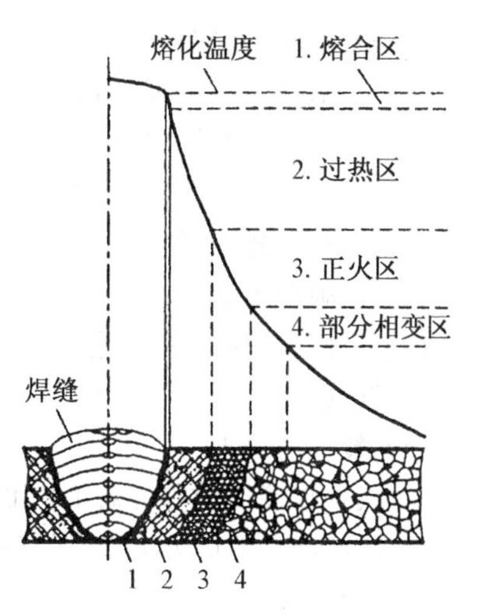

图 4-5 焊接热影响区

焊接过程中，在形成焊缝的同时不可避免地使其附近的母材经受了一次特殊热循环作用，形成了一个组织和性能极不均匀的焊接热影响区在所难免。

2. 影响热影响区形成的主要因素

(1) 母材自身的冶金特性。

(2) 母材焊前状态。

(3) 焊接方法及其工艺参数。

四、焊接冶金缺陷

1. 气孔

气孔是焊接生产中经常遇到的一种缺陷，它是由于焊接过程中熔池内的气泡在凝固时未能及时逸出而残留下来所形成的空穴。根据气孔的产生原因，可以把气孔分为析出型气孔和反应型气孔。

(1) 产生气孔的 3 个阶段：气泡的生核、气泡的长大、气泡的逸出。

焊接时，焊接电流增大，会使熔滴变细，熔滴比表面积增大，熔滴吸收的气体较多，增加气体的倾向。

(2) 影响气孔产生的因素：

① 冶金因素：

a. 熔渣氧化性。

b. 焊条药皮和焊剂成分。

c. 铁锈及水分。

② 工艺因素：

a. 焊接参数。

b. 电流种类和极性。

c. 工艺操作。

2. 夹渣

夹杂物的组成及分布形式多种多样，随被焊金属的成分及焊接方法与材料的不同而变化。焊缝金属中常见的夹杂物有氧化物、硫化物、氮化物等3类。当夹杂物以细小颗粒弥散分布时，对焊缝的塑性和韧性危害很小，还可以使焊缝的强度有所提高，只有当夹杂物以较大的颗粒状存在或聚集时，才会对焊缝的性能危害较大。防止焊缝中夹杂物的措施：

(1) 清理焊缝周围污垢。

(2) 正确选用焊接材料。

(3) 采用合理的焊接工艺。

3. 裂纹

(1) 裂纹的危害：

① 减少焊接接头的有效工作截面，因而降低了焊接结构的承载能力。

② 造成严重的应力集中，既降低结构的疲劳强度，又容易引发结构的脆性破坏。

③ 造成泄漏。

④ 表面裂纹藏污纳垢，容易造成或加速结构的腐蚀。

⑤ 留下隐患，使结构变得不可靠。

(2) 裂纹的分类：焊接热裂纹(包括结晶裂纹、多边化裂纹、液化裂纹)，焊接冷裂纹(包括延迟裂纹、淬硬脆化裂纹、低塑性脆化裂纹)，消除应力裂纹(又称再热裂纹)，层状撕裂，应力腐蚀开裂，结晶裂纹(又称凝固裂纹，在结晶后期由于低熔点物质的存在所形成的液态薄膜和拉应力是产生结晶裂纹的必要条件)。

(3) 冷裂纹形成的三要素如图4-6所示。它是由扩散氢、钢中的淬硬倾向及接头所承受的拘束应力共同作用的结果。

(4) 再热裂纹形成的因素：高温下晶界强度低于晶界内部强度，晶界优于晶内发生滑移变形，使变形集中在晶界上，当晶界的实际变形量超过其塑性变形能力时，就会发生再热裂纹。

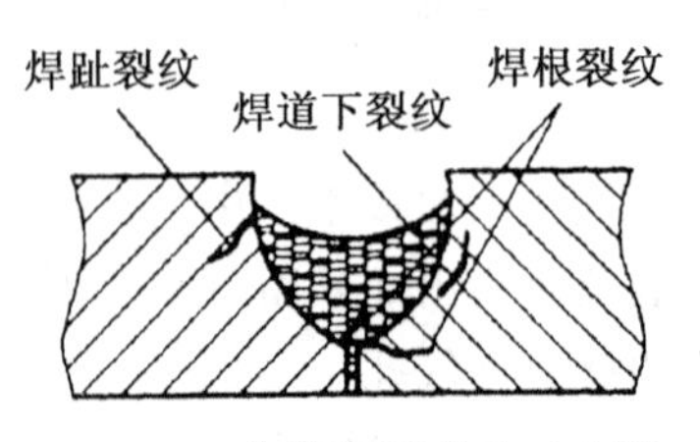

图4-6　冷裂纹形成的三要素

(5) 防止裂纹产生的措施：

① 控制母材的化学成分。

② 合理选用焊接材料。

③ 焊前预热。

④ 控制焊接热输入。

⑤ 焊后热处理。

⑥ 加强工艺管理。

思考题

1. 熔滴的过渡形式有哪几种？

2. 焊接区内气体的主要来源是什么？它们是怎样产生的？

3. 综合分析熔渣在焊接化学冶金过程中所起的作用。

项目五　金属热处理的一般知识

任务一　铁碳合金的基本组织

一、铁碳合金的基本组织

1. 固溶体

定义：溶质原子进入溶剂中，依然保持晶格类型的金属晶体。

(1) 铁素体：碳溶于 α－Fe 的间隙固溶体，符号为 F；体心立方晶格，溶碳量很少，显微组织与纯铁相似，呈明亮的多边形晶粒；性能与纯铁相似，即强度、硬度低，塑性、韧性好，如图 5－1 所示。

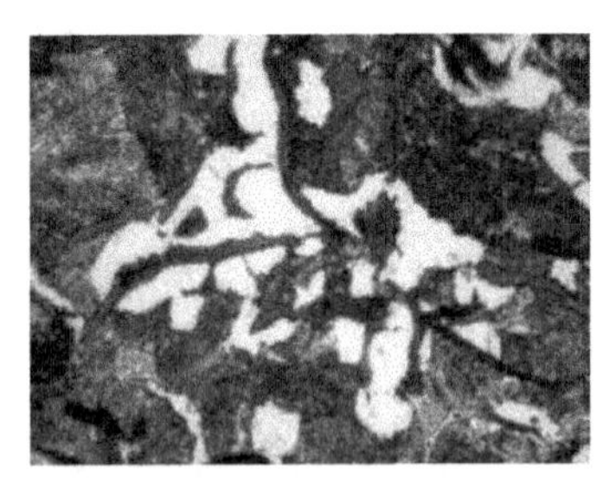

图 5－1　铁素体

(2) 奥氏体：碳溶于 γ－Fe 的间隙固溶体，符号为 A；面心立方晶格，晶粒呈多边形，晶界较铁素体平直；强度和硬度比铁素体高，塑性、韧性也好，钢材多数加热到奥氏体状态进行锻造。

2. 金属化合物(中间相、强化相)

渗碳体：铁与碳形成的金属化合物，符号为 Fe_3C，具有复杂的晶体结构，C 含量占 6.69%；它是钢中的主要强化相，它的形态、大小、数量和分布对钢及铸铁的性能有很大影响，渗碳体硬度很高，塑性、韧性很差接近于零，脆性很大。

3. 机械混合物

(1) 珠光体：由铁素体和渗碳体组成的机械混合物，符号为 P；由铁素体与渗碳体片层状交替排列的共转变组织，C 含量平均为 0.77%；性能介于铁素体和渗碳体之间，强度较高，硬度适中，有一定的塑性。

(2) 莱氏体：由奥氏体和渗碳体组成的机械混合物，符号为 Ld(高温莱氏体)，Ld′(变态莱氏体)。变态莱氏体与渗碳体、珠光体相近，硬度很高，塑性很差。

总结：硬度最高的是渗碳体，强度最好的是珠光体，高温下奥氏体塑性最好，常温下铁素体塑性最好，莱氏体硬度较高。

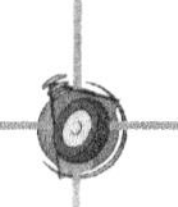

二、铁碳合金状态

1. 铁碳合金状态图的建立

其组织组成物如图 5－2 所示。

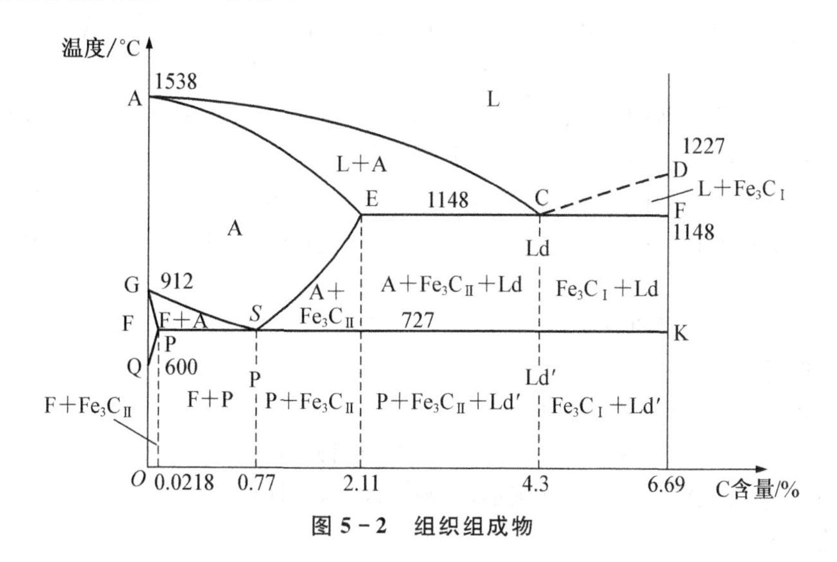

图 5－2　组织组成物

(1) 配制不同成分的铁碳合金,用热分析法测定各合金的冷却曲线。

(2) 从各冷却曲线上找出临界点,并将各临界点分别画到成分－温度坐标中。

(3) 将意义相同的临界点连接起来。

2. $Fe-Fe_3C$ 合金状态图的分析

(1) 主要特性点:

A 区域 1538℃:100%Fe 的熔点。

D 区域 1227℃:100%Fe_3C 的熔点。

G 区域 912℃:100%Fe 的同素异构转变点(重结晶温度点)。

C 区域 1148℃:4.3%C 共晶点,L→Ld(A+C) 共晶反应。

F 区域 1148℃:6.69%C 虚点。

P 区域 727℃:100%Fe 虚点。

K 区域 727℃:6.69%C 虚点。

E 区域 1148℃:2.11%C,碳在 γ－Fe 中的最大固溶量。

S 区域 727℃:0.77%C,碳在 γ－Fe 中的最小固溶量,共析点 *A*→*P* 共析反应。

(2) 主要特性线。

① *AC* 线:液相线,开始结晶出奥氏体:L→L+A。*DC* 线:液相线,开始结晶出渗碳体:L→L+C。

② *AE* 线:固相线,奥氏体结晶终了线:L+A→A。*ECF* 线:固相线(共晶线),共晶反应 L→Ld。

③ *GS* 线—*A*3 线:从奥氏体中开始析出铁素体线。

④ *ES* 线—*A* 线:从奥氏体中开始析出渗碳体线(碳在奥氏体中的固溶线)。

⑤ *PSK* 线－*A*1 线：共析线，共析反应 *A*→*P*(F＋C)共晶体。

⑥ *PQ* 线－碳在铁素体中的溶解度曲线：这种由铁素体中析出的渗碳体称为 3 次渗碳体。

(3) 铁碳合金分类。

① 按 C 含量分类：工业纯铁：C 含量≤0.0218％；钢：0.0218％＜C 含量≤2.11％；白口铁：2.11％＜C 含量＜6.69％。

② 钢的分类。共析钢：C 含量为 0.77％，室温组织 P；亚共析钢：C 含量＜0.77％，室温组织 F＋P；过共析钢：C 含量＞0.77％，室温组织 P＋Fe_3C_{II}。

③ 白口铁分类。共晶白口铁：C 含量为 4.3％，室温组织 Ld′；亚共晶白口铁：C 含量＜4.3％，室温组织 Ld′＋P＋Fe_3C_{II}；过共晶白口铁：C 含量＞4.3％，室温组织 Ld′＋Fe_3C_I。

(4) Fe－Fe_3C 状态图的应用。

① 正确选材：

a. C 含量≤0.25％为低碳钢，其塑性好，韧性好。

b. 0.25％＜C 含量＜0.60％为中碳钢，其综合机械性能好。

c. 0.60％≤C 含量≤1.4％为高碳钢，其硬度高，耐磨性好。

② 铸造应用。

③ 锻造应用。

④ 热处理应用。

(5) 含碳量对工艺性能的影响。

① 压力加工：低碳钢的可锻性比高碳钢好；加热到呈单相奥氏体时，便于塑性变形。

② 铸造：铸铁的流动性比钢好，特别是靠近共晶成分的铸铁。

③ 切削加工：中碳钢的切削加工性能最好。

④ 焊接：低碳钢比高碳钢易于焊接。

⑤ 热处理工艺性能和热处理效果。

(6) C 含量与铁碳合金力学性能的关系：当 C 含量＜0.9％时，随 C 含量增加，钢中渗碳体的量增多，钢的强度和硬度上升，而塑性和韧性不断下降；当 C 含量＞0.9％时，因出现网状渗碳体而使钢的强度下降，硬度仍然不断增加，塑性和韧性继续降低。为保证工业用钢具有足够的强度和一定的塑性韧性，其 C 含量一般≤1.3％。C 含量＞2.11％的白口铸铁硬而脆，难以加工，所以机械工程上很少直接使用。

任务二　金属热处理

一、热处理的定义

金属热处理是为了使金属工件获得需要的力学性能、物理性能和化学性能，将金属工件放在一定的介质中加热到适宜的温度，并在此温度中保持一定时间后，又以不同速度冷却的一种工艺。钢铁、铝、铜、镁、钛等及其合金都可以热处理。

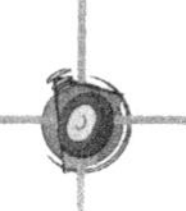

金属材料热处理是机械制造中的重要工艺之一，与其他加工工艺相比，热处理一般不改变工件的形状和整体的化学成分，而是通过改变工件内部的显微组织，或改变工件表面的化学成分，赋予或改善工件的使用性能。其特点是改善工件的内在质量，而这一般不是肉眼所能看到的。

二、金属热处理的工艺

金属热处理工艺的流程如图 5－3 所示。

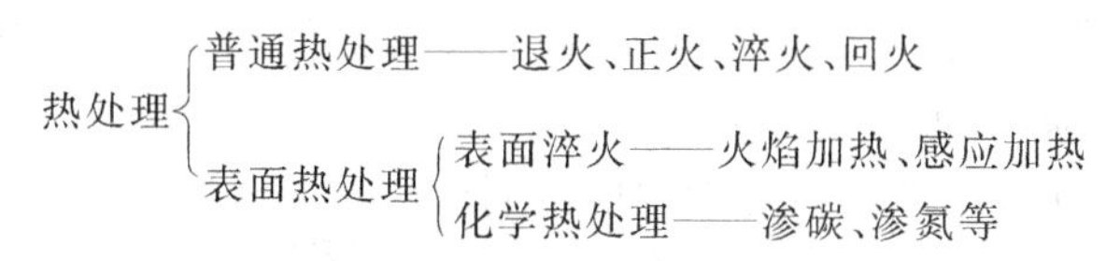

图 5－3　金属热处理工艺的流程

热处理工艺一般包括加热、保温、冷却 3 个过程，热处理工艺曲线如图 5－4 所示。有时只有加热和冷却两个过程，这些过程互相衔接，不可间断。

加热是热处理的重要工序之一。金属热处理的加热方法很多，最早是采用木炭和煤作为热源，进而应用液体和气体燃料。电的应用使加热易于控制，且无环境污染。利用这些热源可以直接加热，也可以通过熔融的盐或金属，以至浮动粒子进行间接加热。

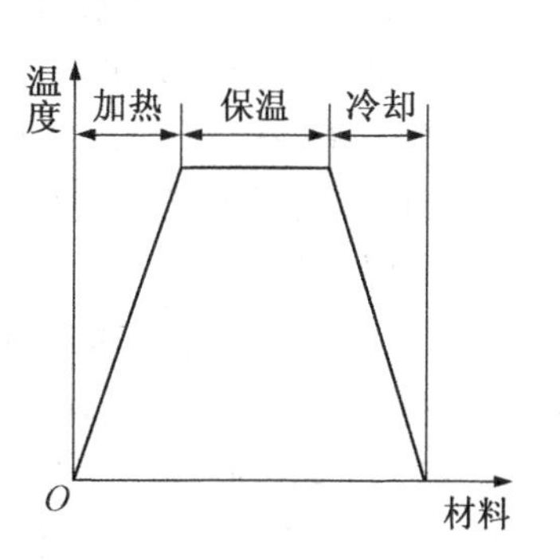

图 5－4　热处理工艺曲线

金属加热时，工件暴露在空气中，常常发生氧化、脱碳（即钢铁零件表面碳含量降低）的情况，这对于热处理后零件的表面性能有不利的影响。因而金属通常应在可控气氛或保护气氛中、熔融盐中和真空中加热，也可用涂料或包装方法进行保护加热。

加热温度是热处理工艺的重要工艺参数之一，选择和控制加热温度，是保证热处理质量的主要问题。加热温度随被处理的金属材料和热处理的目的不同而异，但一般都是加热到相变温度以上，以获得高温组织。另外，转变需要一定的时间，因此，当金属工件表面达到要求的加热温度时，还须在此温度保持一定时间，使内外温度一致，使显微组织转变完全，这段时间称为保温时间。采用高能密度加热和表面热处理时，加热速度极快，一般就没有保温时间，而化学热处理的保温时间往往较长。

冷却也是热处理工艺过程中不可缺少的步骤，冷却方法因工艺不同而不同，主要是控制冷却速度。一般退火的冷却速度最慢，正火的冷却速度较快，淬火的冷却速度更快。但还因钢种不同而有不同的要求。

金属热处理工艺大体可分为整体热处理、表面热处理和化学热处理三大类。根据加热介质、加热温度和冷却方法的不同，每一大类又可区分为若干不同的热处理工艺。同一种金属采用不同的热处理工艺，可获得不同的组织，从而具有不同的性能。

整体热处理是对工件整体加热，然后以适当的速度冷却，以改变其整体力学性能的金属热处理工艺。钢铁整体热处理大致有退火、正火、淬火和回火 4 种基本工艺。

退火是将工件加热到适当温度，根据材料和工件尺寸采用不同的保温时间，然后进行缓慢冷却，目的是使金属内部组织达到或接近平衡状态，以获得良好的工艺性能和使用性能，或者为进一步淬火作组织准备。

正火是将工件加热到适宜的温度后在空气中冷却，正火的效果同退火相似，只是得到的组织更细，常用于改善材料的切削性能，有时用于对一些要求不高的零件作为最终热处理。

淬火是将工件加热保温后，在水、油或其他无机盐、有机水溶液等淬冷介质中快速冷却。淬火后钢件变硬，但同时变脆。

为了降低钢件的脆性，将淬火后的钢件在高于室温而低于650℃的某一适当温度进行长时间的保温，再进行冷却，这种工艺称为回火。

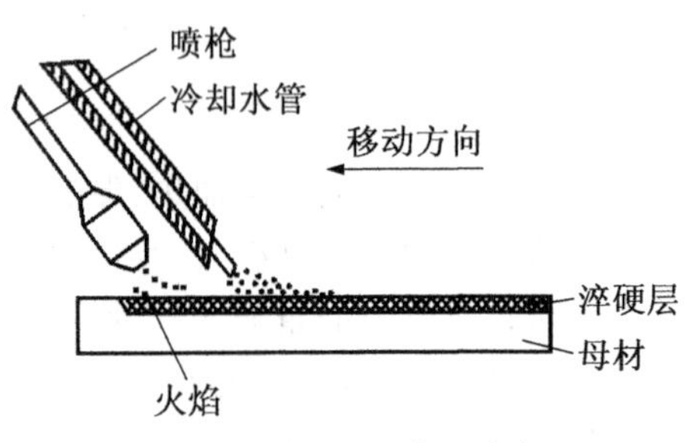

图 5－5　火焰加热表面淬火

退火、正火、淬火、回火是整体热处理中的“四把火”，其中的淬火与回火关系密切，常常配合使用，缺一不可。“四把火”随着加热温度和冷却方式的不同，又演变出不同的热处理工艺。为了获得一定的强度和韧性，把淬火和高温回火结合起来的工艺，称为调质。某些合金淬火形成过饱和固溶体后，将其置于室温或稍高的适当温度下保持较长时间，以提高合金的硬度、强度或电性磁性等。这样的热处理工艺称为时效处理。

把压力加工形变与热处理有效而紧密地结合起来进行，使工件获得很好的强度、韧性配合的方法称为形变热处理；在负压气氛或真空中进行的热处理称为真空热处理，它不仅能使工件不氧化，不脱碳，保持处理后工件表面光洁，提高工件的性能，还可以通入渗剂进行化学热处理。

表面热处理是只加热工件表层，以改变其表层力学性能的金属热处理工艺。为了只加热工件表层而不使过多的热量传入工件内部，使用的热源须具有高的能量密度，即在单位面积的工件上给予较大的热能，使工件表层或局部能短时或瞬时达到高温。表面热处理的主要方法有火焰加热表面淬火和感应加热表面淬火这两种热处理方法，常用的热源有氧—乙炔或氧—丙烷火焰、感应电流、激光和电子束等，如图 5－5、图 5－6 所示。

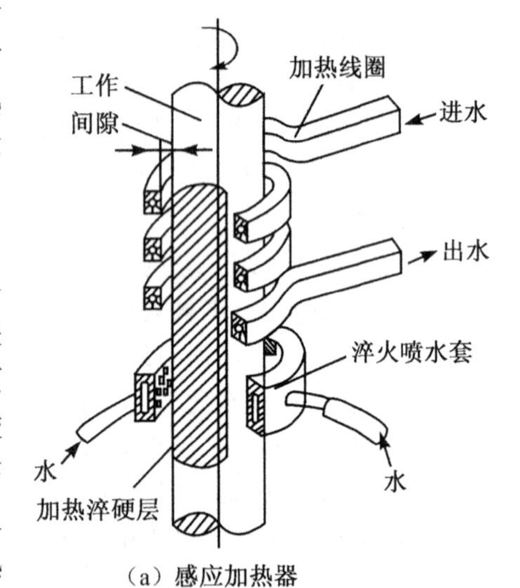

(a) 感应加热器

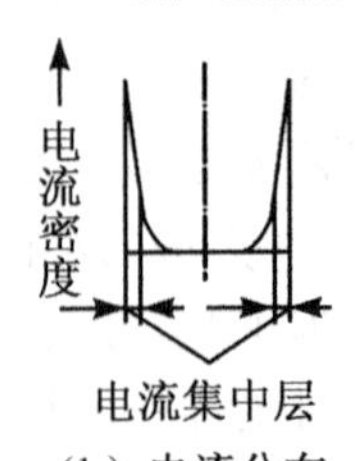

(b) 电流分布

图 5－6　感应加热表面淬火

化学热处理是通过改变工件表层化学成分、组织和性能的金属热处理工艺。化学热处理与表面热处理不同之处是后者改变了工件表层的化学成分。化学热处理是将工件放在含碳、氮或其他合金元素的介质(气体、液体、固体)中加热，保温较长时

间，从而使工件表层渗入碳、氮、硼和铬等元素。渗入元素后，有时还要进行其他热处理工艺如淬火及回火。化学热处理的主要方法有渗碳、渗氮、渗金属。

热处理是机械零件和工模具制造过程中的重要工序之一。大体来说，它可以保证和提高工件的各种性能，如耐磨、耐腐蚀等。还可以改善毛坯的组织和应力状态，以利于进行各种冷、热加工。例如，白口铸铁经过长时间退火处理可以获得可锻铸铁，提高塑性；齿轮采用正确的热处理工艺，使用寿命可以比不经热处理的齿轮成倍或几十倍地提高；另外，价廉的碳钢通过渗入某些合金元素就具有某些价昂的合金钢性能，可以代替某些耐热钢、不锈钢。工模具则几乎全部需要经过热处理方可使用。

思考题

1. 什么叫铁素体、奥氏体、渗碳体、珠光体和莱氏体？其性能特点是什么？
2. 碳对铁碳合金组织和性能有什么影响？
3. 随着钢中C含量的增加，钢的组织与力学性能如何变化？
4. 说说金属热处理的含义，它在机械制造中的作用是什么？
5. 钢的热处理包括哪几种基本工艺？

项目六　常用焊接方法

任务一　手工焊条电弧焊

一、焊接的基本原理

电弧焊是利用在两极之间的气体介质中产生持久而强烈的放电现象，产生高温使焊件熔接在一起。其主要特点是电弧是熔化金属的热源，而电弧的能量来自电源。

手工焊条电弧焊（简称手弧焊），是利用手工操纵焊条进行电弧焊的方法。操作中焊条和焊件分别作为两个电极，利用焊条和焊件之间产生的电弧热量来熔化焊件金属，冷却后形成焊缝，其基本原理如图 6-1 所示。

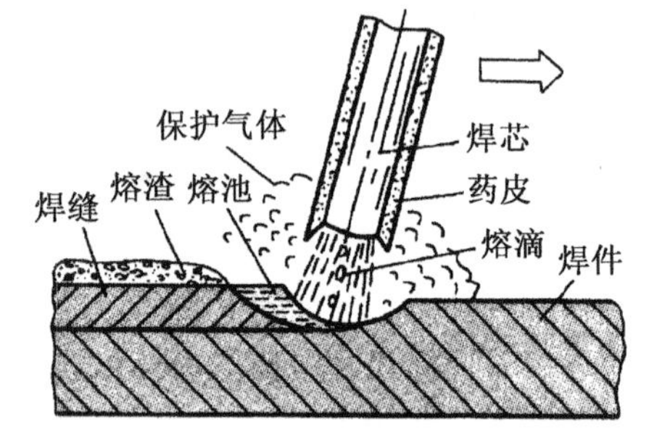

图 6-1　焊接基本原理

二、主要焊接设备

1. 对手弧焊设备的要求

根据电弧燃烧的规律和焊接工艺的需要，对手弧焊机提出下列要求：

（1）具有适当的空载电压。就是在焊接前测得焊机两个输出端的电压。空载电压越高，越容易引燃电弧和维持电弧的稳定燃烧，但是过高的电压不利于焊工的安全。所以一般将焊机的空载电压限制在 90V 以下。

（2）具有陡降的外特性。这是对手弧焊机重要的要求，它不但能保证电弧稳定燃烧，而且能保证短路时不会因产生过大电流而将电焊机烧毁。一般电焊机的短路电流不超过焊接电流的 1.5 倍。

（3）具有良好的动特性。在焊接过程中，经常会发生焊接回路的短路情况。焊机的端电压，以短路时的零值恢复到工作值（引弧电压）的时间间隔不应过长，一般不大于 0.05s。使用动特性良好的电焊机焊接，容易引弧，且焊接过程中电弧长度变化时也不容易熄弧，飞溅也少。施焊者明显感到焊接过程很平静，电弧很柔软。使用动特性不好的电焊机焊接，情况恰恰相反。

（4）具有良好的调节电流特性。焊接前，一般根据焊件的材料、厚度、施焊位置和焊接方法来确定焊接电流。从使用角度，要求调节电流的范围越宽越好，并且能够灵活、均匀地

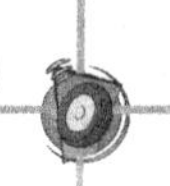

调节，以保证焊接的质量。

(5) 焊机结构简单、使用可靠、耗能少、维护方便。焊机的各部分连接牢靠，没有大的振动和噪声，能在焊机温升允许的条件下连续工作。同时，还应保证使用安全，不致引起触电事故。

2. 选择手弧焊机的方法

目前使用的手弧焊机按照输出的电流性质不同，可分为直流焊机和交流焊机两大类；按照结构不同，又可分为弧焊变压器、弧焊发电机和弧焊整流器 3 种类型，其特性见表 6－1。

表 6－1 手弧焊机按结构分类的特性

项　目	弧焊变压器	弧焊发电机	弧焊整流器
焊接电流种类	交流	直流	直流
电弧稳定性	较差	好	好
极性可换性	无	有	有
磁偏吹	很小	较大	较大
构造与维护	简单	复杂	较简单
噪音	小	大	小
供电	一般为单相	三相	一般为三相
功率因素	低	高	较高
空载损耗	小	较大	较小
成本	较低	高	较高
重量	轻	较重	较轻
适用范围	一般焊接结构	一般或重要焊接结构	一般或重要焊接结构
代表型号	BX－500/BX3－300 BX2－1000/BX1－330 BX6－120－1	AX－320/AX1－500 AX1－165/AX7－400 AX4－300	ZXG－300/AXG－400 AXG7－300－1 ZXG1－250/ZPG6－1000

三、焊接工艺

1. 焊接热循环与焊接工艺的关系

所谓焊接热循环，是指在焊接热源作用下，焊件上某点的温度随时间变化的过程。在这个过程中，焊件的焊缝处和热影响区受到加热和冷却的作用，由于焊接热源的热量集中且不断地移动，焊缝和热影响区被加热和冷却的过程并不均匀。由于焊接时的局部加热会在焊件上产生不均匀的温度场，使材料产生不均匀的膨胀，处于高温区域的材料在加热过程中的膨胀量大，但受到周围温度较低、膨胀量较小的材料的限制而不能自由地进行膨胀，于是在焊件中出现内应力，使高温区的材料受到挤压，产生局部压缩变形。在冷却过程中，经受压缩塑性变形的材料，由于不能自由地收缩而受到拉伸，于是在焊件中又出现一个与焊接加热的方向大致相反的内应力场。另一方面，焊接时，各部位不同的加热速度、加热温度及冷却速度将决定热影响区的组织和性能，因此，在一定的焊接工艺参数条件下，热循环曲线具有一定的形状。在不能获得满意的焊接性能时，就要通过改变或调节热循环曲线的形状来保证焊接接头性能，具体方法是选择好焊接工艺参数，如图6－2所示。

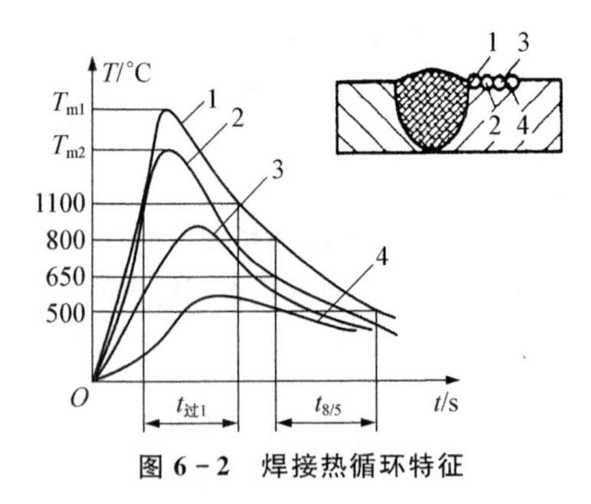

图 6－2　焊接热循环特征

(1) 改变线能量。改变线能量即改变单位长度内输入材料中的热量。线能量把焊接过程中的焊接电流、电弧电压和焊接速度 3 个参数密切联系在一起。当焊接电流增大或焊接速度减慢而使线能量增大时，过热区的晶粒粗大，韧性降低；当焊接电流减小或冷却速度增大时，硬度、强度提高，但韧性也会降低。

(2) 改变材料的初始温度。如采取预热，可以减小温差和减慢冷却速度，从而减小焊接应力。焊接是否需要预热，主要从钢材的化学成分、厚度和结构刚度等方面来考虑。而预热温度的选择则主要由钢材的化学成分决定。

(3) 焊后加热(缓冷)或改变焊接层数。焊后加热主要是指焊后进行退火处理。焊件是否需要热处理主要考虑焊件的化学成分、厚度、结构刚度和使用条件等方面的情况。消除应力退火分整体退火和局部退火两种。

2. 焊条

涂有药皮供手弧焊用的熔化电极称为电焊条，简称焊条。在手弧焊过程中，焊条不仅作为电极用来传导焊接电流，维持电弧的稳定燃烧，对熔池起保护作用，同时又作为填充金属直接过渡到熔池，与熔池基本金属熔合，并进行一系列冶金反应后，冷却凝固形成焊缝金属。

焊条由焊芯和药皮组成。在焊条前端，药皮有 45°左右的倒角，这是为了将焊芯金属露出，便于引弧。在尾部有一段焊芯，约占焊条总长的 1/16，以便于焊钳夹持和导电。焊条直径是指焊芯直径，一般焊条直径分为 1.6mm、2.0mm、2.5mm、3.2mm、4.0mm、5.0mm、6.0mm等规格。焊条直径及焊芯材料的不同决定了焊条能允许通过的电流密度也不同，因此对不同的焊条，在长度上必须作一定的限制。

焊芯是专门炼制的优质钢丝，其成分特点是含碳量、含硫量和含磷量很低。根据国家标准，焊接用钢丝可分为碳素结构钢、合金结构钢和不锈钢 3 类。牌号前用焊字注明，以示焊接用钢丝，它的代号就是 H，即汉语拼音的第一个字母。其后的牌号表示法与钢号表示方法一样，末尾注有高(字母用 A 表示)标记的是高级优质的钢，含硫、磷量较低；末尾注有特(字母用 E 表示)标记的是特级钢材，其含硫、磷量更低。焊接用钢丝的牌号代号及其化学成分见 GB1300 规定。

焊芯表面的涂层称为药皮，焊条药皮在焊接过程中有稳定电弧、保护熔滴和熔池、脱氧、渗合金等作用。

焊条牌号可分为 10 类，见表 6－2。

表 6-2　焊条牌号分类

序　号	焊条类别	代　号	
		拼　音	汉　字
1	结构钢焊条	J	结
2	钼和铬钼耐热钢焊条	R	热
3	不锈钢焊条	G/A	铬/奥
4	堆焊焊条	D	堆
5	低温钢焊条	W	温
6	铸铁焊条	Z	铸
7	镍及镍合金焊条	Ni	镍
8	铜及铜合金焊条	T	铜
9	铝及铝合金焊条	L	铝
10	特殊用途焊条	TS	特

3. 选择焊条的基本要点

选择焊条的基本要点见表 6-3。

表 6-3　选择焊条的基本要点

选用依据	选用要点
焊接材料的力学性能和化学成分要求	(1) 对于普通结构钢，通常要求焊缝金属与母材同强度，应选用抗拉强度等于或稍高于母材的焊条 (2) 对于合金结构钢，通常要求焊缝金属的主要合金成分与母材金属相同或相近 (3) 在被焊结构刚性大、接头应力高、焊缝容易产生裂纹的不利情况下，可以考虑选用比母材强度低一级的焊条 (4) 当母材中碳及硫、磷等元素含量偏高时，焊缝容易产生裂纹，应选用抗裂性能好的低氢焊条
焊件的使用性能和工作条件要求	(1) 承受动载荷和冲击载荷的焊件，除满足强度要求外，还要保证焊缝金属具有较高的冲击韧性和塑性，应选用塑性和韧性指标较高的低氢焊条 (2) 接触腐蚀介质的焊件，应根据介质的性质及腐蚀特征，选用相应的不锈钢类焊条或其他耐腐蚀焊条 (3) 在高温或低温条件下工作的焊件，应选用相应的耐热钢或低温钢焊条
焊件的结构特点和受力状态	(1) 对结构形状复杂、刚性大及大厚度焊件，由于焊接过程中产生很大的应力，容易使焊缝产生裂纹，应选用抗裂性能好的低氢焊条 (2) 对焊接部位难以清理干净的焊件，应选用氧化性能强，对铁锈、氧化皮、油污不敏感的酸性焊条 (3) 对受条件限制不能翻焊的焊件，有些焊缝并非平焊位置，应选用全位置焊接的焊条
施工条件及设备	(1) 在没有直流电源，而焊接结构又要求必须使用低氢焊条的场合，应选用交直流两用低氢焊条 (2) 在狭小或通风条件差的场合，选用酸性焊条或低尘焊条
操作工艺性能	在满足产品性能要求的条件下，尽量选用工艺性能好的酸性焊条
经济效益	在满足使用性能和操作工艺性的条件下，尽量选用成本低、效率高的焊条

任务二　手工焊条电弧焊的操作

一、焊前准备

1. 焊条烘干

焊前对焊条烘干的目的是去除受潮焊条中的水分，减少熔池和焊缝中的氢，以防止产生气孔和冷裂纹。不同药皮类型的焊条，其烘干工艺不同，应遵照焊条产品使用说明书中的指定工艺进行。

2. 焊前清理

这是指焊前对接头坡口及其附近（约 50mm 内）的表面被油、锈、漆和水等污染的清除。用碱性焊条焊接时，清理要求严格和彻底，否则极易产生气孔和延迟裂纹。酸性焊条对锈不是很敏感，若锈得较轻，而且对焊缝质量要求不高时，可以不清除。

3. 预热

这是指焊前对焊件整体或局部进行适当加热的工艺措施，其主要目的是减小接头焊后的冷却速度，避免产生淬硬组织和减小焊接应力与变形。它是防止产生焊接裂纹的有效办法。是否需要预热和预热温度的高低，取决于母材特性、所用的焊条和接头的拘束度。对于刚性不大的低碳钢和强度级别较低的低合金高强度钢的一般结构，一般不需要预热。但对刚性大的或焊接性差而容易产生裂纹的结构，焊前需预热。焊接热导率很高的材料，如铜、铝及其合金，有时需要预热，这样可以减小焊接电流和增加熔深，也有利于焊缝金属与母材熔合。必须指出，预热焊接不仅能源消耗大、生产率低，而且劳动条件差。只要可能最好不预热或低温预热焊接。因低氢型焊条抗裂性能好，采用低氢型焊条可以降低预热温度，但焊条的含水量必须很低。只要允许，可按低组配的原则选用焊条，即采用熔敷金属的强度低于母材，而塑性和韧性优于母材的焊条施焊，这样可以降低预热温度或不预热。

二、焊接工艺参数

焊接时，为了保证焊接质量而选定的诸物理量总称为焊接工艺参数，又称焊接规范。焊条电弧焊的工艺参数包括焊条直径、焊接电流、电弧电压、焊接速度、热输入等。

1. 电流种类

焊条电弧焊既可用交流电也可用直流电，用直流电焊接的最大特点是电弧稳定、柔顺、飞溅少，容易获得优质焊缝。此外，直流电弧有极性和明显磁偏吹现象。因此，在下列情况常采用直流电进行焊条电弧焊：

(1) 使用这种焊条稳弧性差的低氢钠型焊条时。

(2) 因用的焊接电流小，电弧不稳的薄板焊接时。

(3) 立焊、仰焊及短弧焊，而又没有适于全位置焊接的焊条时。

(4) 有极性要求时。如为了加大焊条熔化速度用正接（工件接正极）；为了加大熔深用反接（工件接负极），需要减熔深则用正接；使用碱性焊条时，为了焊接电弧稳定和减少气孔，要求用直流反接等。

用交流电作焊条电弧焊电弧稳定性差，特别是在小电流焊接时对焊工操作技术要求高，但交流电焊接有两大优点：一是电源成本低，二是电弧磁偏吹不明显。因此，除上述的特殊情况外，一般都选用交流电作焊条电弧焊，特别是用铁粉焊条在平焊位置焊接时可选较大的焊条直径、较高的焊接电流，以提高生产率。

2. 焊条直径

焊条直径大小对焊接质量和生产率影响很大。通常是在保证焊接质量的前提下，尽可能选用大直径焊条以提高生产率。如果单从保证焊接质量来选焊条直径时，则须综合考虑焊件厚度、接头形式、焊接位置、焊道层次和允许的线能量等因素。

厚焊件可以采用大直径焊条及相应大的焊接电流，这样有助于焊缝金属在接头中完全熔合和适当的熔深，其熔敷速度也高于小直径焊条，表 6-4 是按板厚来选用焊条直径的。

表 6-4　焊条直径的选择

板　厚/mm	≤4	4～12	>12
焊条直径/mm	不超过焊件厚度	3.2～4	≥4

带斜坡口需多层焊的接头，第一层焊缝应选用小直径焊条，这样在接头根部容易操作，有利于控制熔透和焊波形状，以后各层可用大直径焊条以加大熔深和提高熔敷率，达到快速填满坡口。在横焊、立焊和仰焊等位置焊接时，由于重力作用，熔化金属易从接头中流出，应选用小直径焊条，因为小的焊接熔池便于控制。在“船形”位置上焊接角焊缝时，焊条直径不应大于角焊缝的尺寸。对某些金属材料要求严格控制焊接线能量时，只能选用小直径的焊条。

3. 焊接电流

焊接电流是焊条电弧焊的主要工艺参数，它直接影响焊接质量和生产率。总的原则是在保证焊接质量的前提下，尽量用较大的焊接电流以提高焊接生产率。但是，要避免如下情况：

(1) 焊接电流过大，焊条后部发红，药皮失效或崩落，保护效果变差，造成气孔和飞溅现象，并且出现焊缝咬边烧穿等缺陷。此外，还使接头热影响区晶粒粗大，接头的韧性下降。

(2) 焊接电流过小，则电弧不稳，易造成未焊透、未熔合、气孔和夹渣等缺陷。焊条电弧焊焊接电流大小要根据焊条类型、焊条直径、焊件厚度、接头形式、焊接位置、母材性质和施焊环境等因素来确定。其中最主要的因素是焊条直径和焊接位置。有两种方法可确定焊接电流的：

① 经验公式。一般碳钢焊接结构是根据焊条直径按下式来确定焊接电流。

$$I=k\times d$$

式中：I ——焊接电流(A)；

d——焊条(即焊芯)直径(mm)；

k——经验系数，可按表 6-5 确定。

表 6-5　经验系数的确定

焊条直径/mm	1.6	2～2.5	3.2	4～6
经验系数 k/%	20～25	25～30	30～40	40～50

根据上面经验公式计算出的焊接电流，只是大概的参考数值，在实际使用时还应根据具体情况灵活掌握。例如板厚较大时，或T形接头和搭接接头时，或施焊环境温度低时，均因导热快，焊接电流必须大一些；立焊、横焊和仰焊时，为了防止熔化金属从熔池中流淌，须减小熔池面积以便于控制焊缝成形，须采用较小的焊接电流，一般比平焊位置小10%～20%。焊接不锈钢，使用不锈钢焊条时，为了减小晶间腐蚀，以及减少焊条发红情况，焊接电流应小一些。

② 由焊接工艺试验确定。对于普通结构，利用经验公式或查表确定焊接电流一般已足够。但是对于某些金属材料如合金钢焊接或重要的焊接结构（如锅炉压容器）的焊接等，焊接电流必须通过试验加以确定。对热输入敏感的金属材料，必须根据试验得出的许用热输入来确定焊接的电流范围。总之，重要金属结构必须按焊接工艺评定合格后的工艺来确定焊接电流。

4. 电弧长度

焊条电弧焊中电弧电压不是焊接工艺的重要参数，一般不须确定。但是电弧电压是由电弧长度来决定，电弧长则电弧电压高，反之则低。

电弧长度是焊条芯的熔化端到焊接熔池表面的距离。它的长短控制主要决定于焊工的知识、经验、视力和手工技巧。在焊接过程中，电弧长短直接影响着焊缝的质量和成形。如果电弧太长，电弧漂摆，就会使得燃烧不稳定、飞溅增加、熔深减少、熔宽加大、熔敷速度下降，而且外部空气易侵入，造成气孔和焊缝金属被 O_2 或 N_2 污染，焊缝质量下降。若弧长太短，熔滴过渡时可能经常发生短路，使操作困难。正常的弧长是小于或等于焊条直径，即所谓短弧焊。超过焊条直径的弧长为长弧焊，在使用酸性焊条时，为了预热待焊部位或降低熔池的温度和加大熔宽，有时将电弧稍为拉长进行焊接。碱性低氢型焊条，应用短弧焊以减少气孔等缺陷。

5. 焊接层数

厚板焊接常是开坡口采用单道多层焊或多道多层焊。层数增多对提高焊缝的塑性和韧性有利，因为后焊道对前焊道有回火作用，使热影响区显微组织变细，尤其对易淬火钢效果明显。但随着层数增多，生产效率下降，往往焊接变形也随之增加。层数过少，每层焊缝厚度过大，接头易过热引起晶粒粗化，这样反而不利。一般每层厚度以不大于4～5mm为好，如图6-3所示。

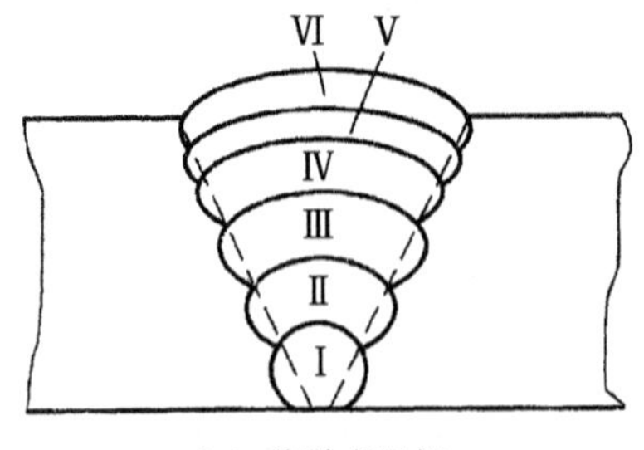

（a）单道多层焊

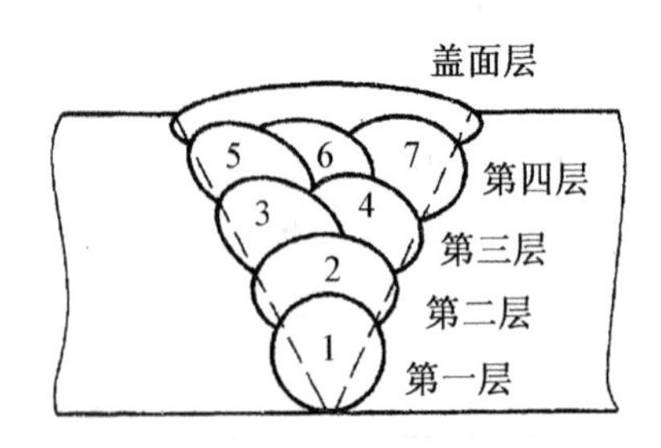

（b）多道多层焊

图6-3　单道多层焊和多道多层焊

三、焊条电弧焊操作技术

在各类焊工培训教材或焊工手册中对焊条电弧焊操作技术都有详尽介绍，这里简述其要点。

1. 引弧、运条和收弧

(1) 引弧。它是将焊条端部在靠近开始焊接的部位引燃电弧。常用直击法和划擦法引燃，如图 6－4 所示。

直击法是使焊条垂直于焊件上的起弧点，端部与起弧点轻轻碰击并立即提起。引燃后的操作方法同上述划擦法。碰击力不宜过猛，否则造成药皮成块脱落，导致电弧不稳，影响焊接质量，如图 6－4(a)所示。

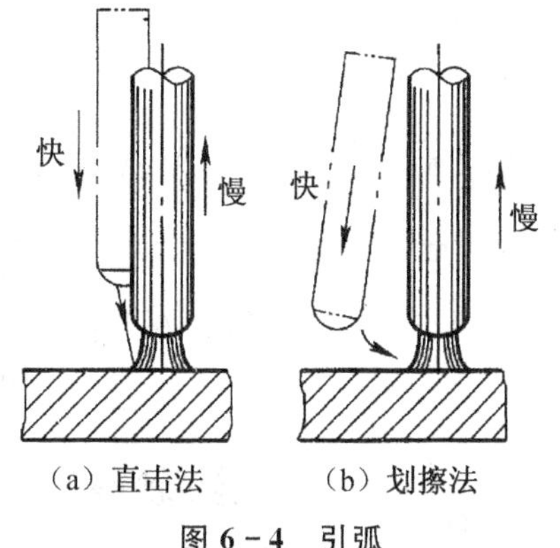

(a) 直击法　　(b) 划擦法

图 6－4　引弧

划擦法是将焊条端在焊件表面划一下即可，相似于划火柴的动作。划擦必须在坡口内进行，引弧点最好选在离焊缝起点 10mm 左右的待焊部位上，引燃后立即提起(弧长约等于焊条直径)并移至焊缝的起点，再沿焊接方向进行正常焊接，焊接经过原来引燃点而重熔，从而消除该点可能残留下的弧疤或球滴状焊缝金属，如图 6－4(b)所示。

焊接过程中电弧一旦熄灭，须再引弧。再引弧最好在焊条端部冷却之前立即再次触击焊件，这样有利于再引燃，因为热的药皮往往成为导电体，特别是含大量金属粉末的焊条。再引弧的引弧点应在弧坑上或紧靠弧坑的待焊部位。更换焊条也需再引弧，起弧点应选在前段焊缝弧坑上或它的前方，引燃后把电弧移回填满弧坑后再继续向前焊接。不许在非焊部位引弧，否则将在引弧处留下坑疤、焊瘤或龟裂等缺陷。

(2) 运条。焊接时，通过正确运条可以控制焊接熔池的形状和尺寸，从而获得良好的熔合和焊缝成形。运条过程有 3 个基本动作，即前进动作、横摆动作和送进动作。

① 前进动作：是使焊条端沿焊缝轴线方向向前移动的动作，它的快慢代表着焊接速度，能影响焊接热输入和焊缝金属的横截面积。

② 横摆动作：是使焊条端在垂直前进方向上作横向摆动，摆动的方式、幅度和快慢直接影响焊缝的宽度和熔深，以及坡口两侧的熔合情况。

③ 送进动作：是使焊条沿自身轴线向熔池不断送进的动作。若焊条送进速度和它的熔化速度相同，则弧长稳定；若送进速度慢于熔化速度，则弧长变长，使熔深变浅、熔宽增加、电弧漂动不稳、保护效果变差、飞溅大等。故一般情况下宜使送进速度等于或略大于熔化速度，让弧长在等于或小于焊条直径下焊接。

熟练焊工能够根据焊接接头形式、焊缝位置、焊件厚度、焊条直径和焊接电流等情况，以及在焊接过程中根据熔池形状和大小的变化，不断变更和协调这 3 个动作，把熔池控制在所需的形状和尺寸范围之内。具体运条方法见表 6－6。

表 6-6　运条方法

项目 运条方法	轨　迹	特　点	适用范围
直线形		仅沿焊接方向作直线移动，在焊缝横向上不作任何摆动，熔深大，焊道窄	适用于不开坡口对接平焊多层焊打底及多道多层焊
往复直线形		焊条末端沿焊接方向作来回直线摆动，焊道窄、散热快	适用于薄板焊接和接头间隙较大的多层焊第一层焊缝
锯齿形		焊条末端在焊接过程中呈锯齿形摆动，使焊缝增宽	适用于较厚钢板的焊接，如平焊、立焊、仰焊位置的对接及角接
月牙形		焊条末端在焊接过程中作月牙形摆动，使焊缝宽度及余高增加	同上，尤其适用于盖面焊
三角形		焊接过程中，焊条末端呈三角形摆动	正三角形适用于开坡口立焊和填角焊，而斜三角形适用于平焊、仰焊位置的角焊缝和开坡口横焊
环形		焊接过程中，焊条末端作圆环形运动，图示的下侧拉量略高	正环形适用于厚板平焊，而斜环形适用于平焊、仰焊位置的角焊缝和开坡口横焊
8 字形		焊条末端作 8 字形运动，使焊缝增宽，焊缝纹波美观	适用于厚板对接的盖面焊缝

(3) 收弧。焊接结束时，若立即断弧则在焊缝终端形成弧坑，使该处焊缝工作截面减少，从而降低接头强度，导致产生弧坑裂纹，还引起应力集中。因此，必须是填满弧坑后收弧。常用的收弧方法有：

① 划圈收弧法。当电弧移至焊缝终端时，焊条端部作圆圈运动，直至填满弧坑后再拉断电弧，此法适于厚板焊接。

② 回焊收弧法。当电弧移至焊缝终端处稍停，且改变焊条角度回焊一小段，然后拉断电弧。此法适用于碱性焊条焊接。

③ 反复熄弧再引弧法。电弧在焊缝终端作多次熄弧和再引弧，直至弧坑填满为止，适用于大电流或薄板焊接的场合。

2. 各种焊接位置操作技术

无论在何种焊接位置施焊，最关键的是能控制住焊接熔池的形状和大小。熔池形状和尺寸主要与熔池温度分布有关，而熔池的温度分布又直接受电弧的热量输入影响。因此，通过调整焊条的倾斜角度以及前述 3 个运条基本动作的相互配合，就可以调整熔池的温度分

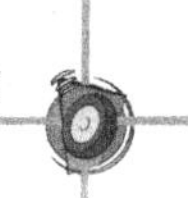

布，从而达到控制熔池形状和大小的目的。

（1）平焊操作技术。

① 基本特点。焊缝处于水平位置。焊接时，熔滴主要靠自重自然过渡。操作容易，便于观察，可以使用较大直径焊条和较高的焊接电流，生产率高，容易获得优质焊缝。因此，应尽可能使焊件处在平焊位置焊接。

② 操作要点见表 6－7。

表 6－7 平焊位置焊条电弧焊操作要点

接头形式 \ 项目		示意图	操作要点
对接接头	不开坡口	$\frac{2}{3}\delta$　5～8　1.5　δ=3～5　90°　60°～75°	（1）适于 δ<6mm （2）正面焊缝，用 ϕ3.2～ϕ4mm 焊条，短弧焊；焊条角度见左图，运条为直线移动，其移动速度决定于间隙大小和所需的熔宽和熔深，一般要求熔深达 2/3δ，熔宽 5～8mm，余高小于 1.5mm （3）反面封底焊缝，对不重要焊件，可不铲焊根，但必须将熔渣清除干净。用 ϕ3.2～ϕ4mm 焊条，电流可稍大，直线运条，速度稍快，使熔宽小些
	开坡口	A 1 2 5 B 4 3	（1）适于 $\delta\geqslant$6mm，常用坡口 V 形、双 V 形、U 形、双 U 形等 （2）正面第一层打底焊缝用直径较小焊条（一般为 ϕ3.2～ϕ4mm），运条方法应视间隙大小而选，小间隙时用直线形运条，间隙较大的用直线往返运条以免烧穿。焊第二层前，第一层焊渣清除干净，然后用较大直径焊条、较高焊接电流施焊，用短弧焊，以直线形、幅度较小的月牙形或锯齿形运条，必须在坡口两侧稍作停留 （3）以后各层焊接方向相反，焊缝的接头应相互错开
		多层及道焊 9 8 7 6 5 1 2 4 3 12 11 10	（1）$\delta\geqslant$10mm 时 （2）先大致确定层数和每层的道数，每层焊缝不宜过厚。第一层用较小直径焊条，直线运条施焊，焊后清渣 （3）焊第二层时，与多层焊相似用较大直径焊条和较大电流施焊，但同一层用多道焊缝并列，故用直线运条 （4）对双 V 形或 U 形坡口，为了减小角变形，正反面焊缝可以对称交替焊，如按左图所示序号施焊

续　表

项目 接头形式	示意图	操作要点
T形接头	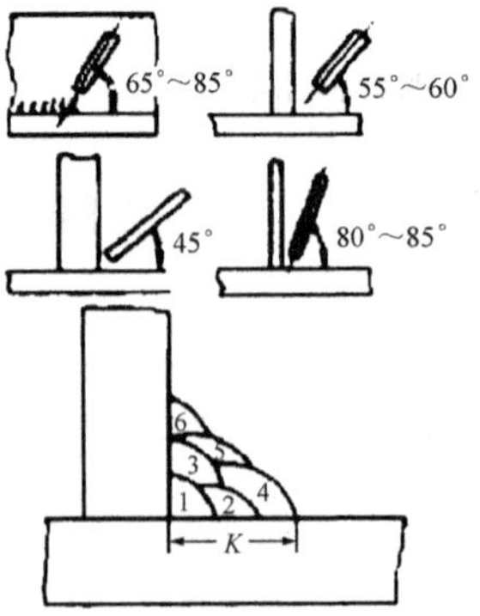 65°～85°　55°～60°　45°　80°～85°　1 2 3 4 5 6 K	(1) 根据两板的厚度调节焊条的倾角，当板厚不同时，须使电弧偏向厚板的一侧，以使两板温度均匀。见左图所示角度 (2) 单层焊时（δ＜8mm 时常采用），焊条直径按钢板厚度在 3～5mm 范围内选用；δ＜5mm 时，用直线形运条短弧焊；8mm＞δ≥5mm 时，可用斜圆圈形或反锯齿形法运条。立板侧运条速度比平板侧稍快，否则产生咬边和夹渣。收尾时，一定要填满弧坑 (3) 多层焊（δ≥8mm）时，第一层用ϕ3.2～ϕ4mm 焊条，焊接电流稍大些，以获得较大熔深，直线运条。清渣后焊第二层，可用ϕ4mm 焊条。电流不宜过大，否则易咬边，用斜圆圈形或反锯齿形运条，进行多道焊时，第二道焊缝应覆盖第一层焊缝的 2/3 以上，排列如左图
角接头	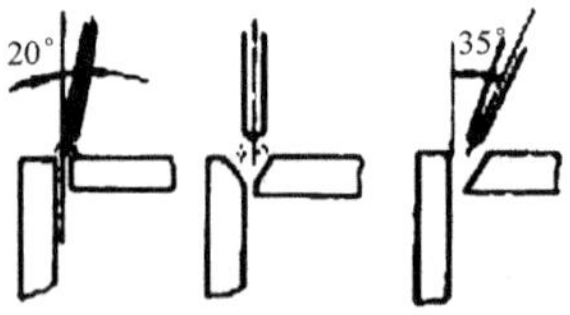 20°　35°	(1) I 形坡口焊接技术与对接接头不开坡口相似，但焊条应指向立板侧 (2) V 形坡口焊接技术与对接 V 形坡口相似 (3) 半边 V 形坡口焊则焊条指向立板侧
搭接接头	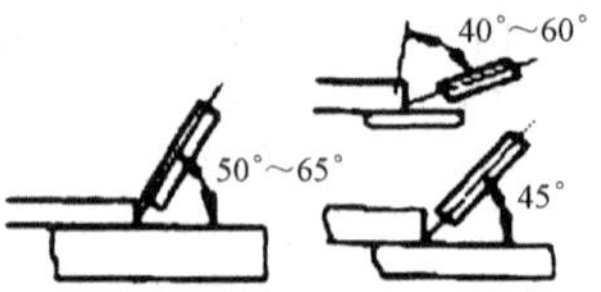 40°～60°　50°～65°　45°	为了使搭接两板温度均衡，焊条应偏指厚板一侧，其余操作同 T 形接头
角焊船形位焊	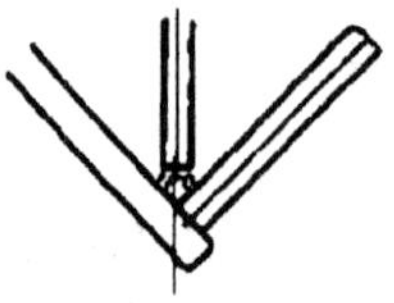	把焊件上的角焊缝处于船形焊位置施焊，可避免产生咬边、下垂等缺陷。操作方便，焊缝成形美观，可用大直径焊条等。大焊接电流，一次能焊成较大断面的焊缝，大大提高生产率。同开 V 形坡口对接接头平焊方法焊接

(2) 立焊操作技术。

① 基本特点。立焊是对在垂直平面上垂直方向的焊缝的焊接。立焊时，由于熔渣和熔化金属受重力作用容易下淌，使焊缝成形困难。有两种立焊方式：一种是由下而上施焊，即立向上焊法，是生产中应用最广的操作方法，因为易掌握焊透情况；另一种是由上向下施焊，即立向下焊法，此法要求有专用的立向下焊的焊条施焊才能保证成形。这里介绍立向上焊法。

② 操作要点。为了防止熔化金属流淌，可采取以下措施：

a. 确定好焊条的角度。对接接头立焊时，焊条与焊件的角度，左右方向各 90°，指向上与焊缝轴线成 60°～80°；T 形接头立焊时，焊条与两板之间各为 45°，指向上与焊缝轴线成

60°～90°，如图 6－5 所示。

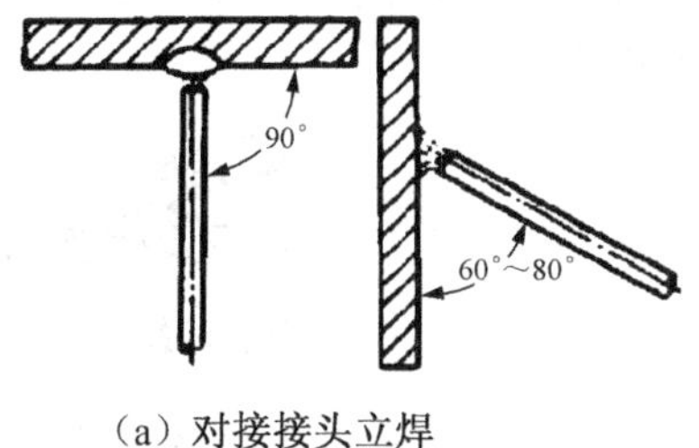

（a）对接接头立焊

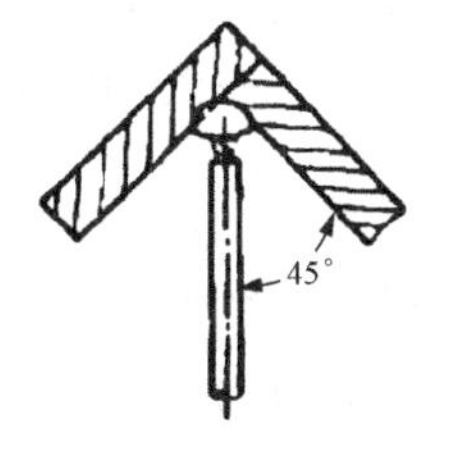

（b）T形接头立焊

图 6－5　立焊时焊条的角度

b. 用较小直径的焊条和较小的焊接电流，大约比一般平焊小，以减小熔滴体积，使之少受重力的影响，有利于熔滴过渡。

c. 采用短弧焊，缩短熔滴过渡到熔池的距离，以形成短路过渡。

d. 根据接头形式、坡口特点和熔池温度的情况，灵活运用运条方法。此外，充分利用焊接过程引起气体吹力、电磁力和表面张力等促进熔滴顺利过渡。

＊ 不开坡口对接接头立焊。此方法常用于薄板焊接。除采取上述措施外，可以适当采用跳弧法、灭弧法或摆动幅度较小的锯齿形法及月牙形法运条。

跳弧法（图 6－6）是熔滴脱离焊条末端过渡到熔池后，立即将电弧向焊接方向提起，使熔化金属有凝固机会，随后即把电弧拉回熔池，当新的熔滴过渡到熔池后，再提起电弧。为了不使空气侵入熔池，电弧移开熔池的距离尽可能短，且跳弧的最大弧长不超过 6mm。直线跳弧法是焊条只沿间隙不作任何横向摆动，直线向上跳弧施焊，如图 6－6(a)所示。月牙形跳弧法或锯齿形跳弧法是在作月牙形或锯齿形摆动的基础上作跳弧焊的方法，如图 6－6(b)、(c)所示。

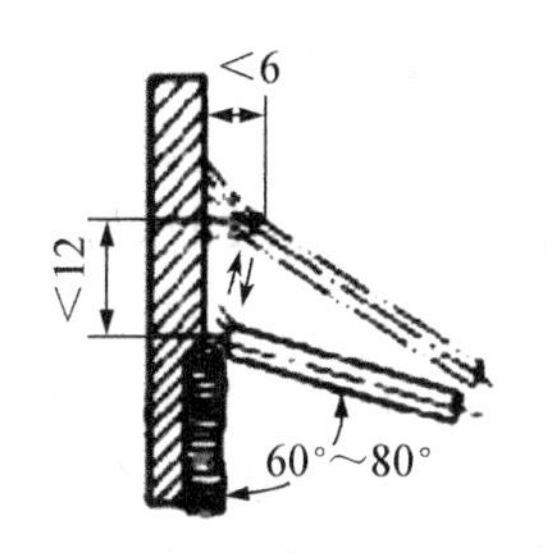

（a）直线跳弧法

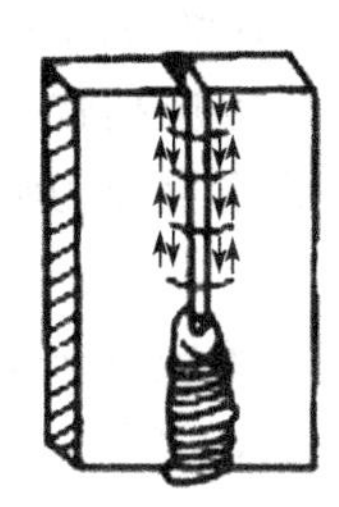

（b）月牙形跳弧法

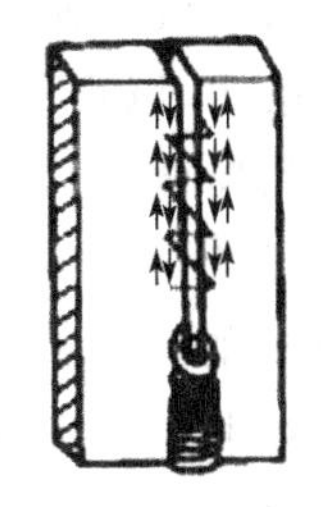

（c）锯齿形跳弧法

图 6－6　不开坡口对接接头立焊跳弧法

灭弧法是当熔滴从焊条末端过渡到熔池后，立即将电弧熄灭，使熔池金属有瞬时凝固机会，随后重新在弧坑引燃电弧，按此交错地进行。灭弧时间长短以不产生烧穿和焊瘤来灵活掌握。灭弧法多用于焊缝收尾时的焊法。

焊接反面封底焊缝时，由于间隙较小，可以适当增大焊接电流以获得较大的熔深。

＊ 开坡口对接接头立焊。钢板厚度大于 6mm 时，为了焊透，常用开坡口多层焊，层数由板厚决定。焊正面第一层是关键，应用ϕ 3.2mm 焊条。运条方法：厚板可用小三角形运条法在每个转角处稍作停留；中等厚板或稍薄的板，采用小月牙形或跳弧运条法（图 6－7）。

最好的焊缝成形是两侧熔合，焊缝表面较平坦，且焊后要彻底清渣，否则焊第二层时易未焊透或产生夹渣等缺陷。焊第二层以上的焊缝宜用锯齿形运条法，焊条直径不大于 4mm。后一层运条速度要均匀一致，电弧在两侧要短且稍停留。

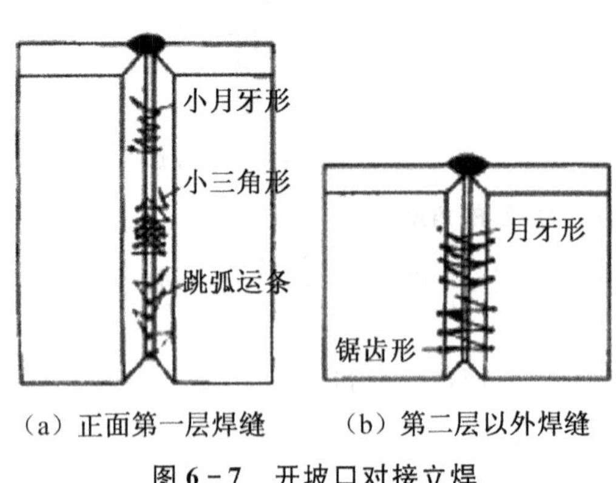

(a) 正面第一层焊缝　(b) 第二层以外焊缝

图 6-7　开坡口对接立焊

图 6-8　T 形接头立焊运条法

* T 形接头立焊。最容易产生根部未焊透和焊缝两侧咬边。因此，施焊时注意焊条角度和运条方法，图 6-8 为常用的几种运条方法，电弧尽可能短摆幅不大于所要求的焊脚尺寸，摆至两侧时稍停留以防止咬边和未熔合。

(3) 横焊操作技术。焊接在垂直平面上水平方向的焊缝为横焊。焊接时，由于熔化金属受重力作用容易下淌而产生咬边、焊瘤及未焊透等缺陷。因此，应采用短弧焊、小直径焊条、适当焊接电流和运条方法。

① 不开坡口的对接横焊。板厚在 3～5mm 的不开坡口对接横焊应采取双面焊。正面焊缝宜用ϕ 3.2mm 焊条，其焊条角度如图 6-9 所示。较薄焊件宜采用直线往返运条，以利用焊条前移机会便熔池获得冷却，不致熔滴下淌和烧穿。较厚焊件用短弧直线形或斜圆圈形运条法，以得到适当的熔深，焊速应稍快而均匀，避免过多地熔化在一点上，以防止形成焊瘤和焊缝上部咬边。封底焊缝用直径为ϕ 3.2mm 的焊条及稍大的焊接电流直线形运条法焊接。

② 开坡口的对接横焊。一般采用 V 形或 K 形坡口多层焊，坡口主要开在上板上，下板不开坡口或少开坡口，这样有利焊缝成形，如图 6-10 所示。焊第一层时，焊条直径一般为 3.2mm，间隙小时用直线形运条，间隙大时用直线往复形运条；其后各层用直径 3.2mm 或

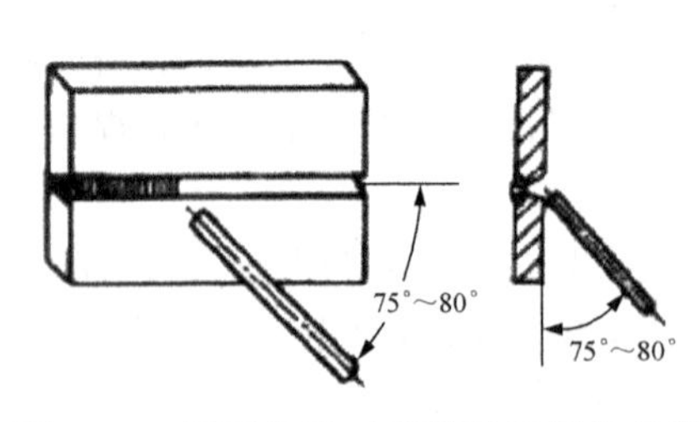

图 6-9　不开坡口对接横焊的焊条角度

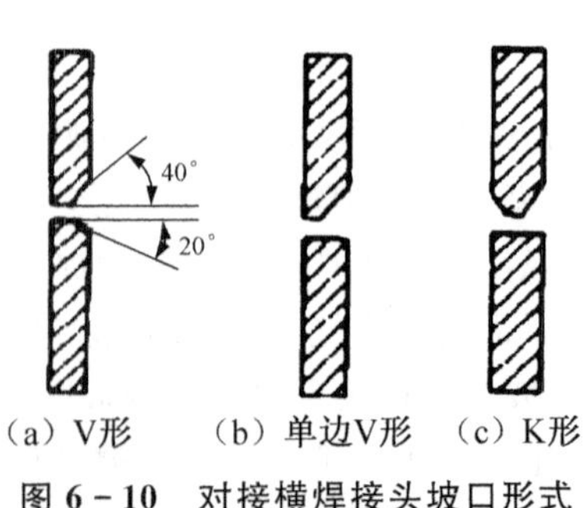

(a) V形　(b) 单边V形　(c) K形

图 6-10　对接横焊接头坡口形式

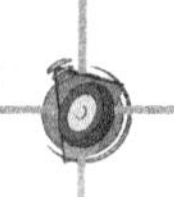

4mm 的焊条，用斜圆圈形运条方法，均用短弧焊。多层横焊的焊道排列顺序如图 6－11(a)所示。焊每一道焊缝时，应适当调整焊条角度。

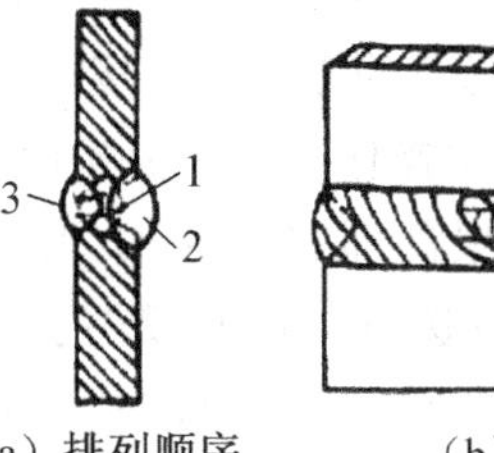

(a) 排列顺序

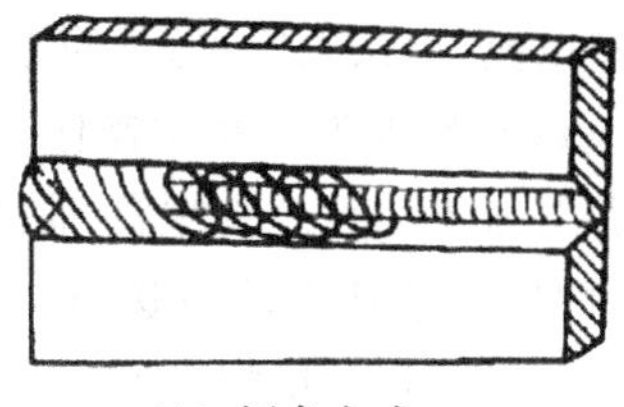

(b) 运条方式

图 6－11 V 形坡口对接横焊

(4) 仰焊操作技术。它是焊工仰头向上施焊的水平焊缝。最大的困难是焊接熔池倒悬在焊件下面，熔化金属因自重易下坠，熔滴过渡和焊缝成形困难。为了减小熔池面积，使焊缝容易成形，所用焊条直径和焊接电流均比平焊小。此外，要保持最短的电弧长度，以使熔滴在很短时间过渡到熔池中去，并充分利用焊接时气体吹力和电磁力及流体金属表面张力的有利熔滴过渡的作用，促使焊缝成形良好。熔池宜薄不宜厚，熔池温度过高时，可以抬弧降温。

① 不开坡口的对接仰焊。当焊件厚度为 4mm 左右，一般不开坡口，用直径为 3.2mm 的焊条，其角度见图 6－12(a)，与焊接方向成 70°～80°，其左右位置为 90°。用短弧焊，间隙小时用直线形运条法，间隙较大时用直线往复形运条法。

② 开坡口的对接仰焊。为了焊透，焊件厚度大于 5mm 的对接仰焊都要开坡口，其坡口角比平焊坡口大些，以便焊条在坡口内能更自由地摆动和变换位置。焊第一层用直径为 3.2mm的焊条，用直线形或往复直线形运条法；第二层以后可用月牙形或锯齿形运条，每层熔敷量不宜过多，焊条位置根据每一层焊缝位置作相应调整，以利于熔滴过渡和焊缝成形。

③ T 形接头的仰焊。焊脚尺寸在 6mm 以下宜用单层焊，超过 6mm 时用多层焊或多道多层焊。单层焊时，焊条角度如图 6－12(b)所示。焊条直径宜用 3.2mm 或 4mm，用直线形或往复直线形运条法。多层焊或多道多层焊时第一层同单层焊，以后各层可用斜环形或斜三角形运条法。

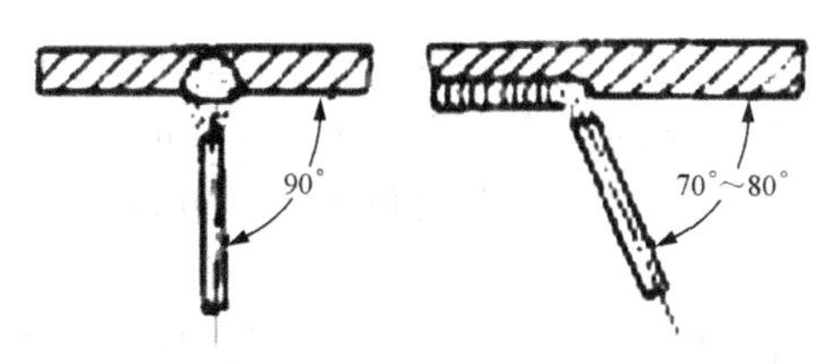

(a) 不开坡口的对接仰焊焊条角度

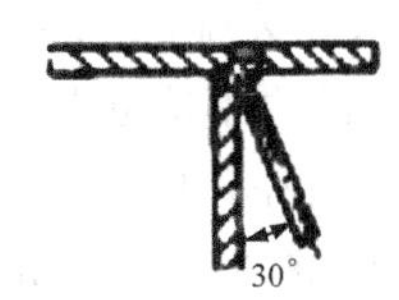

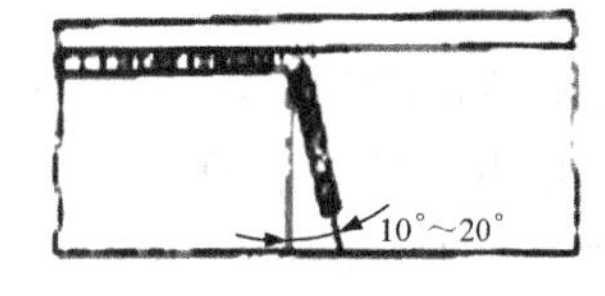

(b) T形接头的仰焊焊条角度

图 6－12 仰焊的焊条角度

3. 单面焊双面成形操作技术

无法进行双面施焊而又要求焊透的接头焊接，须采用单面焊双面成形的操作技术。此种技术只适于具有单面 V 形或 U 形坡口多层焊的焊件上，要求焊后正反面均具有良好的内在和外观质量。

成败的关键在于如何保证第一层焊透且背面成形良好，以后各层和前述多层或多道多层焊焊法相同。焊工在生产中创造出许多操作技术，如灭弧焊法和连弧焊法等。这些操作方法的共同特点是焊接过程中在熔池前沿均须形成熔孔。它是保证焊透的关键。熔孔必须略大于接头根部间隙且左右对称，一般在坡口根部两侧各熔化1.5mm左右(图 6－13)。熔孔的形状和尺寸沿缝须均匀一致。熔孔大小对焊缝背面成形影响很大，若不出现熔孔或熔孔过小，则可能产生根部未熔合或未焊透、背面成形不良等缺陷；若熔孔过大，则背面焊道余高过高或产生焊瘤。要控制熔孔大小必须严格控制根部间隙、焊接电流、焊条角度、运条的方法与焊接速度。

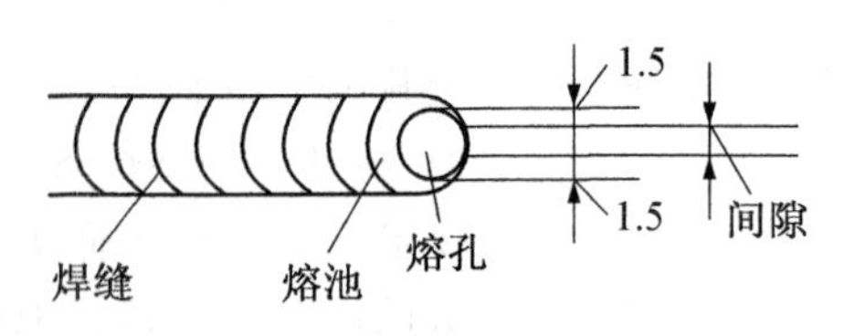

图 6-13　弧焊过程中的熔孔

以连弧焊为例介绍操作要点：引弧后用短弧在起弧处加热，待接头根部即将熔化时，做一击穿动作，即把焊条往根部下送，待听到“噗”的声音，表示熔孔形成，迅速将焊条移到任一坡口面，以一定焊条角度使该坡口根部熔化约 1.5mm，然后将焊条提起以 1～2mm 小距离锯齿形作横向摆动，熔化另一侧坡口根部（约熔化 1.5mm），边交替熔化边向前移动。为使熔孔形状和大小始终一致，使焊条中心对准熔池前沿与母材交界处，让每个新熔池与前一个熔池相对叠，如图 6-14 所示。

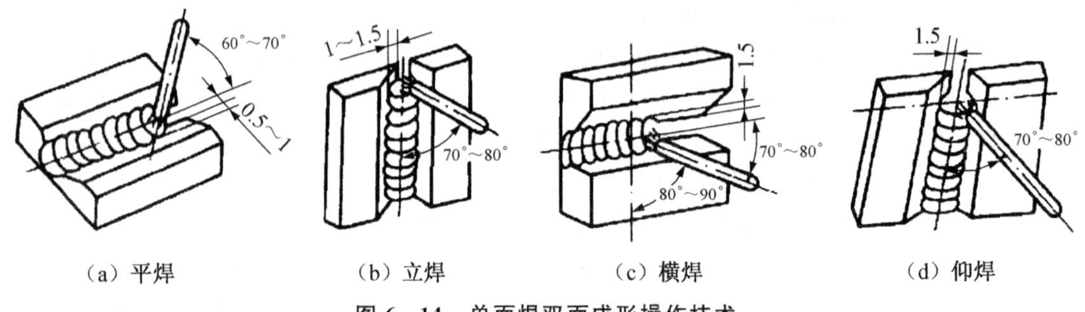

图 6-14　单面焊双面成形操作技术

4. 薄板对接焊操作技术

（1）薄板对接焊特点。厚度小于或等于 2mm 的钢板焊条电弧焊属薄板焊，其最大困难是易烧穿、焊缝成形不良和变形难控制。对接焊比 T 形接和搭接难操作。

（2）薄板对接焊装配要求。装配间隙越小越好，最大不应超过 0.5mm，对接边缘应剪切毛刺或清除切割熔渣；对接处错边不应超过板厚的 1/3，要求高者应小于 0.2～0.3mm；定位焊用小直径焊条（ϕ2.0～ϕ3.2mm），间距适当小些，焊缝呈点状，焊点间距 60～80mm，板越薄间距越短。对接两端定位焊缝长约 10mm。

（3）薄板对接焊操作要点。用与定位焊一样的小直径焊条施焊。焊接电流可比焊条使用说明书规定的大一些，但焊接速度高些，以获得小尺寸熔池。采用短弧焊，快速直线形运条，不作横向摆动。若有可能把焊件一头垫高，呈 15°～20°作下坡焊，可提高焊接速度和减小熔深。对防止薄板焊接时烧穿和减小变形有利，还可以采用灭弧焊法，即当熔池温度高，快要烧穿时，立即灭弧，待温度降低再引弧焊接；亦可直线前后往复焊，向前时将电弧稍提高一些。

若条件允许最好在立焊位置作立向下焊。使用立向下焊的专用焊条，这样熔深浅、焊速高、操作简便、不易烧穿。

任务三　气体保护电弧焊

一、气体保护电弧焊的概述

气体保护电弧焊是利用气体作为保护介质的电弧焊。它包括 TIG 焊（又叫 GTAW 焊）

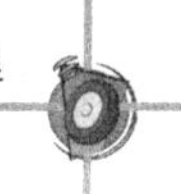

和熔化极气体保护焊(gas metal arc welcling, GMAW 焊),GMAW 焊包括 MIG 焊、MAG 焊、CO_2 气体保护电弧焊、管状焊丝气体保护电弧焊。两者的差别在于所用的电极不同,前者用的是非熔化电极钨棒,后者用的是熔化电极焊丝。

TIG 始于 20 世纪 30 年代,是最早的气体保护电弧焊方法,它是为了适应活泼金属(铝、锰、钛等)的要求而产生的。熔点较高的钨棒作为电极,只起发射电子、产生电弧的作用,电极本身不熔化,焊接时填充金属从一侧送入,电弧热将填充金属与工件熔融在一起,形成焊缝。保护气体主要是 Ar,He 因为费用过高而较少使用。

TIG 焊能获得焊接质量优良的焊缝,它的缺点是焊接能量有限,不适合焊接厚件,尤其是导热性能较强的金属。为了克服这一缺点,20 世纪 40 年代产生了 MIG,这种方法利用金属焊丝作为电极,电弧产生在焊丝和工件之间,焊丝不断送进,并熔化过渡到焊缝中去。因此这种方法所用焊接电流可大大提高,适合于中、厚板的焊接。

因为 Ar 稀缺、焊接成本较高,故目前 TIG 和 MIG 焊主要用来焊接易氧化的有色金属(铝、镁及其合金)、稀有金属(钼、钛、镍及其合金)和不锈钢等。为了降低气体保护焊的成本,人们成功地在 20 世纪 50 年代用 CO_2 气体取代 Ar,发明了 CO_2 气体保护电弧焊。它是以 CO_2 气体作为保护介质的电弧焊方法,以焊丝作电极,以自动或半自动方式进行焊接。CO_2 焊接成本低,生产率高,适用范围广泛。但因电弧气氛具有较强的氧化性,易使合金元素烧损、会引起气孔以及焊接过程中易产生金属飞溅,故必须采用含有脱氧剂的焊丝及专用的焊接电源。目前 CO_2 电弧焊主要用于焊接低碳钢及低合金钢等黑色金属,对于不锈钢、高合金钢和有色金属则不适宜。

在气体保护电弧焊初期,使用的主要是单一气体,如 Ar、He 和 CO_2,后来发现在一种气体中加入一定分量的另一种或两种气体后,可以分别在细化熔滴、减少飞溅、提高电弧的稳定性、改善熔深以及提高电弧的温度等方面获得满意的效果。常用的混合气体有:Ar+He:广泛用于大厚度铝板及高导热材料的焊接,以及不锈钢的高速机械化焊接;$Ar+H_2$:利用混合气体的还原性来焊接镍及其合金,可以消除镍焊缝中的气孔;$Ar+O_2$:O_2 量为 1%,特别适用于不锈钢 MIG 焊接,能克服单独用 Ar 时的阴极飘移现象;$Ar+CO_2$ 或 $Ar+CO_2+O_2$:适用于焊接低碳钢和低合金钢,焊缝成形、接头质量以及电弧稳定性和熔滴过渡都非常满意。

二、气体保护电弧焊的工作原理、适用范围和安全性

1. 气体保护电弧焊的特点

用外加气体作为电弧介质并保护电弧和焊接区的电弧焊称为气体保护电弧焊,简称气体保护焊。

气体保护焊与其他焊接方法相比,具有以下特点:

(1) 电弧和熔池的可见性好,焊接过程中可根据熔池情况调节焊接参数。

(2) 焊接过程操作方便,没有熔渣或很少有熔渣,焊后基本上不需要清渣。

(3) 电弧在保护气流的压缩下热量集中,焊接速度较快,熔池较小,热影响区窄,焊件焊后变形小。

(4) 有利于焊接过程的机械化和自动化,特别是空间位置的机械化焊接。

(5) 可以焊接化学活泼性强和易形成高熔点氧化膜的镁、铝、钛及其合金。

(6) 可以焊接薄板。

(7) 在室外作业时，需设挡风装置，否则气体保护效果不好，甚至很差。

(8) 电弧的光辐射很强。

(9) 焊接设备比较复杂，比焊条电弧焊设备价格高。

2. 气体保护电弧焊分类及应用范围

气体保护电弧焊通常按照电极是否熔化和保护气体不同来分类，常用的气体电弧保护焊分类方法及应用见表 6-8。

表 6-8　常用的气体电弧保护焊分类方法及应用

名　称		应　用	备　注
TIG		薄板焊接、卷边焊接、根部焊道有单面焊双面成形要求的焊接，适用于几乎所有金属和合金，多用于焊接有色金属及不锈钢、耐热钢	加焊丝或不加焊丝
GMAW	MIG	适用于铝及铝合金、不锈钢等材料中的厚板焊接	加焊丝
	MAG	适用于碳钢、合金钢和不锈钢等黑色金属材料的全位置焊接	
	CO_2气体保护电弧焊	广泛用于低碳钢、低合金钢的焊接	
	管状焊丝气体保护电弧焊	常用于焊接碳钢、低合金钢、不锈钢和铸铁	

3. 气体保护电弧焊安全性

气体保护电弧焊除具有一般手工电弧焊的安全特点以外，还要注意以下几点：

(1) 气体保护电弧焊电流密度大、弧光强、温度高，且在高温电弧和强烈的紫外线作用下产生高浓度有害气体，可高达手工电弧焊的 4～7 倍，所以特别要注意通风。

(2) 引弧所用的高频振荡器会产生一定强度的电磁辐射，接触较多的焊工，会引起头昏、疲乏无力、心悸等症状。

(3) 氩弧焊使用的钨极材料中的钍、铈等稀有金属带有放射性，尤其在修磨电极时形成放射性粉尘，接触较多，易造成中枢神经系统的疾病。

(4) 气体保护电弧焊一般都采用压缩气瓶供气，压缩气瓶的安全技术要点如下：

① 不得靠近火源。

② 勿暴晒。

③ 要有防震胶圈，且不使气瓶跌落或受到撞击。

④ 带有安全帽，防止摔断瓶阀造成事故。

⑤ 瓶内气体不可全部用尽，应留有余压。

⑥ 打开阀门时不应操作过快。

三、TIG 焊及操作技术

1. TIG 焊的特点

TIG 焊是在惰性气体的保护下，利用钨电极与工件间产生的电弧热熔化母材和填充焊丝(如果使用填充焊丝)的一种焊接方法。焊接时保护气体从焊枪的喷嘴中连续喷出，在电弧周围形成气体保护层隔绝空气，以防止其对钨极、熔池及邻近热影响区的有害影响，从而可获得优质的焊缝。保护气体主要采用氩气，即钨极惰性气体氩弧焊。

图 6-15 手工钨极惰性气体氩弧焊

钨极惰性气体氩弧焊按操作方式分为手工钨极惰性气体氩弧焊(图 6-15)、半自动钨极惰性气体氩弧焊和自动钨极惰性气体氩弧焊 3 类。手工钨极惰性气体氩弧焊时，焊枪的运动和添加填充焊丝完全靠手工操作；半自动钨极惰性气体氩弧焊时，焊枪运动靠手工操作，但填充焊丝则由送丝机构自动送进；自动钨极惰性气体氩弧焊时，工件固定电弧运动，则焊枪安装在焊接小车上，小车的行走和填充焊丝的送进均由机械完成。在自动钨极惰性气体氩弧焊中，填充焊丝可以用冷丝或热丝的方式添加。热丝是指填充焊丝经预热后再添加到熔池中去，这样可大大提高熔敷速度。某些场合如薄板焊接或打底焊道，有时不必添加填充焊丝。

上述 3 种焊接方法中，手工钨极惰性气体氩弧焊应用最广泛，半自动钨极惰性气体氩弧焊则很少应用。

(1) 钨极惰性气体氩弧焊具有下列优点：

① Ar 能有效地隔绝周围空气。它本身又不溶于金属，不与金属反应，钨极惰性气体氩弧焊过程中电弧还有自动清除工件表面氧化膜的作用。因此，可成功地焊接化学活泼性强的有色金属、不锈钢和各种合金。

② 小电流条件下的钨极惰性气体氩弧焊，适用于薄板及超薄板材料焊接。

③ 热源和填充焊丝可分别控制，因而热输入容易调节，可进行各种位置的焊接，也是实现单面焊双面成形的理想方法。

(2) 钨极惰性气体氩弧焊的不足之处：

① 熔深浅，熔敷速度小，生产率较低。

② 钨极承载电流的能力较差，过大的电流会引起钨极熔化和蒸发，其微粒有可能进入熔池，造成污染(夹钨)。

③ 惰性气体(Ar、He)较贵，和其他电弧焊方法(如手工电弧焊、埋弧焊、CO_2气体保护焊等)比较，生产成本较高。

钨极惰性气体氩弧焊可用于几乎所有金属和合金的焊接，但由于其成本较高，通常多用于焊接铝、镁、钛、铜等有色金属，以及不锈钢、耐热钢等。

钨极惰性气体氩弧焊所焊接的板材厚度范围，从生产率考虑以 3mm 以下为宜。对于某些黑色和有色金属的厚壁重要构件(如压力容器及管道)，在根部熔透焊道焊接、全位置焊接和窄间隙焊接时，为了保证高的焊接质量，有时也采用钨极氩弧焊。

2. 钨极惰性气体氩弧焊设备

钨极惰性气体氩弧焊设备由焊接电源、引弧及稳弧装置、焊枪、供气系统、水冷系统和焊接程序控制装置等部分组成。对于自动钨极惰性气体氩弧焊还应包括小车行走机构及送丝装置。

（1）钨极惰性气体氩弧焊的电流及极性。钨极惰性气体氩弧焊要求采用具有陡降或恒流外特性的电源，以减小或排除因弧长变化而引起的电流波动。钨极惰性气体氩弧焊使用的电流种类可分为直流正接、直流反接和交流 3 种，它们的特点见表 6－9。

表 6－9　钨极惰性气体氩弧焊的特点

电流种类	直流正接（工件接正）	直流反接（工件接负）	交流（对称的）
两极热量 比例（近似）	工件 70% 钨极 30%	工件 30% 钨极 70%	工件 50% 钨极 50%
熔深特点	深、窄	浅、宽	中等
钨极许用电流	最大	小	较大
阴极清理作用	无	有	有（工件为负的半周时）
适用材料	氩弧焊：除铝、镁及其合金和铝青铜外，其余金属 氦弧焊：几乎所有金属	一般不采用	铝、镁及其合金和铝青铜等

① 直流钨极惰性气体氩弧焊。直流钨极惰性气体氩弧焊时，阳极的发热量远大于阴极。所以，用直流正接焊接时，钨极因发热量小，不易过热，同样大小直径的钨极可以采用较大的电流，工件发热量大、熔深大，生产率高。而且，由于钨极为阴极，热电子发射能力强，电弧稳定而集中。因此，大多数金属宜采用直流正接焊接。反之，直流反接时，钨极容易过热熔化，同样大小直径的钨极许用电流要小得多，且熔深浅而宽，一般不推荐使用，如图 6－16 所示。

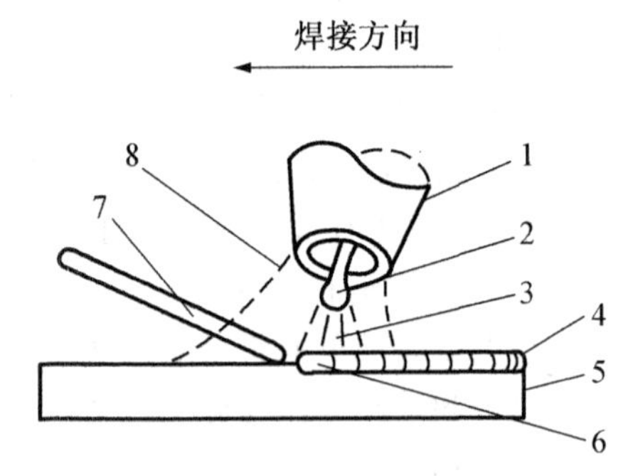

1－喷嘴；2－钨极；3－电弧；4－焊缝；5－工件；6－熔池；7－填充焊丝；8－惰性气体

图 6－16　直流钨极惰性气体保护氩弧焊

② 交流钨极惰性气体氩弧焊。交流电源主要用于焊接铝、镁及其合金和铝青铜，其特点是负半波（工件为负）时，有阴极清理作用，正半波（工件为正）时，钨极因发热量低，不易熔化，同样大小的钨极可比直流反接的许用电流大得多。

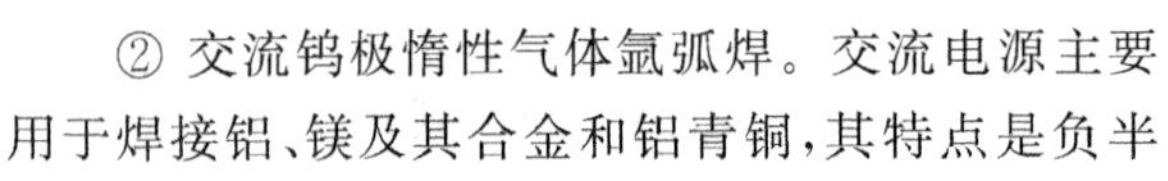

交流钨极惰性气体氩弧焊的主要问题是直流分量和电弧稳定性问题。

铝、镁及其合金和易氧化的铜合金（铝青铜、铍铜等）焊接时，可形成一层致密的高熔点氧化膜覆盖在熔池表面和焊口的边缘。该氧化膜如不及时清除，就会妨碍焊接正常进行。当工件为负极时，其表面氧化膜在电弧的作用下可以被清除而获得表面光亮美观、成形良好的焊缝。这是因为金属氧化膜逸出功小，易发射电子，阴极斑点总是优先在氧化膜处形成，在质量很大的氩正离子的高速撞击下，表面氧化膜破坏、分解而被清除，这就是“阴极清理作用”。

为了同时兼顾阴极清理作用和两极发热量的合理分配，对于铝、镁、铝青铜等金属和合

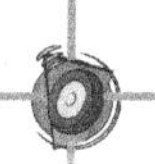

金，一般都采用同时具有正接和反接特点的交流钨极惰性气体氩弧焊。

(2) 引弧及稳弧装置。TIG 焊接开始时，可采用下列方法引燃电弧：

① 短路引弧。依靠钨极和引弧板或碳块接触引弧。其缺点是引弧时钨极损耗较大，端部形状容易被破坏，应尽量少用。

② 高频引弧。利用高频振荡器产生的高频高压击穿钨极与工件之间的间隙(3mm 左右)而引燃电弧。高频振荡器一般用于焊接开始时的引弧。交流钨极惰性气体氩弧焊时，引弧后继续接通也可在焊接过程中起稳弧作用。高频振荡器主要由电容与电感组成振荡回路，振荡是衰减的，每次仅能维持 2～6ms。电源为正弦波时，每半周振荡一次。

③ 高压脉冲引弧。在钨极与工件之间加一高压脉冲，使两极间气体介质电离而引弧。利用高压脉冲引弧是一种较好的引弧方法。在交流钨极惰性气体氩弧焊时，往往是既用高压脉冲引弧，又用高压脉冲稳弧。引弧和稳弧脉冲由共用的主电路产生，但有各自的触发电路。该电路的设计能保证空载时，只有引弧脉冲，而不产生稳弧脉冲；电弧一旦引燃，即产生稳弧脉冲，而引弧脉冲自动消失。

(3) 焊枪。焊枪的作用是夹持钨极，传导焊接电流和输送保护气，它应满足下列要求：

① 保护气流具有良好的流动状态和一定的挺度，以获得可靠的保护。

② 有良好的导电性能。

③ 充分的冷却，以保证持久工作。

④ 喷嘴与钨极间绝缘良好，以免喷嘴和焊件接触时产生短路、打弧。

⑤ 重量轻，结构紧凑，可靠性好，装拆维修方便。

焊枪分气冷式和水冷式两种，前者用于小电流(≤100A)焊接。喷嘴的材料有陶瓷、紫铜和石英 3 种。高温陶瓷喷嘴既绝缘又耐热，应用广泛，但通常焊接电流不能超过 350A。紫铜喷嘴使用电流可达 500A，需用绝缘套将喷嘴和导电部分隔离。石英喷嘴较贵，但焊接时可见度好。

(4) 供气系统和水冷系统。

① 供气系统。由高压气瓶、减压阀、浮子流量计和电磁气阀组成。减压阀将高压气瓶中的气体压力降至焊接所要求的压力，流量计用来调节和测量气体的流量，电磁阀以电信号控制气流的通断。有时将流量计和减压阀做成一体，成为组合式。

② 水冷系统。许用电流大于 100A 的焊枪一般为水冷式，用水冷却焊枪和钨极。对于手工水冷式焊枪，通常将焊接电缆装入通水软管中做成水冷电缆，这样可大大提高电流密度，减轻电缆重量，使焊枪更轻便。有时水路中还接入水压开关，保证冷却水接通并有一定压力后才能启动焊机。

(5) 焊接程序控制装置。焊接程序控制装置应满足如下要求：

① 焊前提前 1.5～4s 输送保护气，以驱赶管内空气。

② 焊后延迟 5～15s 停气，以保护尚未冷却的钨极和熔池。

③ 自动接通和切断引弧和稳弧电路。

④ 控制电源的通断。

⑤ 焊接结束前电流自动衰减，以消除火口和防止弧坑开裂，对于环缝焊接及热裂纹敏感材料尤其重要。

3. 钨极和保护气体

钨的熔点(3410℃)及沸点(5900℃)都很高,适合作为不熔化电极,常用的有纯钨极、钍钨极和铈钨极3种。纯钨极熔点和沸点都很高,缺点是要求空载电压较高,承载电流能力较小;钍钨极加入了氧化钍,可降低空载电压,改善引弧稳弧性能,增大许用电流范围,但有微量放射性;铈钨极比钍钨极更易引弧,更小的钨极损耗,放射剂量也低得多,推荐使用。不同直径钨极的焊接许用电流范围见表6-10。

表6-10 钨极许用电流范围

钨极直径/mm	直流/A				交流/A	
	正接(电级一)		反接(电极+)			
	纯钨	钍钨、铈钨	纯钨	钍钨、铈钨	纯钨	钍钨、铈钨
0.5	2~20	2~20	—	—	2~15	2~15
1.0	10~75	10~75	—	—	15~55	15~70
1.6	40~130	60~150	10~20	10~20	45~90	60~125
2.0	75~180	100~200	15~25	15~25	65~125	85~160
2.5	130~230	160~250	17~30	17~30	80~140	120~210
3.2	160~310	225~330	20~35	20~35	150~190	150~250
4.0	275~450	350~480	35~50	35~50	180~260	240~350
5.0	400~625	500~675	50~70	50~70	240~350	330~460
6.3	550~675	650~950	65~100	65~100	300~450	430~575
8.0	—	—	—	—	—	650~830

工业中用于TIG焊的保护气体主要是Ar。特殊情况下也有采用He、Ar-H_2混合气体和Ar-H_2混合气体。

与其他气体相比较,Ar有如下的特点:

(1) 易引弧,电弧稳定而柔和。

(2) Ar的密度大,易形成良好的保护罩,获得较好的保护效果。

(3) Ar的原子质量大,具有很好的阴极清理效果。

(4) Ar相对便宜。

4. 钨极惰性气体氩弧焊焊接工艺

(1) 接头及坡口形式。钨极惰性气体氩弧焊的接头形式有对接、搭接、角接、T形接和端接5种基本类型。端接接头仅在薄板焊接时采用。

(2) 工件和填充焊丝的焊前清理。氩弧焊时,对材料的表面质量要求很高,焊前必须经过严格清理,清除填充焊丝及工件坡口和坡口两侧表面至少20mm范围内的油污、水分、灰尘、氧化膜等,否则在焊接过程中将影响电弧稳定性,恶化焊缝成形,并可能导致气孔、夹杂、未熔合等缺陷。常用清理方法如下:

① 去除油污、灰尘。可以用有机溶剂(汽油、丙酮、三氯乙烯、四氯化碳等)擦洗,也可配制专用化学溶液清洗。

② 除氧化膜。

a. 机械清理。此法只适用于工件,对于焊丝不适用。通常是用不锈钢丝或铜丝轮刷,将坡口及其两侧的氧化膜清除。对于不锈钢及其他钢材也可用砂布打磨。铝及铝合金材质

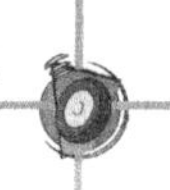

较软，用刮刀清理也较有效。但机械清理效率低，去除氧化膜不彻底，一般只用于尺寸大、生产周期长或化学清洗后又局部沾污的工件。

b. 化学清理。依靠化学反应的方法去除焊丝或工件表面的氧化膜，清洗溶液和方法因材料而异。

(3) 工艺参数的选择。钨极惰性气体氩弧焊的工艺参数主要有焊接电流种类及极性、焊接电流、钨极直径及端部形状、保护气体流量等，对于自动焊还包括焊接速度和送丝速度。

① 焊接电流种类及大小。一般根据工件材料选择电流种类，焊接电流大小是决定焊缝熔深的最主要参数，它主要根据工件材料、厚度、接头形式、焊接位置，有时还要考虑焊工技术水平(手工焊时)等因素选择，见表 6－10。

② 钨极直径及端部形状。钨极端部形状是一个重要工艺参数。根据所用焊接电流种类，选用不同的端部形状。尖端角度的大小会影响钨极的许用电流、引弧及稳弧性能。小电流焊接时，选用小直径钨极和小的锥角，可使电弧容易引燃和稳定；在大电流焊接时，增大锥角可避免尖端过热熔化，减少损耗，并防止电弧往上扩展而影响阴极斑点的稳定性。钨极尖端角度对焊缝熔深和熔宽也有一定影响，减小锥角则焊缝熔深减小、熔宽增大，反之则熔深增大、熔宽减小，如图 6－17 所示。

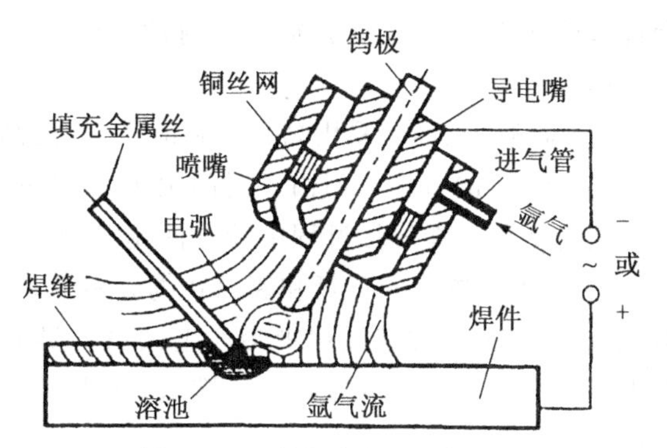

图 6－17 钨极直径及端部形状

③ 气体流量和喷嘴直径。在一定条件下，气体流量和喷嘴直径有一个最佳范围，此时，气体保护效果最佳，有效保护区最大。如气体流量过低，气流挺度差，排除周围空气的能力弱，保护效果不佳；流量太大容易变成紊流，使空气卷入，也会降低保护效果。同样，在流量一定时，喷嘴直径过小，保护范围小，且因气流速度过高而形成紊流；喷嘴过大，不仅妨碍焊工观察，而且气流流速过低，挺度小，保护效果也不好。所以，气体流量和喷嘴直径要有一定配合。一般手工惰性气体氩弧焊喷嘴内径范围为 5～20mm，流量范围为 5～25L/min。

④ 焊接速度。焊接速度的选择主要根据工件厚度决定并与焊接电流、预热温度等配合以保证获得所需的熔深和熔宽。在高速自动焊时，还要考虑焊接速度对气体保护效果的影响。焊接速度过大，保护气流严重偏后，可能使钨极端部、弧柱、熔池暴露在空气中。因此必须采取相应措施如加大保护气体流量或将焊炬前倾一定角度，以保持良好的保护作用。

⑤ 喷嘴与工件的距离。距离越大，气体保护效果越差，但距离太近会影响焊工视线，且容易使钨极与熔池接触，产生夹钨。一般喷嘴端部与工件的距离在 8～14mm。

(4) 操作技术。焊接时，焊枪、焊丝和工件之间必须保持正确的相对位置，焊直缝时通常采用左向焊法。焊丝与工件间的角度不宜过大，否则会扰乱电弧和气流的稳定。手工钨极氩弧焊时，送丝可以采用断续送进和连续送进两种方法，要绝对防止焊丝与高温的钨极接触，以免钨极被污染、烧损，电弧稳定性被损坏，断续送丝时要防止焊丝端部移出气体保护区而氧化。环缝自动焊时，焊枪应逆旋转方向偏离工件中心线一定距离，以便于送丝和保证焊缝的良好成形。

(5) 加强气体保护作用的措施。对于对氧化、氮化非常敏感的金属和合金(如钛及其合金)或散热慢、高温停留时间长的材料(如不锈钢),要求有更强的保护作用。加强气体保护作用的具体措施有：

① 在焊枪后面附加通有 Ar 的拖罩,使在 400℃以上的焊缝和热影响区仍处于保护之中。

② 在焊缝背面采用可通氩气保护的垫板、反面保护罩或在被焊管子内部局部密闭气腔内充满氩气,以加强反面的保护。在焊缝两侧和背面设置紫铜冷却板、铜垫板、铜压块(水冷或空冷),都有加速焊缝和热影响区冷却、缩短高温停留时间的作用。

5. 钨极惰性气体氩弧焊安全技术

(1) 氩弧焊的有害因素。氩弧焊影响人体的有害因素有 3 个方面：

① 放射性。钍钨极中的钍是放射性元素,但钨极氩弧焊时钍钨极的放射剂量很小,在允许范围之内,危害不大。如果放射性气体或微粒进入人体作为内放射源,则会严重影响身体健康。

② 高频电磁场。采用高频引弧时,产生的高频电磁场强度在 60～110V/m,超过参考卫生标准(20V/m)数倍。但由于时间很短,对人体影响不大。如果频繁起弧,或者把高频振荡器作为稳弧装置在焊接过程中持续使用,则高频电磁场可成为有害因素之一。

③ 有害气体——臭氧和氮氧化物。氩弧焊时,弧柱温度高。紫外线辐射强度远大于一般电弧焊,因此在焊接过程中会产生大量的臭氧和氮氧化物。尤其是臭氧浓度远远超出参考卫生标准。如不采取有效通风措施,这些气体对人体健康影响很大,是氩弧焊最主要的有害因素。

(2) 安全防护措施。

① 通风措施。氩弧焊工作现场要有良好的通风装置,以排出有害气体及烟尘。除厂房通风外,可在焊接工作量大、焊机集中的地方,安装几台轴流风机向外排风。

此外,还可采用局部通风的措施将电弧周围的有害气体抽走,例如采用明弧排烟罩、排烟焊枪、轻便小风机等。

② 防护射线措施。尽可能采用放射剂量极低的铈钨极。钍钨极和铈钨极加工时,应采用密封式或抽风式砂轮磨削,操作者应佩戴口罩、手套等个人防护用品,加工后要洗净手脸。钍钨极和铈钨极应放在铅盒内保存。

③ 防护高频的措施。为了防备和削弱高频电磁场的影响,采取的措施有：

a. 工件良好接地,焊枪电缆和地线要用金属编织线屏蔽。

b. 适当降低频率。

c. 尽量不要使用高频振荡器作为稳弧装置,减小高频电作用时间。

d. 其他个人防护措施。氩弧焊时,由于臭氧和紫外线作用强烈,宜穿戴非棉布工作服(如耐酸呢、柞丝绸等)。在容器内焊接又不能采用局部通风的情况下,可以采用送风式头盔、送风口罩或防毒口罩等个人防护措施。

四、MIG 焊及其操作技术

1. MIG 焊

(1) MIG 焊(图 6－18)特点。MIG 焊通常采用惰性气体 Ar、He 或它们的混合气体作

为焊接区的保护气体。由于焊丝外表没有涂料层，电流可大大提高，因而母材熔深大，焊丝熔化速度快，熔敷率高。与钨极惰性气体氩弧焊相比，可大大提高生产效率，尤其适用于中等厚度和大厚度板材的焊接，克服了钨极焊的缺点，如图 6-18 所示。

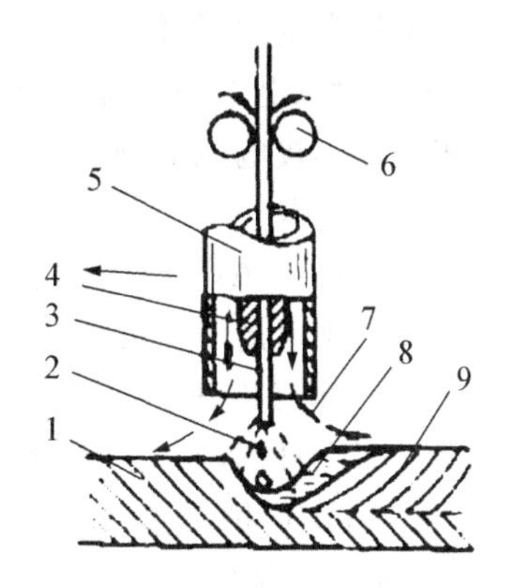

1-母材；2-电弧；3-焊丝；4-导电嘴；5-喷嘴；6-送丝轮；7-保护气体；8-熔池；9-焊缝金属

图 6-18　MIG 焊

MIG 焊通常采用的熔滴过渡型为滴状过渡、短路过渡和喷射过渡。滴状过渡使用的电流较小，熔滴直径比焊丝直径大，飞溅较大，焊接过程不稳定，因此在生产中很少采用。短路过渡电弧间隙小，电弧电压较低，电弧功率比较小，通常仅用于薄板焊接。生产中应用最广泛的是喷射过渡。对于一定的焊丝和保护气体，当电流增大到临界电流值时，熔滴过渡类形式即由滴状过渡转变为喷射过渡。不同材料和不同直径焊丝的临界电流参考值见表 6-11。

表 6-11　不同材料和不同直径焊丝的临界电流参考值

材　料	焊丝直径/mm	保护气体	最低临界电流/A
低碳钢	0.80 0.90 1.20 1.60	98%Ar+2%O_2	150 165 270 275
不锈钢	0.90 1.20 1.60	99%Ar+1%O_2	170 225 285
铝	0.80 1.20 1.60	Ar	95 135 180
脱氧钢	0.90 1.20 1.66	Ar	180 210 310
硅青铜	0.90 1.20 1.66	Ar	165 205 270
钛	0.80 1.60 2.40		120 225 320

采用射流过渡焊接时，焊缝易呈现深而窄的“指状”熔深，易产生两侧面熔透不良、气孔和裂纹等缺陷。对于铝及其合金的焊接通常采用射滴和短路相混合的过渡形式，也称亚射流过渡。其特点是弧长较短，电弧电压较低，电弧略带轻微爆破声，焊丝端部的熔滴长大到大约等于焊丝直径时沿电弧轴线方向一滴一滴过渡到熔池，间有瞬时短路发生铝合金亚射流过渡焊接时，电弧的固有自调节作用特别强，当弧长受外界干扰而发生变化时，焊丝的熔

化速度发生较大变化，促使弧长向消除干扰的方向变化，因而可以迅速恢复到原来的长度。此外，采用亚射流电弧焊接时，阴极雾化区大，熔池的保护效果好，焊缝成形好，焊接缺陷较少。在相同的焊接电流下，亚射流过渡与射流过渡相比，焊丝的熔化系数显著提高。

(2) 保护气体。

① Ar 和 He。Ar 和 He 均属惰性气体，焊接过程中不与液态和固态金属发生化学冶金反应。因此特别适用于活泼性金属的焊接(Al、Mg、Ti、合金钢等)。

在 Ar 中，电弧电压和能量密度较低，电弧燃烧稳定，飞溅较小，较适合焊接薄板金属、热导率低的金属。He 保护时的电弧温度和能量密度高，焊接效率较高。但我国的 He 价格昂贵，单独采用 He 保护，成本较高。

② Ar 和 He 混合气体。Ar 为主要气体，混入一定数量的 He 后即可获得兼有两者优点的混合气体。其优点是：电弧燃烧稳定、温度高，焊丝金属熔化速度快，熔滴易呈现较稳定的轴向射滴过渡，熔池金属的流动性得到改善，焊缝成形好，焊缝的致密性提高。这些优点对于焊接铝及其合金、铜及其合金等热敏感性强的高导热材料尤为重要。

对于铜及其合金，N_2 相当于惰性气体。N_2 是双原子气体，热导率比 Ar 高，弧柱的电场强度亦较高，因此电弧热功率和温度可大大提高。与 Ar+He 相比，N_2 价格便宜。

由于 H_2 是一种还原性气体，在一定条件下可使某些金属氧化物或氮化物还原，因而可与 Ar 混合来焊接镍及其合金，抑制和消除镍焊缝中的 CO 气孔。此外，H_2 的密度小(约为 $0.089kg/m^3$)，导热系数大，对电弧的冷却作用大。因此，电弧温度高、熔透性好，焊接速度可以提高。但 H_2 含量必须低于 6%，否则会导致 H_2 孔的产生。为了提高焊接效率，焊接不锈钢和银材料时，也可采用加入一定量 H_2 的 Ar+H_2 混合气体。

③ 双层气流保护。熔化极气体保护焊有时采用双层气流保护可以得到更好的效果。此时，喷嘴采用由两个同心的喷嘴组成，即内喷嘴与外喷嘴。气流分别从内、外喷嘴流出，如图 6-19 所示。

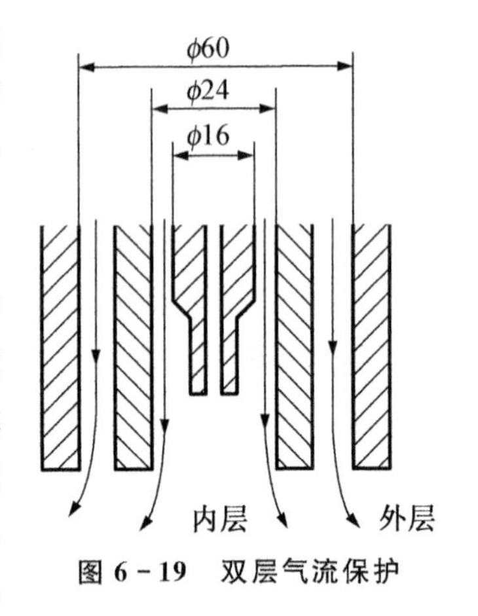

图 6-19　双层气流保护

采用双层气流保护的目的一般有两个：

a. 提高保护效果。MIG 焊时，由于电流密度较大，易产生较强的等离子流，容易将保护气层破坏而卷入空气，破坏保护效果。这在大电流熔化极惰性气体保护电弧焊时尤其严重。将保护气分内、外层流入保护区，则外层的保护气流可以较好地将外围空气与内层保护气隔开，防止空气卷入，提高保护效果。对于铝合金大电流焊可以收到显著的效果。此时，两层保护气可用同种气体，但流量不同，需要合理配置，一般内层气体流量与外层气体流量的比例为 1∶1～2∶1 时可以得到较好的效果。

b. 节省高价气体。MIG 焊焊接钢材时，为得到喷射过渡需要用富氩气体保护。但是，影响熔滴过渡形式的气体环境只是直接与电弧本身相接触的部分。因此，为了节省高价的 Ar，可以采用内层 Ar 保护电弧区，外层 CO_2 气体保护熔池。少量 CO_2 气体卷入内层 Ar 气体保护区，仍能保证富氩性能，保证稳定的喷射过渡特点。熔池在 CO_2 气体保护下凝固结晶，可以得到性能良好的焊接接头，采用富氩保护气时需要消耗 80%Ar 和 20%CO_2，而采用

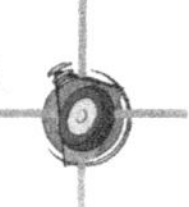

这种双层气流保护时，焊接效果相同，但气体消耗是 80% CO_2、20% Ar，故可以大幅度降低成本。

(3) 焊丝。MIG 焊使用的焊丝成分通常应和母材的成分相近，它应具有良好的焊接工艺性能，并能提供良好的接头性能。

MIG 焊使用的焊丝直径一般在 0.8～2.5mm。在焊丝加工过程中进入焊丝表面的拔丝剂、油或其他的杂质可能引起气孔、裂纹等缺陷。因此，焊丝使用前必须经过严格的化学或机械清理。另外，由于焊丝需要连续而流畅地通过焊枪送进焊接区，所以，焊丝一般是以适当尺寸的焊丝卷或焊丝盘的形式提供的。

(4) 工艺参数。影响焊缝成形和工艺性能的参数主要有焊接电流、电弧电压、焊接速度、焊丝伸出长度、焊丝的倾角、焊丝直径、焊接位置、极性等。此外，保护气体的种类和流量大小也会影响熔滴过渡、焊缝的形状和焊接质量。

① 焊接电流和电弧电压。通常根据工件的厚度选择焊丝直径，然后再确定焊接电流和熔滴过渡类型。焊接电流增加，焊缝熔深和余高增加，而熔宽则几乎保持不变；电弧电压增加，焊缝熔宽增加，而熔深和余高略有减小。若其他参数不变，在任何给定的焊丝直径下，增大焊接电流，焊丝熔化速度增加，因此就需要相应地增加送丝速度。同样的送丝速度，较粗的焊丝需要较大的焊接电流。焊丝的熔化速度是电流密度的函数。同样的电流值，焊丝直径越小，电流密度即越大，焊丝熔化速度就越高。不同材料的焊丝具有不同的熔化速度特性。焊丝直径一定时，焊接电流(即送丝速度)的选择与熔滴过渡类型有关。电流较小时，熔滴为滴状过渡(若电弧电压较低，则为短路过渡)；当电流达到临界电流值时，熔滴为喷射过渡。焊接电流一定时，电弧电压应与焊接电流相匹配，以避免气孔、飞溅和咬边等缺陷。

② 焊接速度。焊接速度是焊枪沿焊缝中心线方向的移动速度。其他条件不变时，熔深随焊速增加，并有一个最大值。当焊速再增大时，熔深和熔宽会减小。焊速减小时，单位长度上填充金属的熔敷量增加，熔池体积增大，由于这时电弧直接接触的只是液态熔池金属，固态母材金属的熔化是靠液态金属的导热作用实现的，故熔深减小，熔宽增加；焊接速度过高，单位长度上电弧传给母材的热量显著降低，母材的熔化速度减慢。焊接速度过高有可能产生咬边。

③ 焊丝伸出长度。焊丝的伸出长度越长，焊丝的电阻热越大，焊丝的熔化速度即越快。焊丝伸出长度一般为焊丝直径 10 倍左右。焊丝伸出长度过长会导致电弧电压下降，熔敷金属过多，焊缝成形不良，熔深减小，电弧不稳定；焊丝伸出长度过短，电弧易烧导电嘴，且金属飞溅易堵塞喷嘴。

④ 焊丝的倾角。焊丝向前倾斜焊接时，称为前倾焊法；向后倾斜时称为后倾焊法。当其他条件不变，焊丝由垂直位置变为后倾焊法时，熔深增加，而焊道变窄且余高增大，电弧稳定，飞溅小。倾角为 25°的后倾焊法常可获得最大熔深。一般倾角在 5°～15°，以便良好地控制焊接熔池。

⑤ 焊接位置。喷射过渡可适用于平焊、立焊、仰焊位置。平焊时，工件相对于水平面的斜度对焊缝成形、熔深和焊接速度有影响，若采用下坡焊(工件相对于水平面夹角小于或等于 15°)，焊缝余高减小，熔深减小，焊接速度可以提高，有利于焊接薄板金属；若采用上坡焊，重力使焊接金属后流，熔深和余高增加，而熔宽减小。

短路过渡焊接可用于薄板材料的平焊和全位置焊。

⑥ 气体流量。从喷嘴喷出的保护气体为层流时，有较大的有效保护范围和较好的保护作用。因此，为了得到层流的保护气流，加强保护效果，需采用结构设计合理的焊枪和合适的气体流量。气体流量过大或过小皆会造成紊流。由于MIG焊对熔池的保护要求较高，如果保护不良，焊缝表面便起皱纹，所以喷嘴孔径及气体流量均比钨极氩弧焊要相应增大。通常喷嘴孔径为20mm左右，气体流量为30～60L/min。

2. MIG焊安全操作技术

MIG焊除遵守焊条电弧焊、气体保护焊的有关规定外，还应注意以下几点：

(1) 焊机内的接触器、断电器的工作元件，焊枪夹头的夹紧力以及喷嘴的绝缘性能等，应定期检查。

(2) 电弧温度为6000～10000℃，电弧光辐射比手工电弧焊强，因此应加强防护。由于臭氧和紫外线作用强烈，宜穿着非棉布工作服(如耐酸呢、柞丝绸等)。

(3) 工作现场要有良好的通风装置，以排出有害气体及烟尘。

(4) 焊机使用前应检查供气、供水系统，不得在漏水、漏气的情况下运行。

(5) 高压气瓶应小心轻放，竖立固定，防止倾倒。气瓶与热源距离应大于3m。

(6) 大电流熔化极混合气体保护焊接时，应防止焊枪水冷系统漏水破坏绝缘并在焊把前加防护挡板，以免发生触电事故。

(7) 移动焊机时，应取出机内易损电子器件，单独搬运。

五、熔化极混合气体保护焊及其操作技术

熔化极混合气体保护焊采用可熔化的焊丝与被焊工件之间的电弧作为热源来熔化焊丝与母材金属，并向焊接区输送混合保护气体，使电弧、熔化的焊丝、熔池及附近的母材金属免受周围空气的有害作用。连续送进的焊丝金属不断熔化并过渡到熔池，与熔化的母材金属融合形成焊缝金属，从而使工件相互连接起来。由于熔化极混合气体保护焊对焊接区的保护简单、方便，焊接区便于观察，焊枪操作方便，生产效率高，易进行全位置焊，易实现机械化和自动化，因此在实际生产中日益广泛地被采用。目前，电弧焊领域的机械化、自动化发展方向主要是最大限度地采用熔化极混合气体保护焊和埋弧焊代替涂料焊条手弧焊。随着现代化生产的发展，熔化极混合气体保护焊在焊接生产中将占据越来越重要的地位。

熔化极混合气体保护焊设备可分为半自动焊和自动焊两种类型。焊接设备主要由焊接电源、送丝系统、焊枪及行走系统(自动焊)、供气系统和冷却水系统、控制系统5个部分组成。焊接电源提供焊接过程所需要的能量，维持焊接电弧的稳定燃烧。送丝机将焊丝从焊丝盘中拉出并将其送给焊枪，焊丝通过焊枪时，通过与铜导电嘴的接触而带电，导电嘴将电流由焊接电源输送给电弧。供气系统提供焊接时所需要的活性混合保护气体，将电弧、熔池保护起来；如采用水冷焊枪，则还配有冷却水系统。控制系统主要是控制和调整整个焊接程序：开始和停止输送保护气体和冷却水，启动和停止焊接电源接触器，以及按要求控制送丝速度和焊接小车行走方向、速度等。

1. 焊接电源

熔化极混合气体保护焊通常采用直流焊接电源，目前生产中使用较多的是弧焊整流器

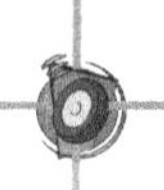

式直流电源。近年来，逆变式弧焊电源发展也较快。焊接电源的额定功率取决于各种用途所要求的电流范围。熔化极混合气体保护焊所要求的电流通常在 100～500A，电源的负载持续率(也称暂载率)在 60%～100%，空载电压在 55～85V。

(1) 焊接电源的外特性。熔化极混合气体保护焊的焊接电源按外特性类型可分为三种：平特性(恒压)、陡降特性(恒流)和缓降特性。

当焊丝直径小于ϕ 1.6mm 时，在生产中广泛采用平特性电源。这是因为平特性电源配合等速送丝系统具有许多优点，可通过改变电源空载电压调节电弧电压，通过改变送丝速度来调节焊接电流，故焊接参数调节比较方便。使用这种外特性电源，当弧长变化时可以有较强的自调节作用，同时短路电流较大，引弧比较容易。实际使用的平特性电源其外特性并不都是真正平直的，而是带有一定的下倾，其下倾率一般不大于 5V/100A，但仍具有上述优点。

当焊丝直径较粗(大于ϕ 2mm)时，生产中一般采用下降特性电源，配用变速送丝系统。由于焊丝直径较粗，电弧的自身调节作用较弱，弧长变化后恢复速度较慢，单靠电弧的自身调节作用难以保证稳定的焊接过程。因此也像一般埋弧焊那样需要外加弧压反馈电路，将弧压(弧长)的变化及时反馈到送丝控制电路，调节送丝速度，使弧长能及时恢复。

(2) 电源输出参数的调节。熔化极混合气体保护焊电源的主要技术参数有输入电压(相数、频率、电压)、额定焊接电流范围、额定负载持续率(%)、空载电压、负载电压范围、电源外特性曲线类型(平特性、缓降外特性、陡降外特性)等。通常要根据焊接工艺的需要确定对焊接电源技术参数的要求，然后选用能满足要求的焊接电源。

① 电弧电压。电弧电压是指焊丝端头和工件之间的电压降，不是电源电压表指示的电压(电源输出端的电压)。电弧电压的预调节是通过调节电源的空载电压或电源外特性斜率来实现的。平特性电源主要通过调节空载电压来实现电弧电压调节。缓降或陡降特性电源主要通过调节外特性斜率来实现电弧电压调节。

② 焊接电流。平特性电源的电流的大小主要通过调节送丝速度来实现，有时也适当调节空载电压来进行电流的少量调节。对于缓降或陡降特性电源则主要通过调节电源外特性斜率来实现。

2. 送丝系统

送丝系统通常是由送丝机(包括电动机、减速器、校直轮、送丝轮)、送丝软管、焊丝盘等组成。盘绕在焊丝盘上的焊丝经过校直轮和送丝轮送往焊枪。根据送丝方式的不同，送丝系统可分为 4 种类型：

(1) 推丝式。推丝式是焊丝被送丝轮推送经过软管而达到焊枪，是半自动熔化极混合气体保护焊的主要送丝方式。这种送丝方式的焊枪结构简单、轻便，操作维修都比较方便，但焊丝送进的阻力较大。随着软管的加长，送丝稳定性变差，一般送丝软管长为 3.5～4m。

(2) 拉丝式。拉丝式可分为 3 种形式。一种是将焊丝盘和焊枪分开，两者通过送丝软管连接。另一种是将焊丝盘直接安装在焊枪上。这两种都适用于细丝半自动焊，但前一种操作比较方便。还有一种是不但焊丝盘与焊枪分开，而且送丝电动机也与焊枪分开，这种送丝方式可用于自动熔化极混合气体保护焊。

(3) 推拉丝式。这种送丝方式的送丝软管最长可以加长到 15m 左右，扩大了半自动焊的操作距离。焊丝前进时既靠后面的推力，又靠前面的拉力，利用两个力的合力来克服焊丝在软管中的阻力。推拉丝两个动力在调试过程中要有一定配合，尽量做到同步，但以拉为主。焊丝送进过程中，要始终保持焊丝在软管中处于拉直状态。这种送丝方式常被用于半自动熔化极混合气体保护焊。

(4) 行星式(线式)。行星式送丝系统是根据“轴向固定的旋转螺母能轴向送进螺杆”的原理设计而成的。3 个互为 120°的滚轮交叉地安装在一块底座上，组成一个驱动盘。驱动盘相当于螺母，通过三个滚轮中间的焊丝相当于螺杆，3 个滚轮与焊丝之间有一个预先调定的螺旋角。当电动机的主轴带动驱动盘旋转时，3 个滚轮即向焊丝施加一个轴向的推力，将焊丝往前推送。送丝过程中，3 个滚轮一方面围绕焊丝公转，另一方面又绕着自己的轴自转。调节电动机的转速即可调节焊丝送进速度。这种送丝机构可一级一级串联起来而成为所谓的线式送丝系统，使送丝距离更长(可达 60m)。若采用一级传送，可传送 7～8m。这种线式送丝方式适合于输送小直径焊丝(φ0.8～φ1.2mm)和钢焊丝，以及长距离送丝。

3. 焊枪

熔化极混合气体保护焊的焊枪分为半自动焊焊枪(手握式)和自动焊焊枪(安装在机械装置上)。在焊枪内部装有导电嘴(紫铜或铬铜等)。焊枪还有一个向焊接区输送保护气体的通道和喷嘴。喷嘴和导电嘴根据需要都可方便地更换。此外，焊接电流通过导电嘴等部件时产生的电阻热和电弧辐射热一起会使焊枪发热，故需要采取一定的措施冷却焊枪。冷却方式有：空气冷却，内部循环水冷却，或两种方式相结合。对于空气冷却焊枪，在混合气体保护焊时，断续负载下一般可使用高达 600A 的电流。但是，在使用 Ar 或 He 保护焊时，通常只限于 200A 电流。半自动焊焊枪通常有两种形式：鹅颈式和手枪式。鹅颈式焊枪适合于小直径焊丝，使用灵活方便，特别适合于紧凑部位、难以达到的拐角处和某些受限制区域的焊接。手枪式焊枪适合于较大直径焊丝，它对于冷却效果要求较高，因而常采用内部循环水冷却。半自动焊焊枪可与送丝机构装在一起，也可分离。

自动焊焊枪的基本构造与半自动焊焊枪相同，但其载流容量较大，工作时间较长，有时要采用内部循环水冷却。焊枪直接装在焊接机头的下部，焊丝通过送丝轮和导丝管送进焊枪。

4. 供气系统和冷却水系统

供气系统通常与钨极氩弧焊相似，对于熔化极混合气体保护焊还需要安装气体混合装置，先将气体混合均匀，然后再送入焊枪。

水冷式焊枪的冷却水系统由水箱、水泵和冷却水管及水压开关组成。水箱里的冷却水经水泵流经冷却水管，经水压开关后流入焊枪，然后经冷却水管再回流入水箱，形成冷却水循环。水压开关的作用是保证当冷却水未流经焊枪时，焊接系统不能启动焊接，以保护焊枪避免由于未经冷却而烧坏。

5. 控制系统

控制系统由焊接参数控制系统和焊接过程程序控制系统组成。焊接参数控制系统主要由焊接电源输出调节系统、送丝速度调节系统、小车(或工作台)行走速度调节系统(自动焊)和气流量调节系统组成。它们的作用是在焊前或焊接过程中调节焊接电流或电压、送丝速

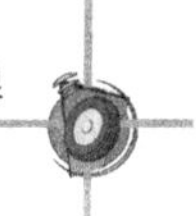

度、焊接速度和气流量的大小。焊接设备程序控制系统的主要作用是：

(1) 控制焊接设备的启动和停止。

(2) 控制电磁气阀动作，实现提前送气和滞后停气，使焊接区受到良好保护。

(3) 控制水压开关动作，保证焊枪受到良好的冷却。

(4) 控制引弧和熄弧：熔化极混合气体保护焊的引弧方式一般有3种：爆断引弧（焊丝接触工件，通电使焊丝与工件接触处熔化，焊丝爆断后引燃电弧），慢送丝引弧（焊丝缓慢送向工件直到电弧引燃，然后提高送丝速度）和回抽引弧（焊丝接触工件，通电后回抽焊丝引燃电弧）。熄弧方式有两种：电流衰减（送丝速度也相应衰减，填满弧坑，防止焊丝与工件粘连）和焊丝返烧（先停止送丝，经过一定时间后切断焊接电源）。

(5) 控制送丝和小车（或工作台）移动（自动焊时）。程序控制是自动的。半自动焊焊接启动开关装在手把上。当焊接启动开关闭合后，整个焊接过程按照设定的程序自动进行。程序控制的控制器由延时控制器、引弧控制器、熄弧控制器等组成。

程序控制系统将焊接电源、送丝系统、焊枪和行走系统、供气和冷却水系统有机地组合在一起，构成一个完整的、自动控制的焊接设备系统。除程控系统外，高档焊接设备还有参数自动调节系统，其作用是当焊接工艺参数受到外界干扰而发生变化时可自动调节，以保持有关焊接参数的恒定，维持正常稳定的焊接过程。

6. 熔化极混合气体保护焊操作技术

(1) 混合气体特性。熔化极混合气体保护焊是采用在惰性气体中加入一定量的活性气体，如 $Ar+CO_2$、$Ar+O_2$、$Ar+O_2+CO_2$ 等作为保护气体的一种熔化极气体保护电弧焊方法。熔化极混合气体保护焊可采用短路过渡、喷射过渡和脉冲喷射过渡进行焊接，且能获得稳定的焊接工艺性能和良好的焊接接头，适用于平焊、立焊、横焊和仰焊以及全位置焊等，尤其适用于碳钢、合金钢和不锈钢等黑色金属材料的焊接。

采用混合气体作为保护气体可具有下列特性：

① 提高熔滴过渡的稳定性。

② 稳定阴极斑点，提高电弧燃烧的稳定性。

③ 改善焊缝熔深形状及外观成形。

④ 增大电弧的热功率。

⑤ 控制焊缝的冶金质量，减少焊接缺陷。

⑥ 降低焊接成本。

对于某一种成分的混合气体，并不一定具有上述全部特性，但在某些情况下可以兼有其中的若干特性。例如：采用氩气加少量的二氧化碳气体或氧气，直流反接焊接钢材时，氧化性气体虽然能使熔池表面产生轻微氧化作用，产生少量熔渣层，但与纯氩保护气相比，可稳定阴极斑点，改善电子发射能力和减小电弧漂移，降低熔滴和熔池金属的表面张力，容易获得喷射过渡，改善焊缝成形。

(2) 常用混合气体及其适用的焊接材料。熔化极混合气体保护焊的混合气体是将2种或2种以上的气体经供气系统均匀混合后，以一定的流量通过焊枪送入焊接区。混合气体可以是2种气体，也可以是3种或4种气体，但通常为2种气体。

① $Ar+CO_2$。这种混合气体被用来焊接低碳钢与低合金钢，常用的混合比为 $Ar\geqslant$

70%～80%，CO_2≤20%～30%（若 CO_2 含量大于 25%，熔滴过渡失去氩弧的特征而呈现 CO_2 电弧的特征）。例如：Ar 中加入 20%CO_2 所形成的混合气体，既具有氩弧的特点（电弧燃烧稳定、飞溅小、容易获得轴向喷射过渡等），又具有氧化性，克服了氩气焊接时表面张力大、液体金属粘稠、斑点易飘移等问题，同时对焊缝蘑菇形熔深有所改善。这种混合气体可用于喷射过渡电弧、短路过渡电弧和脉冲过渡电弧。

② Ar+O_2。Ar 中加入 O_2 所形成的混合气体的常用混合比为：Ar≥95%～99%，O_2≤1%～5%。可用于碳钢、不锈钢等高合金钢和高强钢的焊接。可以克服纯氩气保护焊接不锈钢时存在的液体金属粘度大、表面张力大、易产生气孔、焊缝金属润湿性差、易引起咬边、阴极斑点飘移而产生电弧不稳等问题。采用 Ar+O_2 为 80%+20%的混合气体焊接低碳钢和低合金钢，焊接接头的性能比采用 Ar+CO_2 为 80%+20%的混合气体焊接时要好。

③ Ar+CO_2+O_2。采用 Ar+CO_2+O_2 混合气体作为保护气体焊接低碳钢、低合金钢比采用上述两种混合气体作为保护气体焊接的焊缝成形、接头质量、金属熔滴过渡和电弧稳定性好。

（3）熔化极混合气体保护焊的安全操作技术。熔化极混合气体保护焊安全操作技术同惰性气体保护焊。

六、CO_2 气体保护电弧焊和药芯焊丝气体保护电弧焊及其操作技术

1. CO_2 气体保护电弧焊特点

CO_2 气体保护电弧焊具有成本低、抗氢气孔能力强、适合薄板焊接、易进行全位置焊接等优点，广泛应用于低碳钢和低合金钢等黑色金属材料的焊接。

CO_2 气体保护电弧焊的熔滴过渡形式主要有滴状过渡和短路过渡两种。由于滴状过渡焊接飞溅大、工艺过程不稳定，因此生产中较少采用。短路过渡焊接过程的特点是弧长较短，焊丝端部的熔滴长大到一定程度时与熔池接触发生短路，此时电弧熄灭，形成焊丝与熔池之间的液体金属过桥，焊丝熔化金属在重力、表面张力和电磁收缩力等力的作用下过渡到熔池，之后电弧重新引燃，再重复上述过程。如果焊接参数选择得当，短路过渡电弧的燃烧、熄灭和熔滴过渡过程均较稳定，在要求线能量较小的薄板焊接生产中广为采用，通常提到的 CO_2 气体保护电弧焊指的都是短路过渡 CO_2 气体保护电弧焊。

CO_2 气体保护电弧焊的主要缺点是焊接过程中产生金属飞溅。飞溅不但会降低焊丝的熔敷系数，增加焊接成本，而且飞溅金属会粘着导电嘴端面和喷嘴内壁，引起送丝不畅，使电弧燃烧不稳定，降低气体保护作用，并使劳动条件恶化。必要时需停止焊接，进行喷嘴清理工作。这对于自动化焊接是不利的。短路过渡焊接时飞溅的原因有多种：熔滴短路时的电爆炸、熔滴金属内部的气体热膨胀及短路后电弧重新引燃时的动力冲击等。

采用短路过渡 CO_2 气体保护电弧焊时，由于焊丝细，电压低，电流小且短路与燃弧过程交替出现，母材熔深主要决定于燃弧期电弧的能量，调节燃弧时间便可控制母材熔深，因此，可以实现薄板或全位置焊接。

2. CO_2 气体和焊丝

（1）CO_2 气体。在 0℃和一个大气压下的 CO_2 气体密度是 1.9768g/L，为空气的 1.5 倍，所以焊接过程中能有效地将空气排开，保护焊接区。室温下 CO_2 为气态，且很稳定。但在高

温下(4727℃左右)几乎全部分解。焊接采用的CO_2气体常为装入钢瓶中的液态CO_2。钢瓶中的液态和气态CO_2约分别占钢瓶容积的80%和20%,气瓶压力表指示的压力值,是这部分气体的饱和压力。

CO_2气体来源广(可以是专业生产的CO_2气体,也可以是某些产品的副产品),价格低。但CO_2气体纯度应满足焊接的要求,即CO_2气体成分比例>99%,O_2气体成分比例<0.1%,H_2O成分比例<0.1%。焊缝质量要求越高,对CO_2气体的纯度要求也越高。通常,为减少CO_2气体中的水分,可将气瓶倒置一段时间,然后正放,拧开气阀将上部水分较多的气体放掉。此外,在焊接气路系统中可串联一个干燥器或预热器。

有时也在CO_2气体中加入20%～25%O_2来焊接钢材,以获得较大的熔深和提高焊接速度。

(2)焊丝。CO_2气体保护电弧焊的焊丝设计、制造和使用原则除与一般的熔化极气体保护电弧焊焊丝有相同之处外,还对焊丝的化学成分有特殊要求,如:

① 焊丝必须有足够数量的脱氧元素。

② 焊丝的C含量要低,一般要求C含量<0.11%。

③ 应保证焊缝金属具有满意的力学性能和抗裂性能。

例如在焊接材料中常加入脱氧元素,但脱氧后的生成物不应造成不良后果,如气孔、夹渣等。另外,通常还在焊丝表面镀铜以防焊丝锈蚀。表6-12为常见国产CO_2焊丝牌号和使用范围。

表6-12　常见国产CO_2焊丝牌号和使用范围

焊丝牌号	用　途
10MnSi,H08MnSi,H08MnSiA,H08Mn2SiA	焊接低碳钢、低合金钢
H04Mn2SiTiA,H04MnSiAlTiA,H10MnSiMo	焊接低合金高强度钢
H08Cr3Mn2MoA	焊接贝氏体钢
H18CrMnSiA	焊接高强度钢
H1Cr18Ni9,H1Cr18Ni9Ti	焊接1Cr18Ni9Ti薄板

3. CO_2气体保护电弧焊工艺参数

CO_2气体保护电弧焊的工艺参数与熔化极惰性气体保护电弧焊的基本相同。只是短路过渡焊接时,焊接回路中还有短路电流峰值和短路电流上升速度两个动态参数。这两个参数可通过调节附加的电感来实现。自由过渡焊接时,电感已不起作用,可将其取消。

(1)焊接电流和电弧电压。短路过渡焊接时,焊接电流和电弧电压总是处于周期性的变化。电流表和电压表上的数值是焊接电流和电弧电压的有效值,而不是瞬时值。一定的焊丝直径具有一定的电流调节范围。

电弧电压的大小决定电弧弧长和熔滴过渡形式,它对焊缝成形、飞溅、焊接缺陷以及焊缝的力学性能有很大影响。实现短路过渡的条件之一是保持较短的电弧长度,确定电弧电压的数值应考虑与焊接电流的匹配关系。

采用短路过渡焊接时，在一定的焊丝直径及焊接电流下，电弧电压若过低，金属过桥不易断开，易发生固态焊丝插入熔池；电弧电压过高，则由短路过渡变成上挠排斥过渡，飞溅大；两者均使焊接过程不稳定。只有电弧电压与焊接电流匹配得比较合适时(电压在18～24V，电流在80～180A)，才能获得稳定的短路过渡过程。

(2) 短路电流上升速度和峰值短路电流。短路电流上升速度是短路时电流随时间的变化率，峰值短路电流是短路时达到的最大电流。对于一定的焊丝直径，短路电流上升速度过快，峰值短路电流就会过大以致产生较多的金属飞溅；短路电流上升速度过慢，峰值短路电流会过小，液体金属过桥难以形成，且不易断开，同时会产生大颗粒的金属飞溅，甚至造成焊丝固体短路，大段爆断而中断焊接过程。短路电流上升速度和峰值短路电流可通过调节电感的大小来实现。电感越大，短路电流上升速度和峰值短路电流即越小；电感越小，短路电流上升速度和峰值短路电流即越大。峰值短路电流一般为焊接电流的2～3倍。

(3) 焊丝直径和焊丝伸出长度。短路过渡焊接主要采用细焊丝，特别是直径在0.8～1.2mm内的焊丝。实际应用中，焊丝直径最大用到ϕ1.6mm。随着焊丝直径增大，飞溅颗粒和数量都相应增大。

由于短路过渡电弧焊接所用的焊丝都比较细，因此在焊丝伸出长度上产生的电阻热便成为不可忽视的因素。焊丝伸出长度过大，焊丝容易发生过热而成段熔断，喷嘴至工件距离增大，保护效果变差，飞溅严重，焊接过程不稳定；焊丝伸出长度过小，喷嘴至工件距离减小，飞溅金属容易堵塞喷嘴。一般焊丝伸出长度在10倍焊丝直径左右。

(4) 气体流量。细丝小电流短路过渡电弧焊接时气体流量通常为5～15L/min。若焊接电流较大，焊接速度较快，焊丝伸出长度较大，或在室外作业等情况下，气体流量应加大，以使保护气体有足够的挺度，加强保护效果。但气体流量不宜过大，以免将外界空气卷入焊接区，降低保护效果。

4. 药芯焊丝气体保护电弧焊的特点

药芯焊丝气体保护电弧焊的基本工作原理与普通熔化极气体保护焊一样，是以可熔化的药芯焊丝作为一个电极(通常接正极，即直流反接)，母材作为另一极。通常采用纯CO_2或CO_2＋Ar气体作为保护气体。与普通熔化极气体保护焊的主要区别在于焊丝内部装有焊剂混合物。焊接时，在电弧热作用下熔化状态的焊剂材料、焊丝金属、母材金属和保护气体相互之间发生冶金作用，同时形成一层较薄的液态熔渣包覆熔滴并覆盖熔池，对熔化金属形成了又一层的保护。实质上这种焊接方法是一种气渣联合保护的方法，如图6-20所示。

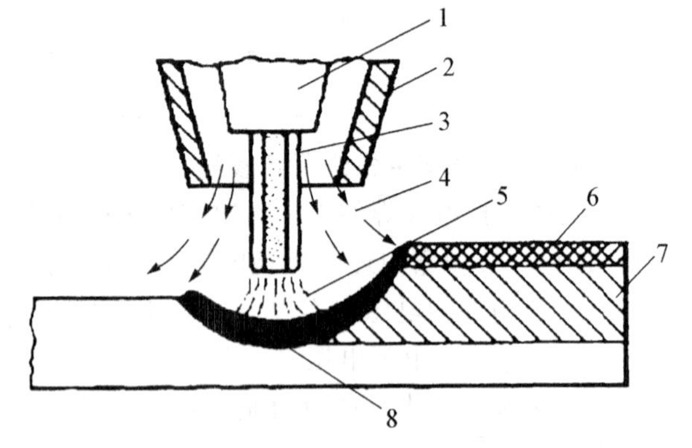

1-导电嘴；2-喷嘴；3-药芯焊丝；4-CO_2气体；5-电弧；6-熔渣；7-焊缝；8-熔池

图6-20　药芯焊丝气体保护焊

药芯焊丝气体保护电弧焊综合了

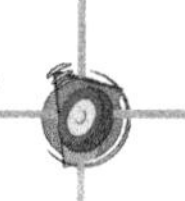

手工电弧焊和普通 MIG 焊的优点，但也有一些缺点存在，具体如下：

（1）优点：

① 采用气渣联合保护，焊缝成形美观，电弧稳定性好，飞溅少且颗粒细小。

② 焊丝熔敷速度快，熔敷效率（85%～90%）和生产率都较高（生产率比手工焊高3～5倍）。

③ 焊接各种钢材的适应性强，通过调整焊剂的成分与比例可提供所要求的焊缝金属化学成分。

（2）缺点：

① 焊丝制造过程复杂。

② 送丝较实心焊丝困难，需要采用降低送丝压力的送丝机构等。

③ 焊丝外表容易锈蚀，粉剂易吸潮，因此，需要对焊丝的保存严加管理。

药芯焊丝气体保护电弧焊既可用于半自动焊，又可用于自动焊，但通常用于半自动焊。采用不同的焊丝和保护气体相配合可以进行平焊、仰焊和全位置焊。与普通 MIG 焊相比，可采用较短的焊丝伸出长度和较大的焊接电流。与手工电弧焊相比，焊接角焊缝时可得到焊角尺寸较大的焊缝，这种焊接方法通常用于焊接碳钢、低合金钢、不锈钢和铸铁。由于上述特点，这种方法是焊接钢材时代替普通手弧焊实现自动化和半自动化焊接最有前途的焊接方法。

药芯焊丝外皮是由低碳钢或低合金钢钢皮制成的。焊丝的制作过程是将钢皮（通常为08A）首先轧制成 U 形断面，然后将计量和配制好的材料填入已形成的 U 形钢带中，用压实辊将已填充药粉材料的 U 形钢带压成具有不同断面结构的圆形周边毛坯，并将焊剂材料压实，最后通过拉丝模拉拔，使焊丝成为符合尺寸要求的药芯焊丝。

药芯焊丝气体保护电弧焊通常采用纯 CO_2 气体或 75%Ar+25%CO_2 气体作为保护气体。若焊丝是按照某一类保护气体设计的，在使用中应采用相应的保护气体，否则焊缝中的合金元素含量会发生变化。

5. CO_2 气体保护电弧焊和药芯焊丝气体保护电弧焊的安全操作技术

CO_2 气体保护电弧焊和药芯焊丝气体保护电弧焊除遵守焊条电弧焊、气体保护电弧焊的有关规定外，还应注意以下几点：

（1）CO_2 气体保护电弧焊时，电弧温度为 6000～10000℃，电弧光辐射比手工电弧焊强，因此应加强防护。

（2）CO_2 气体保护电弧焊时，飞溅较多，尤其是粗丝焊接（直径大于 1.6mm），更易产生大颗粒飞溅，焊工应有完善的防护用具，防止人体灼伤。

（3）CO_2 气体在焊接电弧高温下会分解生成对人体有害的一氧化碳气体，焊接时还排出其他有害气体和烟尘，特别是在容器内施焊，更应加强通风，而且要使用能供给新鲜空气的特殊面罩，容器外应有人监护。

（4）CO_2 气体预热器所使用的电压不得高于 36V，外壳接地可靠。工作结束时，立即切断电源和气源。

（5）装有液态 CO_2 的气瓶，满瓶压力为 0.5～0.7MPa，但当受到外加的热源时，液体便能迅速地蒸发为气体，使瓶内压力升高，受到的热量越大时，压力的增高越大。这样就有造

成爆炸的危险。因此，装有 CO_2 的钢瓶不能接近热源。同时采取防高温等安全措施，避免气瓶爆炸事故发生。因此，CO_2 气瓶必须遵守《气瓶安全监察规程》的规定。

（6）大电流粗丝 CO_2 气体保护焊接时，应防止焊枪水冷系统漏水破坏绝缘并在焊把前加防护挡板，以免发生触电事故。

任务四 埋弧焊

一、埋弧焊的工作原理及特点

埋弧焊也是利用电弧作为热源的焊接方法。埋弧焊时电弧是在一层颗粒状的可熔化焊剂覆盖下燃烧，电弧不外露，埋弧焊由此得名。所用的金属电极是不间断送进的光焊丝。

1. 工作原理

图 6－21 是埋弧焊焊缝形成过程示意图。焊接电弧在焊丝与工件之间燃烧，电弧热将焊丝端部及电弧附近的母材和焊剂熔化。熔化的金属形成熔池，熔融的焊剂成为溶渣。熔池受熔渣和焊剂蒸气的保护，不与空气接触。电弧向前移动时，电弧力将熔池中的液体金属推向熔池后方。在随后的冷却过程中，这部分液体金属凝固成焊缝。熔渣则凝固成渣壳，覆盖于焊缝表面。熔渣除了对熔池和焊缝金属起机械保护作用外，焊接过程中还与熔化金属发生冶金反应，从而影响焊缝金属的化学成分。

埋弧焊时，被焊工件与焊丝分别接在焊接电源的两极。焊丝通过与导电嘴的滑动接触与电源连接。焊接回路包括焊接电源、连接电缆、导电嘴、焊丝、电弧、熔池、工件等环节，焊丝端部在电弧热作用下不断熔化，因而焊丝应连续不断地送进，以保持焊接过程的稳定进行。焊丝的送进速度应与焊丝的熔化速度相平衡。焊丝一般由电动机驱动的送丝滚轮送进。随应用的不同，焊丝数目可以有单丝、双丝或多丝。有的应用中采用药芯焊丝代替实心焊丝，或是用钢带代替焊丝。

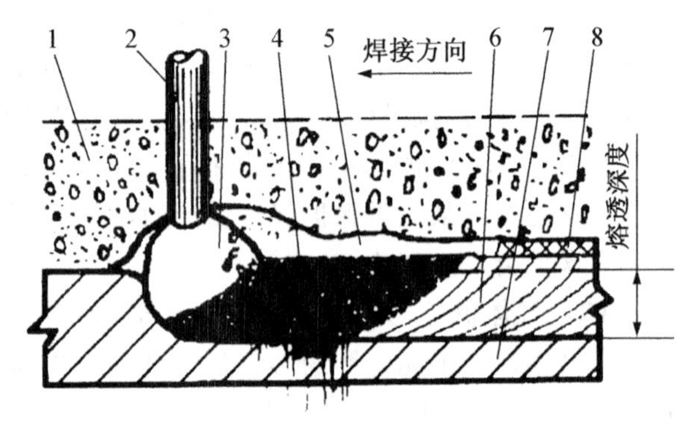

1－焊剂；2－焊丝(电极)；3－电弧；4－熔池；
5－熔渣；6－焊缝；7－母材；8－渣壳

图 6－21 埋弧焊焊缝形成过程示意图

埋弧焊有自动埋弧焊和半自动埋弧焊两种方式。前者的焊丝送进和电弧移动都由专门的机头自动完成；后者的焊丝送进由机械完成，电弧移动则由人工进行。焊接时，焊剂由漏斗铺撒在电弧的前方。焊接后，未被熔化的焊剂可用焊剂回收装置自动回收，或由人工清理回收。

2. 埋弧焊的优点和缺点

（1）埋弧焊的主要优点：

① 所用的焊接电流大，相应的输入功率较大，加上焊剂和熔渣的隔热作用，热效率较

高，熔深大。工件的坡口较小，减少了填充金属量。单丝埋弧焊在工件不开坡口的情况下，一次可熔透20mm。

② 焊接速度快，以厚度8～10mm的钢板对接埋弧自动焊为例，单丝埋弧自动焊的速度可达50～80cm/min，手工电弧焊则在10～13cm/min。

③ 焊剂的存在不仅能隔开熔化金属与空气的接触，而且使熔池金属较慢凝固。液体金属与熔化的焊剂间有较多时间进行冶金反应，减少了焊缝中产生气孔、裂纹等缺陷的可能性。焊剂还可以向焊缝金属补充一些合金元素，提高焊缝金属的力学性能。

④ 在有风的环境中焊接时，埋弧焊的保护效果比其他电弧焊方法好。

⑤ 自动焊接时，焊接参数可通过自动调节保持稳定。与手工电弧焊相比，焊接质量对焊工技艺水平的依赖程度可大大降低。

⑥ 没有电弧光辐射，劳动条件较好。

(2) 埋弧焊的主要缺点：

① 由于采用颗粒状焊剂，这种焊接方法一般只适用于平焊位置。其他位置焊接需采用特殊措施以保证焊剂能覆盖焊接区。

② 不能直接观察电弧与坡口的相对位置，如果没有采用焊缝自动跟踪装置，则容易焊偏。

③ 埋弧焊电弧的电场强度较大，电流小于100A时电弧不稳，因而不适于焊接厚度小于1mm的薄板。

3. 埋弧焊的适用范围

由于埋弧焊熔深大，生产率高，机械化操作的程度高，因而适于焊接中厚板结构的长焊缝。在造船、锅炉与压力容器、桥梁、起重机械、铁路车辆、工程机械、重型机械和冶金机械、核电站结构、海洋结构等制造部门有着广泛的应用，是当今焊接生产中最普遍使用的焊接方法之一。

埋弧焊除了用于金属结构中构件的连接外，还可在基体金属表面堆焊耐磨或耐腐蚀的合金层。

随着焊接冶金技术与焊接材料生产技术的发展，埋弧焊能焊的材料已从碳素结构钢发展到低合金结构钢、不锈钢、耐热钢等以及某些有色金属，如镍基合金、钛合金、铜合金等。

二、埋弧焊设备的结构和原理

1. 埋弧焊电源

一般埋弧焊多采用粗焊丝，电弧具有水平的静特性曲线。按照前述电弧稳定燃烧的要求，电源应具有下降的外特性。在用细焊丝焊薄板时，电弧具有上升的静特性曲线，宜采用平特性电源。

埋弧焊电源可以用交流(弧焊变压器)、直流(弧焊发电机或弧焊整流器)或交直流并用。要根据具体的应用条件，如焊接电流范围、单丝焊或多丝焊、焊接速度、焊剂类型等选用。

一般直流电源用于小电流范围的快速引弧、短焊缝以及高速焊接，所采用焊剂的稳弧性较差及对焊接工艺参数稳定性有较高要求的场合。采用直流电源时，不同的极性将产生不同的工艺效果。当采用直流正接(焊丝接负极)时，焊丝的熔敷率最高；采用直流反接(焊丝接正极)时,焊缝熔深最大。

采用交流电源时,焊丝熔敷率及焊缝熔深介于直流正接和反接之间,而且电弧的磁偏吹最小。因而交流电源多用于大电流埋弧焊和采用直流时磁偏吹严重的场合。一般要求交流电源的空载电压在 65V 以上。

为了加大熔深并提高生产率,多丝埋弧自动焊得到越来越多的工业应用。目前应用较多的是双丝焊和三丝焊。多丝焊的电源可用直流或交流,也可以交、直流并用。双丝埋弧焊和三丝埋弧焊时焊接电源的选用及连接有多种组合。

2. 埋弧焊机

埋弧焊机分为自动焊机和半自动焊机两大类。

(1) 半自动埋弧焊机。其主要功能是:可将焊丝通过软管连续不断地送入电弧区;传输焊接电流;控制焊接启动和停止;向焊接区铺施焊剂。

因此它主要由送丝机构、控制箱、带软管的焊接手把及焊接电源组成。软管式半自动埋弧焊机兼有自动埋弧焊的优点及手工电弧焊的机动性。在难以实现自动焊的工件上(如中心线不规则的焊缝、短焊缝、施焊空间狭小的工件等),可用这种焊机进行焊接。

(2) 自动埋弧焊机如图 6-22 所示。

自动埋弧焊机的主要功能:

① 连续不断地向焊接区送进焊丝;

② 传输焊接电流;

③ 使电弧沿接缝移动;

④ 控制电弧的主要参数;

⑤ 控制焊接的启动与停止;

⑥ 向焊接区铺施焊剂;

⑦ 焊接前调节焊丝端位置。

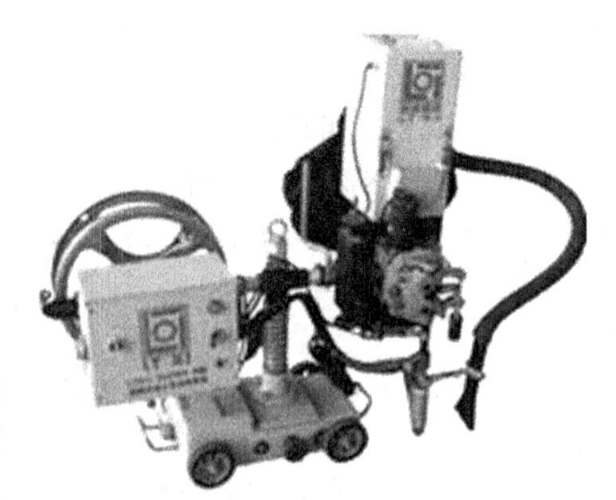

图 6-22　自动埋弧焊机

常用的自动埋弧焊机有等速送丝和变速送丝两种。它们一般都由机头、控制箱、导轨(或支架)以及焊接电源组成。等速送丝自动埋弧焊机采用电弧自身调节系统;变速送丝自动埋弧焊机采用电弧电压自动调节系统。

自动埋弧焊机按照工作需要做成不同的形式,常见的有焊车式、悬挂式、机床式、悬臂式、门架式等。使用最普遍的是 MZ-1000 焊机,该焊机为焊车式。MZ-1000 焊机采用电弧电压自动调节(变速送丝)系统,送丝速度正比于电弧电压。

3. 埋弧焊辅助设备

埋弧焊时,为了调整焊接机头与工件的相对位置,使接缝处于最佳的施焊位置或为了达到预期的工艺目的,一般都需要有相应的辅助设备与焊机相配合。埋弧焊的辅助设备大致有以下几种:

(1) 焊接夹具。使用焊接夹具的目的在于使工件准确定位并夹紧,以便于焊接。这样可以减少或免除定位焊缝并且可以减少焊接变形。有时为了达到其他工艺目的,焊接夹具往往与其他辅助设备联用,如单面焊双面成形装置等。

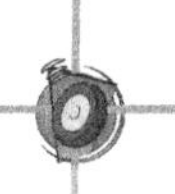

(2) 工件变位设备。这种设备的主要功能是使工件旋转、倾斜、翻转以便把待焊的接缝置于最佳的焊接位置,达到提高生产率、改善焊接质量、减轻劳动强度的目的。工件变位设备的形式、结构及尺寸因焊接工件而异。埋弧焊中常用的工件变位设备有滚轮架、翻转机等。

(3) 焊机变位设备。这种设备的主要功能是将焊接机头准确地送到待焊位置,焊接时可在该位置操作;或是以一定速度沿规定的轨迹移动焊接机头进行焊接。这种设备也叫做焊接操作机。它们大多与工件变位机、焊接滚轮架等配合使用,完成各种工件的焊接。基本形式有平台式、悬臂式、伸缩式、龙门式等几种。

(4) 焊缝成形设备。埋弧焊的电弧功率较大,钢板对接时为防止熔化金属的流失和烧穿并促使焊缝背面成形,往往需要在焊缝背面加衬垫。最常用的焊缝成形设备除前面已提到的铜垫板外,还有焊剂垫。焊剂垫有用于纵缝的和用于环缝的两种基本形式。

(5) 焊剂回收输送设备。用来在焊接中自动回收并输送焊剂,以提高焊接自动化的程度。采用压缩空气的吸压式焊剂回收输送器可以安装在小车上使用。

三、埋弧焊的焊接材料

埋弧焊时焊丝与焊剂直接参与焊接过程中的冶金反应,因而它们的化学成分和物理特性都会影响焊接的工艺过程,并通过焊接过程对焊缝金属的化学成分、组织和性能产生影响。正确地选择焊丝并与焊剂配合使用是埋弧焊技术的一项重要内容。

1. 焊丝

埋弧焊所用焊丝有实芯焊丝和药芯焊丝两类。目前在生产中普遍使用的是实芯焊丝。

焊丝的品种随所焊金属种类的增加而增加。目前已有碳素结构钢、合金结构钢、高合金钢和各种有色金属焊丝以及堆焊用的特殊合金焊丝。

焊丝直径的选择依用途而定。半自动埋弧焊用的焊丝较细,一般直径为1.6mm、2mm、2.4mm,以便能顺利地通过软管,并且使焊工在操作中不会因焊丝的刚度而感到困难。自动埋弧焊一般使用直径3～6mm的焊丝,以充分发挥埋弧焊的大电流和高熔敷率的优点。对于一定的电流值可以使用不同直径的焊丝。同一电流使用较小直径的焊丝时,可获得加大焊缝熔深、减小熔宽的效果。当工件装配不良时,宜选用较粗的焊丝。

焊丝表面应当干净光滑,焊接时能顺利地送进,以免给焊接过程带来干扰。除不锈钢焊丝和有色金属焊丝外,各种低碳钢和低合金钢焊丝的表面最好镀铜。镀铜层既可起防锈作用,也可改善焊丝与导电嘴的电接触状况。

为了使焊接过程能稳定地进行并减少焊接辅助时间,焊丝应当用盘丝机整齐地盘绕在焊丝盘上。每盘钢焊丝应由一根焊丝绕成。

2. 焊剂

埋弧焊使用的焊剂是颗粒状可熔化的物质,其作用相当于焊条的涂料。

(1) 对焊剂的基本要求。

① 具有良好的冶金性能。与选用的焊丝相配合,通过适当的焊接工艺来保证焊缝金属获得所需的化学成分和力学性能以及抗热裂和冷裂的能力。

② 具有良好的工艺性能。即要求有良好的稳弧、焊缝成形、脱渣等性能,并且在焊接过程中生成的有毒气体少。

(2) 焊剂的分类。埋弧焊焊剂除按用途分为钢用焊剂和有色金属用焊剂外，还可以按制造方法、化学成分、化学性质、颗粒结构等分类。

① 按制造方法可分为三大类。

a. 熔炼焊剂。按配方比例称出所需原料，经干混均匀后进行熔化，随后注入冷水中或激冷板上使之粒化，再经干燥、捣碎、过筛等工序而成。熔炼焊剂按其颗粒结构又可分为玻璃状焊剂(呈透明状颗粒)、结晶状焊剂(颗粒具有结晶体特点)和浮石状焊剂(颗粒呈泡沫状)。

b. 烧结焊剂。将各种粉料组分按配方比例混拌均匀，加水玻璃调成湿料，在750～1000℃下烧结，再经破碎、过筛而成，如图6-23所示。

c. 陶质焊剂。将各种粉料组分按配方比例混拌均匀，加水玻璃调成湿料，将湿料制成一定尺寸的颗粒，经350～500℃烘干即可使用。

② 按化学成分分类。

a. 按碱度分为碱性焊剂、酸性焊剂和中性焊剂。

b. 按主要成分含量分类，具体见表6-13。

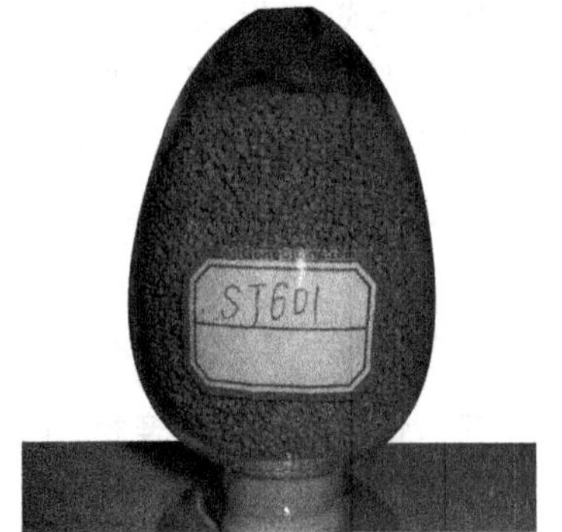

图6-23　烧结焊剂

表6-13　焊剂按主要成分含量分类

按 SiO_2 含量		按 MnO 含量		按 CaF_2 含量	
焊剂类型	含量	焊剂类型	含量	焊剂类型	含量
高 Si	>30%	高 Mn	>20%	高 F	>20%
中 Si	10%～30%	中 Mn	15%～30%	中 F	10%～30%
低 Si	<10%	低 Mn	2%～15%	低 F	<10%
/	/	无 Mn	<2%	/	/

③ 按焊剂化学性质分类：

a. 氧化性焊剂：含大量 SiO_2、MnO 或 FeO 的焊剂。

b. 弱氧化性焊剂：含 SiO_2、MnO、FeO 等氧化物较少。

c. 惰性焊剂：含 Al_2O_3、CaO、MgO、CaF_2 等，基本上不含 SiO_2、MnO、FeO 等。

(3) 焊剂型号编制方法。

① 熔炼焊剂。由HJ表示熔炼焊剂，后加3个阿拉伯数字组成。

a. 第一位数字表示焊剂中MnO的含量，1,2,3,4代表无Mn、低Mn、中Mn、高Mn焊剂。

b. 第二位数字表示焊剂中 SiO_2、CaF_2 的含量，1～9依次代表低Si低F、中Si低F、高Si低F、低Si中F、中Si中F、高Si中F、低Si高F、中Si高F和其他类型焊剂。

c. 第三位数字表示同一类型焊剂的不同牌号，按0,1,2,…,9的顺序排列。

d. 对同一牌号焊剂生产两种颗粒度时，在细颗粒焊剂牌号后面加“X”字。

② 烧结焊剂。由SJ表示烧结焊剂，后加3个阿拉伯数字组成。第一位数字表示焊剂熔渣的渣系，1～6依次代表氟碱型、高铝型、硅钙型、硅锰型、铝钛型和其他型焊剂。第二位、

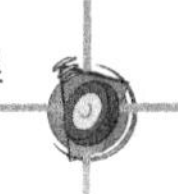

第三位数字表示同一渣系类型焊剂中的不同牌号的焊剂，按 01，02，…，09 的顺序排列。

3. 焊剂和焊丝的选配

欲获得高质量的埋弧焊焊接接头，正确选用焊剂与焊丝是十分重要的。

低碳钢的焊接可选用高锰高硅型焊剂，配合 H08MnA 焊丝，或选用低锰、无锰型焊剂配 H08MnA、H10Mn2 焊丝。低合金高强度钢的焊接可选用中锰中硅或低锰中硅型焊剂配合与钢材强度相匹配的焊丝。

耐热钢、低温钢、耐蚀钢的焊接可选用中硅或低硅型焊剂配合相应的合金钢焊丝。铁素体、奥氏体等高合金钢，一般选用碱度较高的熔炼焊剂或烧结焊剂、陶质焊剂，以降低合金元素的烧损及加入较多的合金元素。不同钢种焊接所用的焊剂与焊丝配用见表 6-14。

表 6-14 不同钢种焊接所用的焊剂与焊丝配用

焊剂型号	用 途	焊剂颗粒度/mm	配用焊丝	适用电流种类
HJ130	低碳钢，普低钢	0.45～2.5	H10Mn2	交、直流
HJ131	Ni 基合金	0.3～2	Ni 基焊丝	交、直流
HJ150	轧辊堆焊	0.45～2.5	2Cr13，3Cr2W8	直流
HJ172	高 Cr 铁索体钢	0.3～2	相应钢种焊丝	直流
HJ173	Mn-Al 高合金钢	0.25～2.5	相应钢种焊丝	直流
HJ230	低碳钢，普低钢	0.45～2.5	H08MnA，H10Mn2	交、直流
HJ250	低合金高强度钢	0.3～2	相应钢种焊丝	直流
HJ251	珠光体耐热钢	0.3～2	Cr-Mo 钢焊丝	直流
HJ260	不锈钢，轧辊堆焊	0.3～2	不锈钢焊丝	直流
HJ330	低碳钢及普低钢重要结构	0.45～2.5	H08MnA，H10Mn2	交、直流
HJ350		0.45～2.5	Mn-Mo，Mn-Si 及含 Ni 高	交、直流
HJ430	低合金高强钢重要构件	0.2～1.4	钢用焊丝	交、直流
HJ431		0.45～2.5	H08A，H08MnA	交、直流
HJ432	低碳钢及普低钢重要构件	0.2～1.4	H08A，H08MnA	交、直流
HJ433		0.45～2.5	H08A	交、直流
SJ101	低碳钢及普低钢重要构件	0.3～2	H08A	交、直流
SJ301	低碳钢及普低钢重要构件（薄板） 低碳钢 低合金结构钢 普通结构钢	0.3～2	H08MnA，H08MnMoA，H08Mn2MoA，H08MnA，H08MnMoA，H10Mn2，H10Mn2MoA	交、直流

四、埋弧焊的操作技术和安全特点

1. 埋弧焊操作技术

(1) 埋弧焊工艺参数。埋弧焊焊接规范主要有焊接电流、电弧电压、焊接速度、焊丝直径等。工艺参数主要有焊丝伸出长度、电源种类和极性、装配间隙和坡口形式等。

选择埋弧焊焊接规范的原则是保证电弧稳定燃烧，焊缝形状尺寸符合要求，表面成形光洁整齐，内部无气孔、夹渣、裂纹、未焊透、焊瘤等缺陷。常用的选择方法有查表法、试验法、经验法、计算法。不管采用哪种方法所确定的参数，都必须在施焊中加以修正，达到最佳效果时方可连续焊接。

(2) 操作技术。

① 对接直焊缝焊接技术。对接直焊缝的焊接方法有两种基本类型，即单面焊和双面焊。根据钢板厚度又可分为单层焊、多层焊，还有各种衬垫法和无衬垫法。

a. 焊剂垫法埋弧自动焊。在焊接对接焊缝时，为了防止熔渣和熔池金属的泄漏，采用焊剂垫作为衬垫进行焊接。焊剂垫的焊剂与焊接用的焊剂相同。焊剂要与焊件背面贴紧，能够承受一定的均匀的托力。要选用较大的焊接规范，使工件熔透，以达到双面成形。

b. 手工焊封底埋弧自动焊。对无法使用衬垫的焊缝，可先行用手工焊进行封底，然后再采用埋弧焊。

c. 悬空焊。悬空焊一般用于无破口、无间隙的对接焊，它不用任何衬垫，装配间隙要求非常严格。为保证焊透，正面焊要焊透工件厚度的40%～50%，背面焊时必须保证焊透两件厚度的60%～70%。在实际操作中一般很难测出熔深，经常是靠焊接时观察熔池背面颜色来判断，所以要有一定的经验。

d. 多层埋弧焊。对于较厚的钢板，一次不能焊完的，可采用多层焊。第一层焊时，既要保证焊透，又要避免裂纹等缺陷。每层焊缝的接头要错开，不可重叠。

② 对接环焊缝焊接技术。圆形筒体的对接环缝的埋弧焊要采用带有调速装置的滚胎。如果需要双面焊，第一遍需将焊剂垫放在下面筒体外壁焊缝处。将焊接小车固定在悬臂架上，伸到筒体内焊下平焊。焊丝应偏移中心线下坡焊位置上。第二遍正面焊接时，在筒体外上平焊处进行施焊。

③ 角接焊缝焊接技术。埋弧自动焊的角接焊缝主要出现在T形接头和搭接接头中。一般可采取船形焊和斜角焊两种形式。

④ 埋弧半自动焊。埋弧半自动焊主要是软管自动焊，其特点是采用较细直径(2mm或2mm以下)的焊丝，焊丝通过弯曲的软管送入熔池。电弧的移动是靠手工来完成，而焊丝的送进是自动的。半自动焊可以代替自动焊焊接一些弯曲和较短的焊缝，主要应用于角焊缝，也可用于对接焊缝。

2. 埋弧焊的安全操作技术

(1) 埋弧自动焊机的小车轮子要有良好绝缘，导线应绝缘良好，工作过程中应理顺导线，防止扭转及被熔渣烧坏。

(2) 控制箱和焊机外壳应接地(零)和防止漏电。接线板罩壳必须盖好。

(3) 焊接过程中应注意防止焊剂突然停止供给而发生强烈弧光裸露灼伤眼睛。所以，焊工作业时应戴普通防护眼镜。

(4) 半自动埋弧焊的焊把应有固定放置处，以防短路。

(5) 自动埋弧焊熔剂的成分里含有氧化锰等对人体有害的物质，焊接时虽不像手弧焊那样产生可见烟雾，但将产生一定量的有害气体和蒸气。所以，在工作地点最好有局部的抽

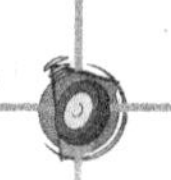

气、通风设备。

任务五　等离子弧焊

等离子弧是利用等离子枪将阴极（如钨极）和阳极之间的自由电弧压缩成高温、高电离度、高能量密度及高焰流速度的电弧。等离子弧可用于焊接、喷涂、堆焊及切割。本课题只介绍等离子弧焊接。

一、等离子弧的工作原理

1. 等离子弧的形式

等离子枪按用途可分为焊枪及割枪，等离子焊枪的主要组成部分及结构如图 6－24 所示。压缩喷嘴是等离子枪的关键部件，一般需用水冷。喷嘴孔径 d_n 及孔道长度 l_o是压缩喷嘴的两个主要尺寸。喷嘴内通的气体称离子气。中性的离子气在喷嘴内电离后使喷嘴内压力增加，所以喷嘴内壁与电极之间的空间称增压室。电离了的离子气从喷嘴流出时受到孔径限制，使弧柱截面变小，该孔径对弧柱的压缩作用称机械压缩。水冷喷嘴内壁表面有一层冷气膜，电弧经过孔道时，冷气膜一方面使喷嘴与弧柱绝缘，另一方面使弧柱有效截面进一步收缩，这种收缩称热收缩。弧柱电流自身磁场对弧柱的压缩作用称磁收缩。在机械压缩与热收缩的作用下，弧柱电流密度增加，磁收缩随之增强，如电流不变，弧柱电场强度及弧压降都随电流密度增加而增加，所以等离子弧（也称压缩电弧）的电弧功率及温度明显高于自由电弧。图 6－25 所示的对比中，等离子弧的电弧温度比自由电弧高 30%，电弧功率高 100%。由于电离后的离子气仍具有流体的性质，受到压缩从喷嘴孔径喷射出的电弧带电质点的运动速度明显提高（可达 300m/s），所以等离子弧具有较小的扩散角及较大的电弧挺度，这也是等离子弧最突出的优点。电弧挺度是指电弧沿电极轴线的挺直程度。

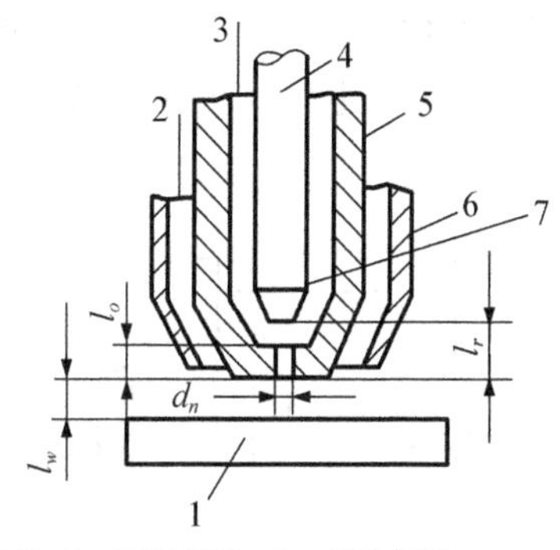

1－工件；2－保护气体；3－离子气体；
4－电极；5－压缩喷嘴；6－保护气罩；
7－增压室；d_n－喷嘴孔径；l_o－喷嘴孔道长度；
l_r－钨极内缩长度；l_w－喷嘴至工件距离

图 6－24　等离子弧枪的结构

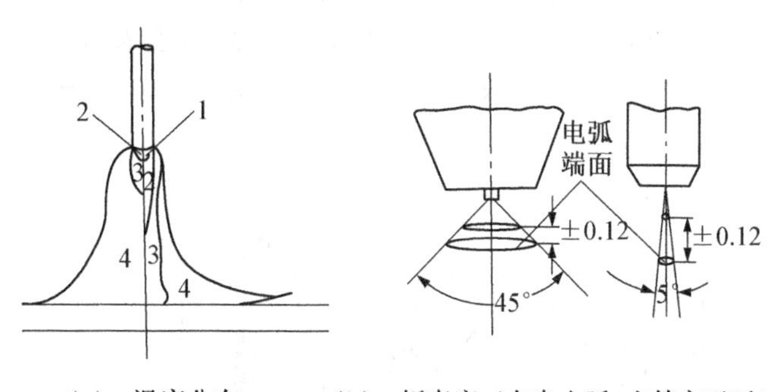

（a）温度分布　　（b）挺直度（左自由弧 右等离子弧）

1－24000～50000℃；2－18000～24000℃；
3－14000～18000℃；4－10000～12000℃；
参数：
自由电弧：200A，15V，40×28L/h
压缩电弧：200A，30V，40×28L/h
孔径 4.8mm

图 6－25　自由电弧等离子的对比

等离子弧具有的电弧力、能量密度及电弧挺度等与加工有关的物理性能取决于下列5个参数：

(1) 电流。

(2) 喷嘴孔径的几何尺寸。

(3) 离子气种类。

(4) 离子气流量。

(5) 保护气种类。

调整以上5个参数可使等离子弧适应不同的加工工艺。如在等离子弧焊接工艺中，为防止焊穿工件，则应选择小的离子气量及较大的喷嘴孔径。等离子弧切割工艺中，应选择大电流、小喷嘴孔径、大离子气量及导热好的离子气，以便使等离子弧具有高度集中的热量及高的焰流速度，这在项目十三中介绍。

2. 等离子弧的类型

等离子弧按电源的供电方式分为非转移型弧、转移型弧及联合型弧3种形式，其中非转移型等离子弧及转移型等离子弧是基本的等离子弧形式，如图6-26所示。

(1) 非转移型等离子弧。电弧建立在电极与喷嘴之间，离子气强迫等离子弧从喷嘴孔径喷出，也称等离子焰，如图6-26(a)所示。非转移型等离子弧主要用于非金属材料的焊接。

(2) 转移型等离子弧。电弧建立在电极与工件之间，如图6-26(b)所示。一般要先引燃非转移型等离子弧，然后再将电弧转移至电极与工件之间。这时工件成为另一个电极，所以转移型等离子弧能把较多的能量传递给工件，金属材料的焊接一般都采用转移型等离子弧。

(3) 联合型弧。它是非转移型等离子弧和转移型等离子弧同时存在的等离子弧，如图6-26(c)所示。联合型等离子弧需用两个独立电源供电，主要用于电流小于30A以下的微束等离子弧焊接。

双弧现象：正常的转移型等离子弧应建立在电极与工件之间，但对于某一个喷嘴，如离子气过小、电流过大或者喷嘴与工件接触，喷嘴内壁表面的冷气膜便容易被击穿而形成如图6-27所示的串联双弧，这时，一个电弧产生在电极与喷嘴之间，另一个电弧产生在喷嘴与工

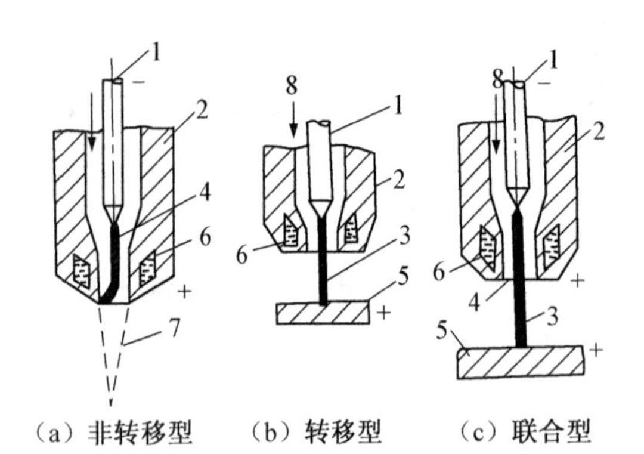

1-钨极；2-喷嘴；3-转移弧；4-非转移弧；
5-工件；6-冷却水；7-弧焰；8-离子气

图6-26　等离子弧的类型

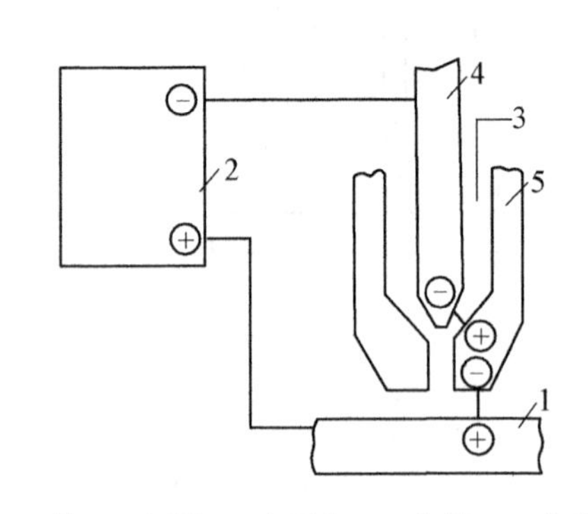

1-工件；2-电源；3-离子气；4-电极；5-喷嘴

图6-27　双弧现象

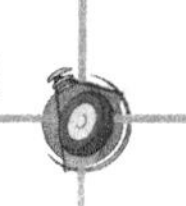

件之间。出现双弧将会破坏正常的焊接，严重时还会烧毁喷嘴。

3. 等离子弧焊接的电流极性

(1) 直流正接。大多数焊接工艺采用直流正接，如焊合金钢、不锈钢、钛合金等。利用正接可获得较大的熔深，电流范围为 0.1～500A。

(2) 直流反接。电极接电源正极的反接极性电流用于焊接铝合金。由于这种方法钨极烧损严重且熔深浅，清理工件表面的氧化膜麻烦，仅限于焊接薄件，电流不超过 100A。为防止电弧熄灭，焊接设备需有稳弧装置。

(3) 正弦交流。正弦交流电流用来焊铝、镁及其合金。

(4) 变极性方波交流。变极性方波交流电流是正反接极性电流及正、负半周时间均可调的交流方形波电流。用变极性方波交流等离子弧焊铝、镁合金时可获得较大的焊缝深宽比及较少的钨极烧损。

二、等离子弧焊接工艺

按焊缝成形原理，等离子弧有两种基本焊接方法：小孔型等离子弧焊及熔透型等离子弧焊，其中 30A 以下的熔透型等离子弧焊又可称为微束等离子弧焊。

1. 小孔型等离子弧焊

利用小孔效应实现等离子弧焊的方法称小孔型等离子弧焊，亦称穿透性焊接法。

(1) 小孔法原理。对一定厚度范围内的金属进行焊接时，适当地配合电流、离子气流及焊接速度 3 个工艺参数，等离子弧将会穿透整个工件厚度，形成一个贯穿工件的小孔，如图 6－28 所示。小孔周围的液体金属在电弧吹力、液体金属重力与表面张力作用下保持平衡。焊枪前进时，在小孔前沿的熔化金属沿着等离子弧柱流到小孔后面并逐渐凝固成焊缝。

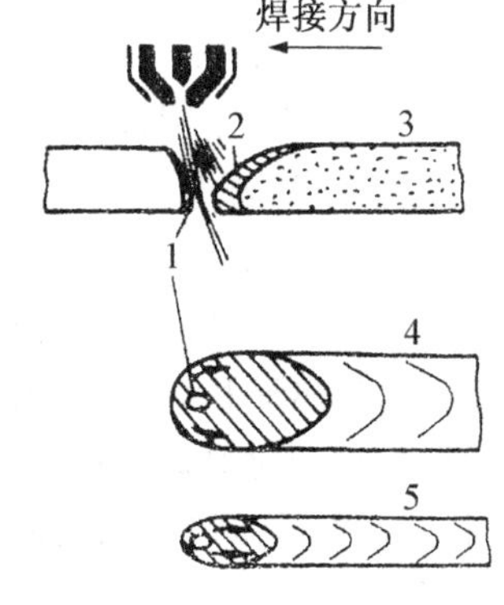

1－小孔；2－熔池；3－焊缝；
4－焊缝正面；5－焊缝背面

图 6－28　小孔型等离子弧焊缝成形原理

小孔法焊接的主要优点在于可以单道焊接厚板，板厚范围为 1.6～9mm。小孔法一般仅限于平焊。然而，对于某些种类的材料，采取必要的工艺措施，用小孔法可实现全位置焊接。

(2) 小孔法焊接特点：

小孔法焊接所具有的优点：

① 孔隙率低。

② 由于小孔法产生较为对称的焊缝，焊接横向变形小。

③ 由于电弧穿透能力强，对厚板可实现单道焊接。

④ 不开坡口实现对接焊，焊前对工件坡口加工量减少。

小孔法焊接的缺点：

① 焊接可变参数多，规范区间窄。

② 厚板焊接时，对操作者的技术水平要求较高，并且小孔法仅限于自动焊接。

③ 焊枪对焊接质量影响大，喷嘴寿命短。

④ 焊接除铝合金外，大多数小孔焊接工艺仍限于平焊位置。

2. 熔透型等离子弧焊

焊接过程中，只熔透工件，但不产生小孔效应的等离子弧焊方法，称熔透型等离子弧焊。

(1) 熔透法原理。当离子气流量较小，弧柱受压缩程度较弱时，这种等离子弧在焊接过程中只熔化工件而不产生小孔效应，焊缝成形原理与氩弧焊类似。主要用于薄板焊接及厚板多层焊。

(2) 微束等离子弧焊。微束等离子通常采用如图 6-26(c)所示的联合型等离子弧。由于非转移型等离子弧的存在，焊接电流小至 1A 以下电弧仍具有较好的稳定性，能够焊接细丝及箔材。这时的非转移型等离子弧又称维弧，而用于焊接的转移型等离子弧又称主弧。

(3) 熔透型等离子弧焊与 TIG 焊相比，具有的优点如下：

① 电弧能量集中，因此焊接工艺具有焊接速度快，焊缝深宽比大、截面积小，薄板焊接变形小，厚板焊接缩孔倾向小及热影响区窄等优点。

② 电弧稳定性好。由于微束等离子弧焊接采用联合弧，电流小至 0.1A 时电弧仍能稳定燃烧，因此可焊超薄件，如厚度 0.1mm 不锈钢片。

③ 电弧挺直性好。以焊接电流 10A 为例，等离子弧焊喷嘴高度(喷嘴到工件表面的距离)达 6.4mm 时，弧柱仍较挺直，而钨极氩弧焊的弧长仅能采用 0.6mm(弧长大于 0.6mm 后稳定性变差)。钨极氩弧的扩散角约为 45°，呈圆锥形，工件上的加热面积与弧长成平方关系，只要电弧长度有很小变化将引起单位面积上输入热量的较大变化。而等离子弧的扩散角仅为 5°左右(图 6-29)，基本上是圆柱形，弧长变化对工件上的加热面积和电流密度影响比较小，所以等离子弧焊弧长变化对焊缝成形的影响不明显。

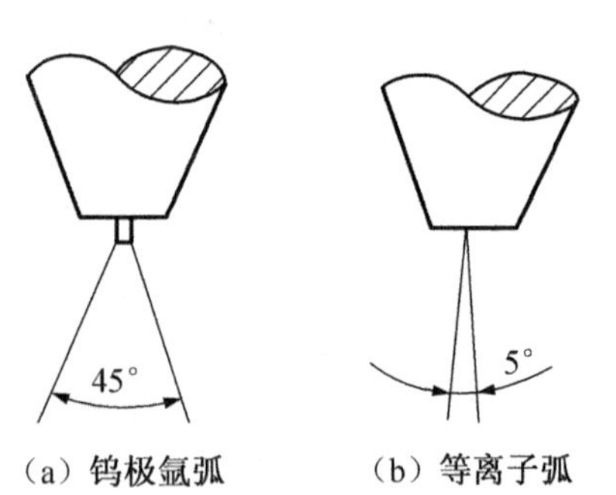

(a) 钨极氩弧　(b) 等离子弧

图 6-29　等离子弧与钨极氩弧的扩散角

④ 由于等离子弧焊的钨极内缩在喷嘴之内，电极不可能与工件相接触，因而没有焊缝夹钨的问题。

熔透型等离子弧焊的主要缺点：

① 由于电弧直径小，要求焊枪喷嘴轴线更准确地对中焊缝。

② 焊枪结构复杂，加工精度高。焊枪喷嘴对焊接质量有着直接影响，必须定期检查、维修，及时更换。

思考题

1. 什么叫线能量？它与焊接质量有什么关系？
2. 选择焊条的基本原则是什么？
3. 焊前准备工作要做哪些？
4. 试述焊条手工电弧焊单面焊双面成形的操作技术。
5. 气体保护电弧焊按电极和保护气体的不同分为哪几类？
6. 钨极惰性气体氩弧焊使用直流和交流电源有什么区别？
7. CO_2 气体保护电弧焊有什么特点？
8. MIG 焊有什么特点？
9. 谈谈埋弧焊的优、缺点及适用范围。
10. 埋弧焊焊剂分哪几类？最常用的是哪一类？
11. 试述等离子弧的性质。
12. 试述等离子弧焊的原理和特点。

项目七　气　焊

任务一　气焊的原理、特点和设备

一、气焊原理、特点及应用

1. 气焊原理

利用可燃气体与助燃气体混合燃烧后，产生的高温火焰对金属材料进行熔化焊的一种方法。其原理如图7-1所示，将乙炔和氧气在焊炬中混合均匀后，从焊嘴喷出燃烧火焰，将焊件和焊丝熔化后形成熔池，待冷却凝固后形成焊缝连接。

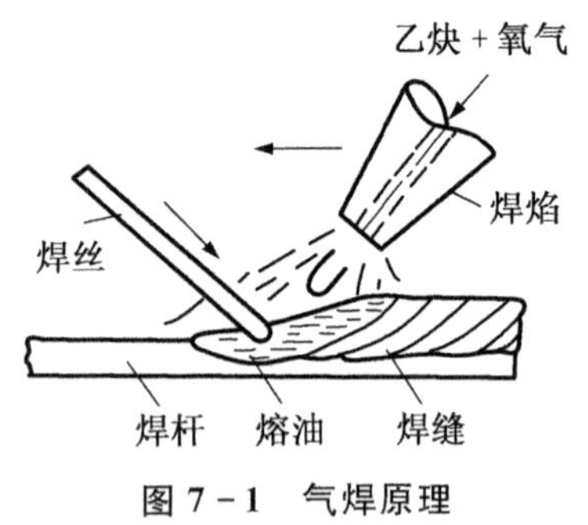

图7-1　气焊原理

气焊所用的可燃气体很多，有乙炔、氢气、液化石油气、煤气等，而最常用的是乙炔。乙炔的发热量大，燃烧温度高，制造方便，使用安全，焊接时火焰对金属的影响最小，火焰温度高达3100～3300℃。氧气作为助燃气体，其纯度越高，耗气越少。因此，气焊也称为氧—乙炔焊。

2. 气焊的特点及应用

(1) 火焰对熔池的压力及对焊件的热输入量调节方便，故熔池温度、焊缝形状和尺寸、焊缝背面成形等容易控制。

(2) 设备简单，移动方便，操作易掌握，但设备占用生产面积较大。

(3) 焊炬尺寸小，使用灵活，由于气焊热源温度较低，加热缓慢，生产率低，热量分散，热影响区大，焊件有较大的变形，接头质量不高。

(4) 气焊适于各种位置的焊接，适于在3mm以下的低碳钢、高碳钢薄板、铸铁焊补以及铜、铝等有色金属的焊接。在船上无电或电力不足的情况下，气焊则能发挥更大的作用，常用气焊火焰对工件、刀具进行淬火处理，对紫铜皮进行回火处理，并矫直金属材料和净化工件表面等。此外，由微型氧气瓶和微型熔解乙炔气瓶组成的手提式或肩背式气焊气割装置，在旷野、山顶、高空作业中应用是十分简便的。

二、气焊设备

气焊所用设备及气路连接如图7-2所示。

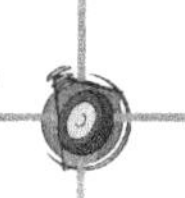

1. 焊炬

焊炬俗称焊枪。焊炬是气焊中的主要设备，它的构造多种多样，但基本原理相同。焊炬是气焊时用于控制气体混合比、流量及火焰并进行焊接的手持工具。焊炬有射吸式和等压式两种，常用的是射吸式焊炬，如图 7－3 所示。它由主体、手柄、乙炔调节阀、氧化调节阀、喷射管、喷射孔、混合室、混合气体通道、焊嘴、乙炔管接头和氧气管接头等组成。它的工作原理是：打开氧气调节阀，氧气经喷射管从喷射孔快速射出，并在喷射孔外围形成真空而造成负压（吸力）；再打开乙炔调节阀，乙炔即聚集在喷射孔的外围；由于氧射流负压的作用，乙炔很快被氧气吸入混合室和混合气体通道，并从焊嘴喷出，形成了焊接火焰。

射吸式焊炬的型号有 H01－2、H01－6、H01－12、H01－20 等。各型号的焊炬均备有 5 个大小不同的焊嘴，可供焊接不同厚度的工件使用。H01 型射吸式焊炬的基本参数见表 7－1。

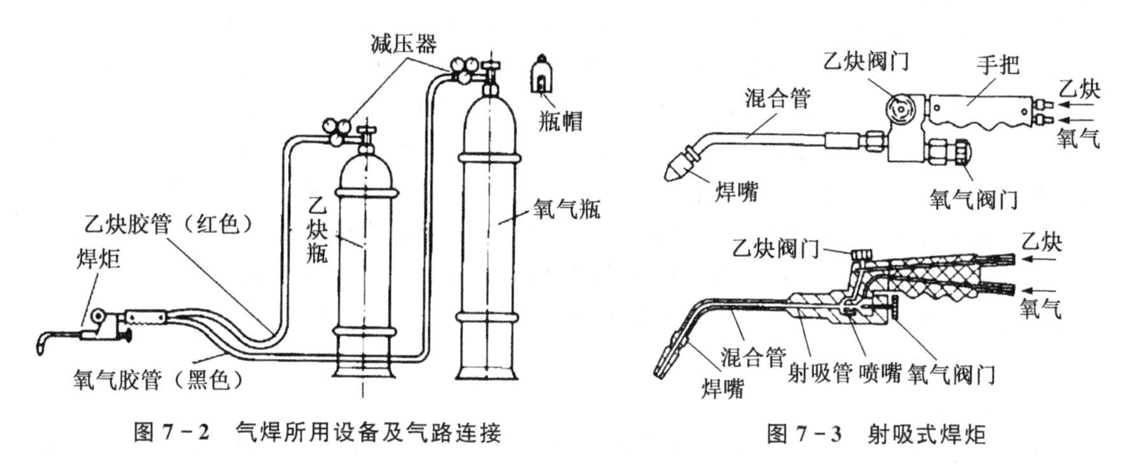

图 7－2 气焊所用设备及气路连接

图 7－3 射吸式焊炬

表 7－1 H01 型射吸式焊炬的基本参数

型号	焊接低碳钢厚度/mm	氧气工作压力/MPa	乙炔使用压力/MPa	可换焊嘴数/个	焊嘴直径/mm				
					1	2	3	4	5
H01－2	0.5～2	0.1～0.25	0.001～0.10	5	0.5	0.6	0.7	0.8	0.9
H01－6	2～6	0.2～0.4			0.9	1.0	1.1	1.2	1.3
H01－12	6～12	0.4～0.7			1.4	1.6	1.8	2.0	2.2
H01－20	12～20	0.6～0.8			2.4	2.6	2.8	3.0	3.2

2. 乙炔瓶

乙炔瓶是储存溶解乙炔的钢瓶如图 7－4 所示。在瓶的顶部装有瓶阀供开闭气瓶和装减压器用，并套有瓶帽保护；在瓶内装有浸满丙酮的多孔性填充物（活性炭、木屑、硅藻土等），丙酮对乙炔有良好的溶解能力，可使乙炔安全地储存于瓶内，当使用时，溶在丙酮内的乙炔分离出来，通过瓶阀输出，而丙酮仍留在瓶内，以便溶解再次灌入瓶中的乙炔；在瓶阀下面的填充物中心部位的长孔内放有石棉绳，其作用是使乙炔与填充物分离。

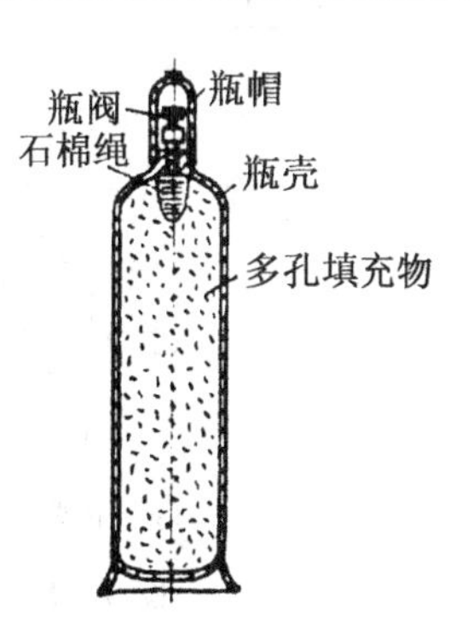

图 7－4 乙炔瓶

乙炔瓶的外壳漆成白色，用红色写明“乙炔”字样和“火不可

近”字样。乙炔瓶的容量为40L，乙炔瓶的工作压力为1.5MPa，而输往焊炬的压力很小，因此，乙炔瓶必须配备减压器，同时还必须配备回火安全器。

乙炔瓶一定要竖立放稳，以免丙酮流出，远离火源，防止乙炔瓶受热，因为乙炔温度过高会降低丙酮对乙炔的溶解度，而使瓶内乙炔压力急剧增高，发生爆炸。乙炔瓶在搬运、装卸、存放和使用时，要防止遭受剧烈的振荡和撞击，以免瓶内的多孔性填料下沉而形成空洞，从而影响乙炔的储存。

3. 回火安全器

回火安全器又称回火防止器或回火保险器，它是装在乙炔减压器和焊炬之间，用来防止火焰沿乙炔管回烧的安全装置。正常气焊时，气体火焰在焊嘴外面燃烧，但当气体压力不足、焊嘴堵塞、焊嘴离焊件太近或焊嘴过热时，气体火焰会进入嘴内逆向燃烧，这种现象称为回火。发生回火时，焊嘴外面的火焰熄灭，同时伴有爆鸣声，随后有“吱吱”的声音。如果回火火焰蔓延到乙炔瓶，就会发生严重的爆炸事故。因此，发生回火时，回火安全器的作用是使回流的火焰在倒流至乙炔瓶以前被熄灭。同时应首先关闭乙炔开关，然后再关氧气开关。

图7-5为干式回火保险器的工作原理。干式回火保险器的核心部件是粉末冶金制造的金属止火管。正常工作时，乙炔推开单向阀，经止火管、乙炔胶管输往焊炬。产生回火时，高温高压的燃烧气体倒流至回火保险器，由带非直线微孔的止火管吸收了爆炸冲击波，使燃烧气体的扩张速度趋近于零，而透过止火管的混合气体流顶上单向阀，迅速切断乙炔源，有效地防止火焰继续回流，并在金属止火管中熄灭回火的火焰。发生回火后，不必人工复位，又能继续正常使用。

4. 氧气瓶

氧气瓶是储存氧气的一种高压容器钢瓶，如图7-6所示。由于氧气瓶要经受搬运、滚动，甚至还要经受振动和冲击等，因此材质要求很高，产品质量要求十分严格，出厂前要经过严格检验，以确保氧气瓶的安全可靠。氧气瓶是一个圆柱形瓶体，瓶体上有防震圈；瓶体的上端有瓶口，瓶口的内壁和外壁均有螺纹，用来装设瓶阀和瓶帽；瓶体下端还套有一个增强用的钢环圈瓶座，一般为正方形，便于立稳，卧放时也不至于滚动；为了避免腐蚀和发生火花，所有与高压氧气接触的零件都用黄铜制作；氧气瓶外表漆成天蓝色，用黑漆标明“氧气”字样。氧化瓶的容积为40L，储氧最大压力为15MPa，但提供给焊炬的氧气压力很小，因此

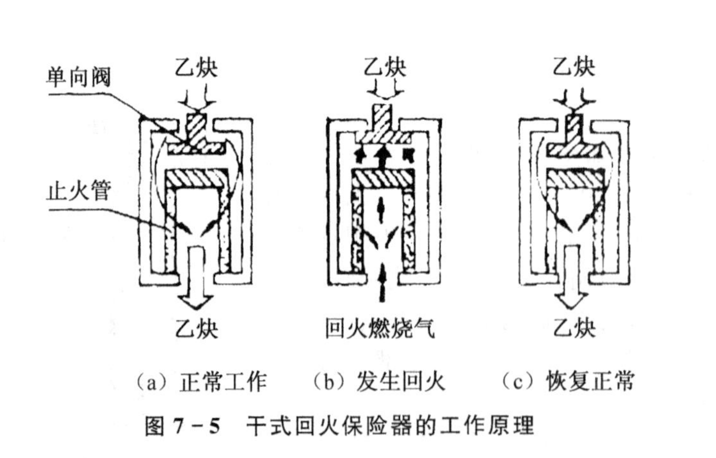

图7-5　干式回火保险器的工作原理

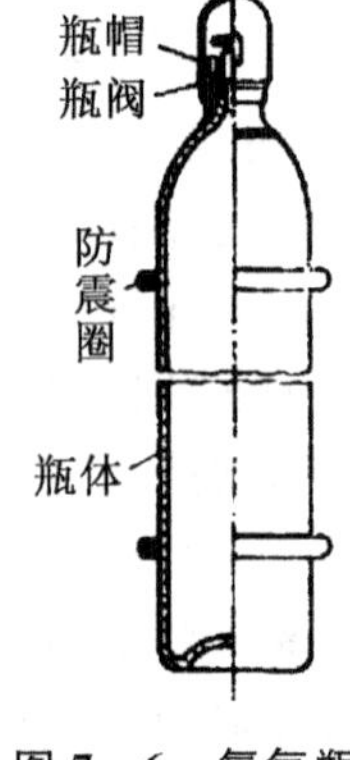

图7-6　氧气瓶

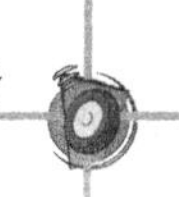

氧气瓶必须配备减压器。由于氧气化学性质极为活泼，能与自然界中绝大多数元素化合、与油脂等易燃物接触会剧烈氧化，引起燃烧或爆炸，所以使用氧气时必须十分注意安全，要隔离火源，禁止撞击氧气瓶，严禁在瓶上沾染油脂，瓶内氧气不能用完，应留有余量等。

5. 减压器

减压器是将高压气体降为低压气体的调节装置。因此，其作用是减压、调压、量压和稳压。气焊时所需的气体工作压力一般都比较低，如氧气压力通常为 0.2～0.4MPa，乙炔压力最高不超过 0.15MPa。因此，必须将氧气瓶和乙炔瓶输出的气体经减压器减压后才能使用，而且可以调节减压器的输出气体压力。

减压器的工作原理（图 7－7）：松开调压手柄（逆时针方向），活门弹簧闭合活门，高压气体就不能进入低压室，即减压器不工作，从气瓶来的高压气体停留在高压室的区域内，高压表量出高压气体的压力，也是气瓶内气体的压力。拧紧调压手柄（顺时针方向），使调压弹簧压紧低压室内的薄膜，再通过传动件将高压室与低压室通道处的活门顶开，使高压室内的高压气体进入低压室，此时的高压气体进行体积膨胀，气体压力得以降低，低压表可量出低压气体的压力，并使低压气体从出气口通往焊炬。如果低压室气体压力高了，向下的总压力大于调压弹簧向上的力，即压迫薄膜和调压弹簧，使活门开启的程度逐渐减小，直至达到焊炬工作压力时，活门重新关闭；如果低压室的气体压力低了，向上的总压力小于调压弹簧向上的力，此时薄膜上鼓，使活门重新开启，高压气体又进入低压室，从而增加低压室的气体压力；当活门的开启度恰好使流入低压室的高压气体流量与输出的低压气体流量相等时，即稳定地进行气焊工作。减压器能自动维持低压气体的压力，只要通过调压手柄的旋入程度来调节调压弹簧压力，就能调整气焊所需的低压气体压力。

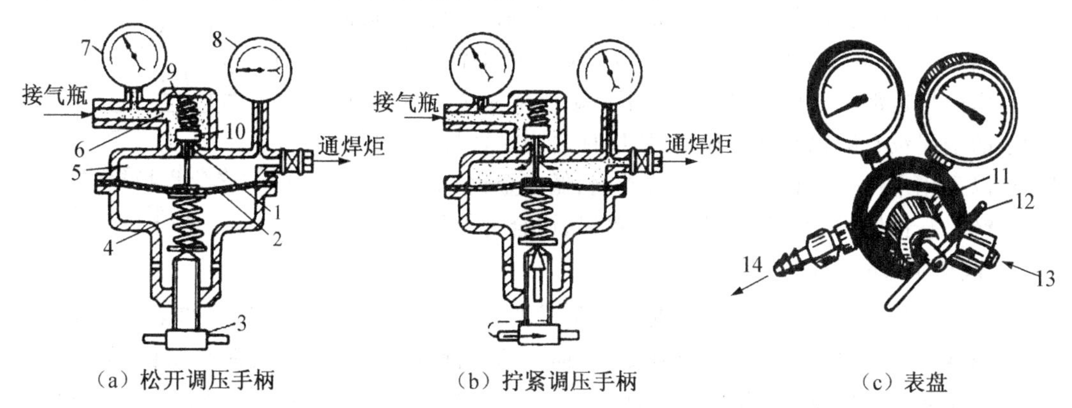

（a）松开调压手柄　　（b）拧紧调压手柄　　（c）表盘

1－通道；2－薄膜；3－调压手柄；4－调压弹簧；5－低压室；6－高压室；
7－高压表；8－低压表；9－活门弹簧；10－活门；11－外壳；12－调压螺母；
13－进气接头；14－出气接头

图 7－7　减压器的工作原理

6. 橡胶管

橡胶管是输送气体的管道，分氧气橡胶管和乙炔橡胶管，两者不能混用。国家标准规定：氧气橡胶管为黑色；乙炔橡胶管为红色。氧气橡胶管的内径为 8mm，工作压力为1.5MPa；乙炔橡胶管的内径为 10mm，工作压力为 0.5MPa 或 1.0MPa；橡胶管长一般为10～15m。

氧气橡胶管和乙炔橡胶管不可有损伤和漏气发生,严禁明火检漏。特别要经常检查橡胶管的各接口处是否紧固,橡胶管有无老化现象。橡胶管不能沾有油污等。

三、气焊火焰

常用的气焊火焰是乙炔与氧气混合燃烧所形成的火焰,也称氧—乙炔焰。根据氧气与乙炔混合比例的不同,氧—乙炔焰可分为中性焰、碳化焰(也称还原焰)和氧化焰 3 种,如图 7-8所示。

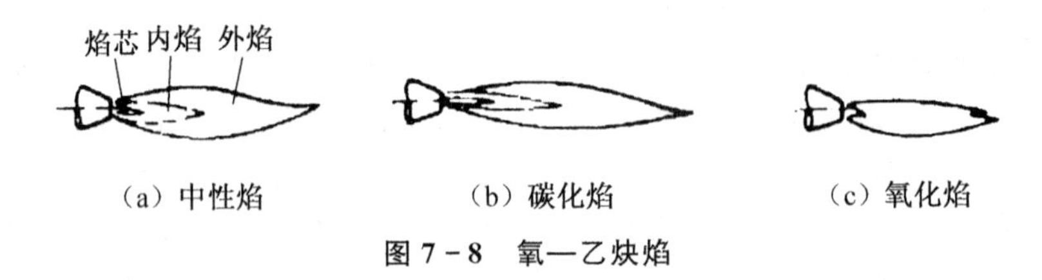

(a) 中性焰　(b) 碳化焰　(c) 氧化焰

图 7-8　氧—乙炔焰

1. 中性焰

氧气和乙炔的混合比为 1.1～1.2 时燃烧所形成的火焰称为中性焰,又称正常焰。它由焰芯、内焰和外焰 3 部分组成。焰心靠近喷嘴孔呈尖锥形,色白而明亮,轮廓清楚,在焰心的外表面分布着乙炔分解所生成的碳素微粒层,焰心的光亮就是由炽热的碳微粒所发出的,温度并不很高,约为 950℃。内焰呈蓝白色,轮廓不清,并带深蓝色线条而微微闪动,它与外焰无明显界限。外焰由里向外逐渐由淡紫色变为橙黄色。中性焰各部分温度分布如图 7-9 所示。中性焰最高温度在焰心前 2～4mm 处,为 3050～3150℃。用中性焰焊接时主要利用内焰这部分火焰加热焊件。中性焰燃烧完全,对红热或熔化了的金属没有碳化和氧化作用,所以称之为中性焰。气焊一般都可以采用中性焰。它广泛用于低碳钢、低合金钢、中碳钢、不锈钢、紫铜、灰铸铁、锡青铜、铝及合金、铅锡、镁合金等气焊。

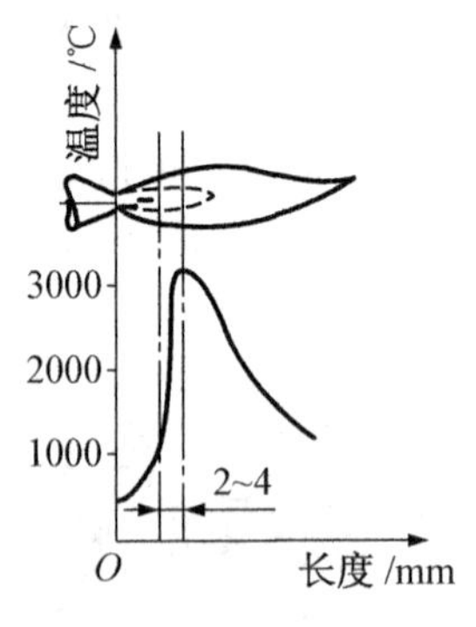

图 7-9　中性焰各部分的温度分布

2. 碳化焰(还原焰)

氧气和乙炔的混合比小于 1.1 时燃烧形成的火焰称为碳化焰。碳化焰的整个火焰比中性焰长而软,它也由焰芯、内焰和外焰组成,而且这三部分均很明显。焰芯呈灰白色,并发生乙炔的氧化和分解反应;内焰有多余的碳,故呈淡白色;外焰呈橙黄色,除燃烧产物 CO_2 和水蒸气外,还有未燃烧的碳和氢。

碳化焰的最高温度为 2700～3000℃,由于火焰中存在过剩的碳微粒和氢,碳会渗入熔池金属,使焊缝的含碳量增高,故称碳化焰;不能用于焊接低碳钢和合金钢,同时碳具有较强的还原作用,故又称还原焰。游离的氢也会透入焊缝,产生气孔和裂纹,造成硬而脆的焊接接头。因此,碳化焰只使用于高速钢、高碳钢、铸铁焊补、硬质合金堆焊、铬钢等。

3. 氧化焰

氧化焰是氧与乙炔的混合比大于 1.2 时的火焰。氧化焰的整个火焰和焰芯的长度都明显缩短,只能看到焰芯和外焰两部分。氧化焰中有过剩的氧,整个火焰具有氧化作用,故称

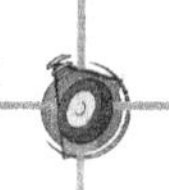

氧化焰。氧化焰的最高温度可达3100～3300℃。使用这种火焰焊接各种钢铁时，金属很容易被氧化而造成脆弱的焊接接头；在焊接高速钢或铬、镍、钨等优质合金钢时，会出现互不熔合的现象；在焊接有色金属及其合金时，产生的氧化膜会更厚，甚至焊缝金属内有夹渣，形成不良的焊接接头。因此，氧化焰一般很少采用，仅适用于烧割工件和气焊黄铜、锰黄铜及镀锌铁皮，特别是适合于黄铜类，因为黄铜中的锌在高温时极易蒸发，采用氧化焰时，熔池表面上会形成氧化锌和氧化铜的薄膜，起了抑制锌蒸发的作用。

不论采用何种火焰气焊，喷射出来的火焰(焰心)形状应该整齐垂直，不允许有歪斜、分叉或发生“吱吱”的声音。只有这样才能使焊缝两边的金属均匀加热，并正确形成熔池，从而保证焊缝质量；否则，不管焊接操作技术多好，焊接质量也要受到影响。所以，当发现火焰不正常时，要及时使用专用的通针把焊嘴口处附着的杂质清除，待火焰形状正常后再进行焊接。

四、气焊工艺与焊接规范

气焊的接头形式和焊接空间位置等工艺问题的考虑与焊条电弧焊基本相同。气焊尽可能用对接接头，厚度大于5mm的焊件须开坡口以便焊透。焊前接头处应清除铁锈、油污、水分等。

气焊的焊接规范主要需确定焊丝直径、焊嘴大小、焊接速度等。

焊丝直径由工件厚度、接头和坡口形式决定，焊开坡口时第一层应选较细的焊丝。不同厚度工件配用的焊丝直径选用可参考表7－2。

表7－2　不同厚度工件配用的焊丝直径选用

工件厚度/mm	1.0～2.0	2.0～3.0	3.0～5.0	5.0～10	10～15
焊丝直径/mm	1.0～2.0	2.0～3.0	3.0～4.0	3.0～5.0	4.0～6.0

焊嘴大小影响生产率。导热性好、熔点高的焊件，在保证质量的前提下应选较大号焊嘴(较大孔径的焊嘴)。

在平焊时，焊件越厚，焊接速度应越慢。对熔点高、塑性差的工件，焊速应慢。在保证质量的前提下，尽可能提高焊速，以提高生产效率。

任务二　气焊基本操作

一、火焰的调节

1. 点火

点火之前，先把氧气瓶和乙炔瓶上的总阀打开，然后转动减压器上的调压手柄(顺时针旋转)，将氧气和乙炔调到工作压力。再打开焊枪上的乙炔调节阀，此时可以把氧气调节阀开小一点以少量氧气助燃点火(用明火点燃)，如果氧气开得大，点火时就会因为气流太大而出现“啪啪”的响声，而且还点不着。如果开一点氧气助燃点火，虽然也可以点着，但是黑烟较大。点火时，手应放在焊嘴的侧面，不能对着焊嘴，以免点着后喷出的火焰烧伤手臂。

2. 调节火焰

刚点火的火焰是碳化焰，然后逐渐开大氧气阀门，改变氧气和乙炔的比例，根据被焊材料的性质及厚薄的要求，调到所需的中性焰、氧化焰或碳化焰。需要大火焰时，应先把乙炔调节阀开大，再调大氧气调节阀；需要小火焰时，应先把氧气调节阀关小，再调小乙炔调节阀。

二、气焊操作步骤

1. 焊接方向

气焊操作是右手握焊炬，左手拿焊丝，可以向右焊（右焊法），也可向左焊（左焊法），如图 7－10 所示。

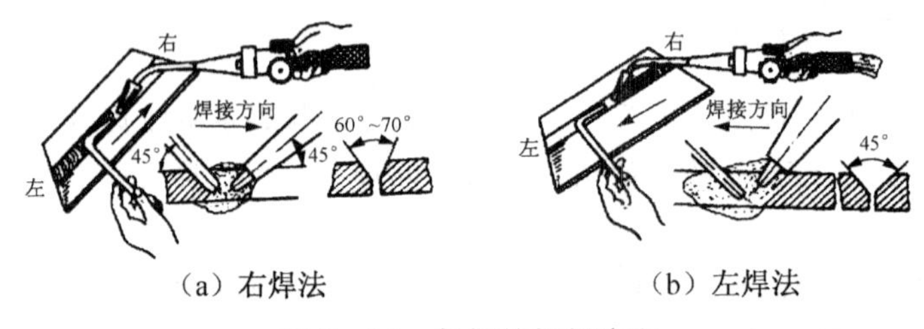

（a）右焊法　　（b）左焊法

图 7－10　气焊的焊接方向

右焊法是焊炬在前，焊丝在后。这种方法是焊接火焰指向已焊好的焊缝，加热集中，熔深较大，火焰对焊缝有保护作用，容易避免气孔和夹渣，但较难掌握。此种方法适用于较厚工件的焊接，而一般厚度较大的工件均采用电弧焊，因此右焊法很少使用。

左焊法是焊丝在前，焊炬在后。这种方法是焊接火焰指向未焊金属，有预热作用，焊接速度较快，可减少熔深和防止烧穿，操作方便，适宜焊接薄板。用左焊法还可以看清熔池，分清熔池中铁水与氧化铁的界线，因此左焊法在气焊中被普遍采用。

2. 施焊方法

施焊时，要使焊嘴轴线的投影与焊缝重合，同时要掌握好焊炬与工件的倾角 α。工件越厚，倾角越大；金属的熔点越高，导热性越大，倾角就越大。在开始焊接时，工件温度尚低，为了较快地加热工件和迅速形成熔池，α 应该大一些（80°～90°），喷嘴与工件近于垂直，使火焰的热量集中，尽快使接头表面熔化。正常焊接时，一般保持 α 为 30°～50°。焊接将结束时，倾角可减至 20°，并使焊炬作上下摆动，以便继续对焊丝和熔池加热，这样能更好地填满焊缝和避免烧穿。焊嘴倾角与工件厚度的关系如图 7－11 所示。

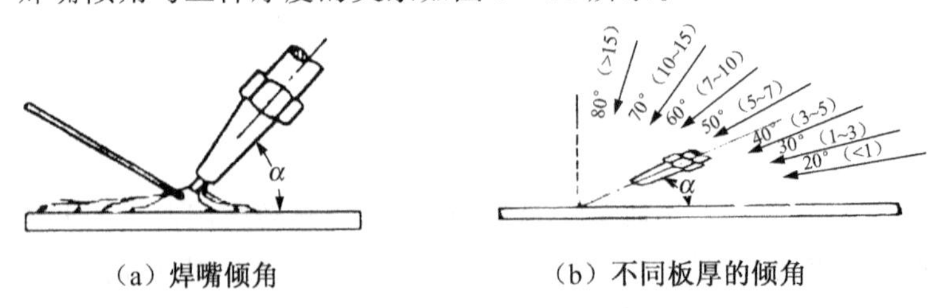

（a）焊嘴倾角　　（b）不同板厚的倾角

图 7－11　焊嘴倾角与工件厚度的关系

焊接时，还应注意送进焊丝的方法。焊接开始时，焊丝端部放在焰心附近预热，待接头形成熔池后，才把焊丝端部浸入熔池。焊丝熔化一定数量之后，应退出熔池，焊炬随即向前移动，形成新的熔池。注意焊丝不能经常处在火焰前面，以免阻碍工件受热，也不能使焊丝在熔池上面熔化后滴入熔池，更不能在接头表面尚未熔化时就送入焊丝。焊接时，火焰内层焰芯的尖端要距离熔池表面2～4mm，形成的熔池要尽量保持瓜子形、扁圆形或椭圆形。

3. 熄火

焊接结束时应熄火。熄火之前一般应先把氧气调节阀关小，再将乙炔调节阀关闭，最后再关闭氧气调节阀，火即熄灭。如果将氧气全部关闭后再关闭乙炔，就会有余火窝在焊嘴里，不容易熄火，这是很不安全的(特别是当乙炔关闭不严时，更应注意)。此外，这样熄火黑烟也比较大，如果不调小氧气而直接关闭乙炔，熄火时就会产生很响的爆裂声。

4. 回火的处理

在焊接操作中有时焊嘴头会出现爆响声，随着火焰自动熄灭，焊枪中会有“吱吱”响声，这种现象叫做回火。因氧气比乙炔压力高，可燃混合会在焊枪内发生燃烧，并很快扩散在导管里而产生回火。如果不及时消除，不仅会使焊枪和皮管烧坏，而且会使乙炔瓶发生爆炸。所以当遇到回火时，不要紧张，应迅速在焊炬上关闭乙炔调节阀，同时关闭氧气调节阀，等回火熄灭后，再打开氧气调节阀，吹除焊炬内的余焰和烟灰，并将焊炬的手柄前部放入水中冷却。

思考题

1. 简述气焊的原理和特点。
2. 气焊的主要设备和工具有哪些?
3. 试述氧气减压器的工作原理。在安装减压器时要注意哪几点?
4. 述说气焊的基本操作步骤。

项目八　其他焊接方法

任务一　电阻焊

一、电阻焊的原理及特点

电阻焊是其中一种压力焊的焊接方法。

电阻焊是当电流通过导体时，由电阻产生热量。当电流不变时，电阻越大，产生的热量越多。当两块金属相接触时，接触处的电阻远远超过金属内部的电阻。因此，如有大量电流通过接触处，则其附近的金属将很快地烧到红热并获得高的塑性。这时如施加压力，两块金属即会连接成一体。

二、电阻焊的分类

电阻焊方法主要有 4 种，即点焊、缝焊、对焊、凸焊，如图 8－1 所示。

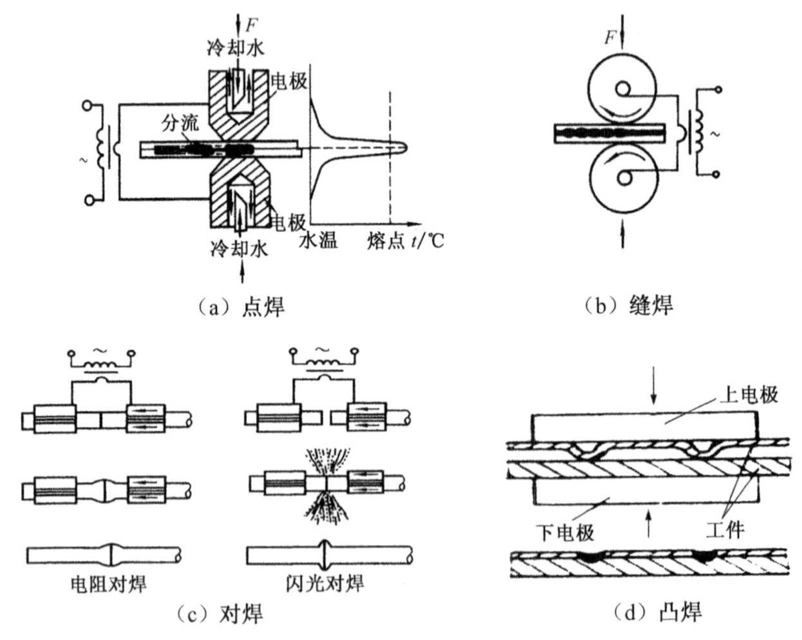

图 8－1　电阻焊

1. 点焊

点焊是将焊件装配成搭接接头，并压紧在两柱状电极之间，利用电阻热熔化母材金属，形成焊点的电阻焊方法。点焊主要用于薄板焊接。

点焊的工艺过程：

(1) 预压，保证工件接触良好。

(2) 通电，使焊接处形成熔核及塑性环。

(3) 断电锻压，使熔核在压力继续作用下冷却结晶，形成组织致密、无缩孔、无裂纹的焊点。

2. 缝焊

缝焊的过程与点焊相似，只是以旋转的圆盘状滚轮电极代替柱状电极，将焊件装配成搭接或对接接头，并置于两滚轮电极之间，滚轮加压焊件并转动，连续或断续送电，形成一条连续焊缝的电阻焊方法。缝焊主要用于焊接焊缝较为规则、要求密封的结构，板厚一般在3mm以下。

3. 对焊

对焊是使焊件沿整个接触面焊合的电阻焊方法。

(1) 电阻对焊：电阻对焊是将焊件装配成对接接头，使其端面紧密接触，利用电阻热加热至塑性状态，然后断电并迅速施加顶锻力完成焊接的方法。电阻对焊主要用于截面简单、直径或边长小于20mm和强度要求不太高的焊件。

(2) 闪光对焊：闪光对焊是将焊件装配成对接接头，接通电源，使其端面逐渐移近达到局部接触，利用电阻热加热这些接触点，在大电流作用下，产生闪光，使端面金属熔化，直至端部在一定深度范围内达到预定温度时，断电并迅速施加顶锻力完成焊接的方法。

闪光对焊的接头质量比电阻对焊好，焊缝力学性能与母材相当，而且焊前不需要清理接头的预焊表面。闪光对焊常用于重要焊件的焊接，可焊同种金属，也可焊异种金属；可焊0.01mm的金属丝，也可焊20000mm的金属棒和型材。

4. 凸焊

凸焊是点焊的一种变型形式。在一个工件上有预制的凸点，凸焊时，一次可在接头处形成一个或多个熔核。

三、电阻焊的特点

1. 电阻焊的优点

(1) 熔核形成时，始终被塑性环包围，熔化金属与空气隔绝，冶金过程简单。

(2) 加热时间短，热量集中，故热影响区小，变形与应力也小，通常在焊后不必安排校正和热处理工序。不需要焊丝、焊条等填充金属，以及氧、乙炔、氢等焊接材料，焊接成本低。

(3) 操作简单，易于实现机械化和自动化，改善了劳动条件。

(4) 生产率高，且无噪声及有害气体，在大批量生产中，可以和其他制造工序一起编到组装线上。但闪光对焊因有火花喷溅，需要隔离。

2. 电阻焊的缺点

(1) 目前还缺乏可靠的无损检测方法，焊接质量只能靠工艺试样和工件的破坏性试验来检查，以及靠各种监控技术来保证。

（2）点、缝焊的搭接接头不仅增加了构件的重量，且因在两板焊接熔核周围形成夹角，致使接头的抗拉强度和疲劳强度均较低。

（3）设备功率大，机械化、自动化程度较高，使设备成本较高、维修较困难，并且常用的大功率单相交流焊机不利于电网的平衡运行。

3. 我国电阻焊的应用现状

随着航空航天、电子、汽车、家用电器等工业的发展，电阻焊愈加受到广泛的重视，同时对电阻焊的质量也提出了更高的要求。可喜的是，我国微电子技术的发展和大功率可控硅、整流器的开发，给电阻焊技术的提高提供了条件。目前我国已生产了性能优良的次级整流焊机。由集成电路和微型计算机构成的控制箱已用于新焊机的配套和老焊机的改造。恒流、动态电阻、热膨胀等先进的闭环监控技术已开始在生产中推广应用。这一切都将有利于提高电阻焊质量，并扩大其应用领域。

四、电阻焊设备

1. 点焊机

点焊机是由机座、加压机构、焊接回路、电极、传动机构和开关及调节装置组成，其中主要部分是加压机构、焊接回路和控制装置。

（1）加压机构。电阻焊在焊接时负责加压的机构。

（2）焊接回路。焊接回路是指除焊接之外参与焊接电流导通的全部零件所组成的导电通路。

（3）控制装置。控制装置是由开关和同步控制两部分组成，在点焊中开关的作用是控制电流的通断，同步控制的作用是调节焊接电流的大小，精确控制焊接程序，当网路电压有波动时，能自动进行补偿。

2. 对焊机

对焊机是由机架、导轨、固定座板和动板、送进机构、夹紧机构、支点（顶座）、变压器等以及控制固定着对焊机的全部基本部件组成，如图 8－2 所示。

（1）导轨：用来保证动板可靠的移动，以便送进焊件。

（2）送进机构：送进机构的作用是使焊件同动板一起移动，并保证有所需的顶锻力。

（3）夹紧机构：夹紧机构由两个夹具构成，一个是固定的，称为固定夹具；另一个是可移动的，称为动夹具。固定夹具直接安装在机架上；动夹具安装在动板上，可随动板左右移动。

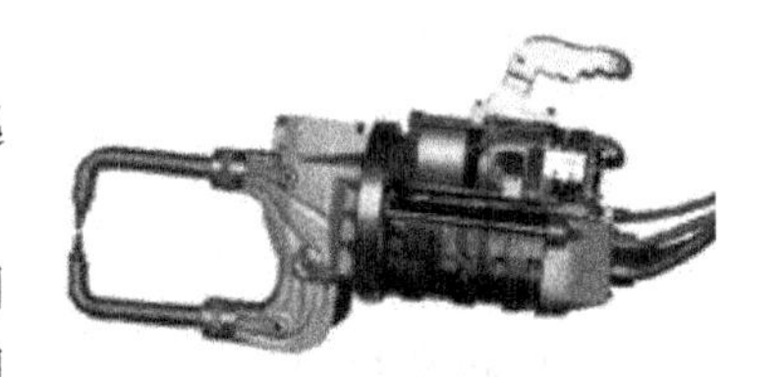

图 8－2　对焊机

3. 电阻焊电源

电阻焊常采用工频变压器作为电源，电阻焊变压器的外特性采用下降的外特性，与常用变压器及弧焊变压器相比，电阻焊变压器有以下特点：

（1）电流大、电压低。常用的电流是 2～40kA，在铝合金点焊或钢轨对焊时甚至可以达到 150～200kA，由于焊件焊接回路电阻通常只有若干微欧，所以电源电压低，固定式焊机通常在 10V 以内，悬挂式点焊机才可达到 24V。

(2) 功率大、可调节。由于焊接电流很大,虽然电压不高,焊机仍可达到比较大的功率,大功率电源甚至高达1000kW以上。为了适应各种不同焊件的需要,还要求焊机的功率应能方便调节。

(3) 断续工作状态、无空载运行。电阻焊通常在焊件装配好之后才接通电源的,电源一旦接通,变压器就在负载状态下运行,一般无空载运行的情况发生,其他工序如装载、夹紧等,一般不需要接通电源,因此变压器处于断续工作状态。

4. 电阻焊电极

电极用于导电与加压,并决定主要散热量,所以电极材料、形状、工作端面尺寸和冷却条件对焊接质量及生产率都有很大影响。电极材料主要是加入Cr、Cd、Be、Al、Zn、Mg等合金元素的铜合金加工制作的。

点焊电极的工作表面可以加工成平面、弧形或球形。平面电极常用于结构钢的焊接,这种电极制造和修锉容易。球面电极,焊点表面压痕浅,散热也好,所以焊接轻合金的厚度在2～3mm的焊件时,都采用球面电极,球面电极的球面半径一般在40～100mm。对焊电极需要根据不同的焊件尺寸来选择电极形状。

对电极材料的要求:

(1) 为了延长使用寿命,改善焊件表面的受热状态,电极应具有高导电率和高热导率。

(2) 为了使电极具有良好的抗变形和抗磨损能力,电极具有足够的高温强度和硬度。

(3) 电极的加工要方便、便于更换,且成本要低。

(4) 电极材料与焊件金属形成合金化的倾向小,物理性能稳定,不易粘附。

五、常用电阻焊工艺

1. 点焊工艺

(1) 点焊焊接循环。点焊的焊接循环有4个基本阶段:

① 预压阶段:电极下降到电流接通阶段,确保电极压紧工件,使工件间有适当压力。

② 焊接阶段:焊接电流通过工件,产热形成熔核。

③ 结晶阶段:切断焊接电流,电极压力继续维持至熔核冷却结晶,此阶段也称锻压阶段。

④ 休止阶段:电极开始提起到电极再次开始下降,开始下一个焊接循环。为了改善焊接接头的性能,有时需要将下列各项中的一个或多个加于基本循环。

其中,加大预压力以消除厚工件之间的间隙,使之紧密贴合。用预热脉冲提高金属的塑性,使工件易于紧密贴合、防止飞溅;凸焊时这样做可以使多个凸点在通电焊接前与平板均匀接触,以保证各点加热的一致。加大锻压力以压实熔核,防止产生裂纹或缩孔。用回火或缓冷脉冲消除合金钢的淬火组织,提高接头的力学性能,或在不加大锻压力的条件下,防止裂纹和缩孔。

(2) 点焊接头形式。点焊接头形式为搭接接头和折边搭接,如图8-3所示。接头设计时,必须考虑边距、搭接宽度、焊点间距、装配间隙等。

几种典型点焊接头还有如图8-4所示的形式。影响其焊接的因素如下:

① 边距与搭接宽度:边距是焊点到焊件边缘的距离。边距的最小值取决于被焊金属的种类、焊件厚度和焊接参数。搭接宽度一般为边距的两倍。

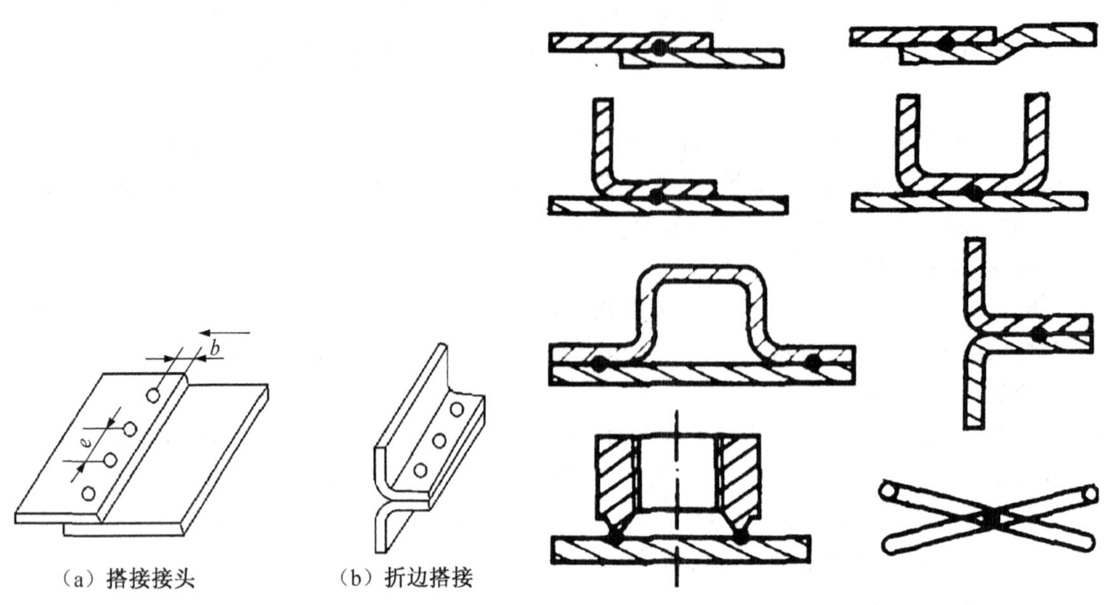

图 8-3　点焊接头形式

图 8-4　几种典型点焊接头的形式

② 焊点间距：焊点间距是为避免点焊产生的分流而影响焊点质量所规定的数值。所谓分流，是指点焊时不经过焊接区，未参加形成焊点的那一部分电流。分流使焊接区的电流降低，有可能形成未焊透或使核心形状畸变等。焊点间距过大，则接头强度不足；焊点间距过小又有很大的分流，所以应控制焊点间距。不同厚度材料的点焊搭接宽度和焊点间距要求见表 8-1。

表 8-1　不同厚度材料的点焊搭接宽度和焊点间距要求

材料厚度/mm	结构钢		不锈钢	
	搭接宽度/mm	焊点间距/mm	搭接宽度/mm	焊点间距/mm
0.3 + 0.3	6	10	6	7
0.5 + 0.5	8	11	7	8
0.8 + 0.8	9	12	9	9
1.0 + 1.0	12	14	10	10
1.2+ 1.2	12	14	10	12
1.5 + 1.5	14	15	12	12
2.0 + 2.0	18	17	12	14
2.5 + 2.5	18	20	14	16
3.0 + 3.0	20	24	18	18
4.0 + 4.0	22	26	20	22

③ 装配间隙：接头的装配间隙尽可能小，因为靠压力消除间隙将消耗一部分压力，使实际的压力降低。一般为 0.1～0.3mm。

(3) 熔核偏移及其防止方法。

① 熔核偏移：熔核偏移是不同厚度、不同材料点焊时，熔核不对称于交界面而向厚板或导电、导热性差的一边偏移的现象。其结果造成导电、导热性好的工件焊透率小，焊点强度降低。熔焊偏移是由两工件产热和散热条件不相同引起的。厚度不等时，厚件一边电阻大、交界面离电极远，故产热多而散热少，致使熔核偏向厚件；材料不同时，导电、导热性差的材料产热易而散热难，故熔核也偏向这种材料。如图 8－5 所示，图中 ρ 为电阻率。

② 防止熔核偏移的方法：防止熔核偏移的原则是增加薄板或导电、导热好的工件的产热，还要加强厚板或导电、导热差的工件的散热。常用的方法有以下几种：

a. 采用强规范。强规范电流大，通电时间短，加大了工件间接触电阻产热的影响，降低电极散热的影响，有利于克服熔核偏移。例如：用电容储能焊机（一般大电流和极短的通电）能够点焊厚度比达 20∶1 的焊件。

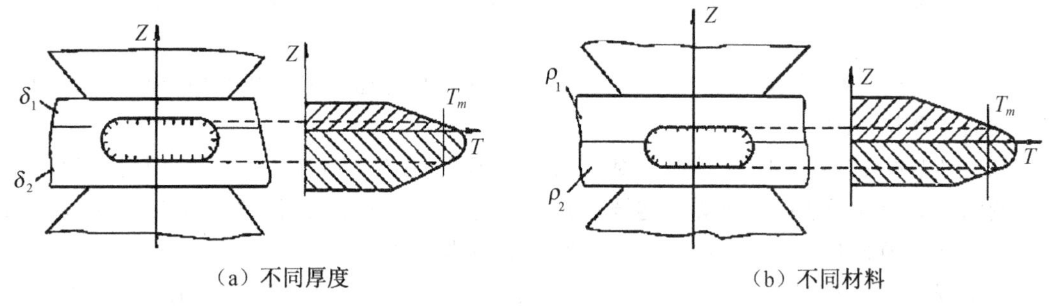

（a）不同厚度　　（b）不同材料

图 8－5　不同厚度、不同材料点焊时的熔核偏移

b. 采用不同接触表面直径的电极在薄件或导热、导电好的工件一侧，采用较小直径的电极，以增加该面的电流密度，同时减小其电极的散热影响。

c. 采用不同的电极材料在薄件或导电好的材料一面选用导热差的铜合金，以减少这一侧的热损失。

d. 采用工艺垫片在薄件或导电、导热好的工件一侧，垫一块由导电、导热差的金属支撑的垫片（厚度为 0.2～0.3mm），以减少这一侧的散热。

（4）焊前表面清理。点焊工件的表面必须清理，去除表面的油污。对氧化膜冷轧钢板的工件，若表面无锈，只需去油；对铝及铝合金等金属表面，必须用机械或化学清理方法去除氧化膜，并且必须在清理后规定的时间内进行焊接。

（5）点焊工艺参数。点焊工艺参数主要包括焊接电流、焊接通电时间、电极压力、电极端面形状与尺寸等。

① 焊接电流：焊接电流是决定产热大小的关键因素，将直接影响熔核直径与焊透率，必然影响到焊点的强度。电流太小，则能量过小，无法形成熔核或熔核过小。电流太大，则能量过大，容易引起飞溅的产生。

② 焊接通电时间：焊接通电时间对产热与散热均产生一定的影响，在焊接通电时间内，焊接区产出的热量除部分散失外，将逐步积累，用来加热焊接区，使熔核扩大到所要求的尺寸。如焊接通电时间太短，则难以形成熔核或熔核过小。要想获得所要求的熔核，应使焊接通电时间有一个合适的范围，并与焊接电流相配合。

③ 电极压力：电极压力大小将影响到焊接区的加热程度和塑性变形程度。随着电极压

力的增大，则接触电阻减小，使电流密度降低，从而减慢加热速度，导致焊点熔核直径减小。如在增大电极压力的同时，适当延长焊接时间或增大焊接电流，可使焊点熔核增加，从而提高焊点的强度。

④ 电极端面形状与尺寸：根据焊件结构形式、焊件厚度及表面质量要求等的不同，应使用不同形状的电极。

2. 对焊工艺

(1) 焊件准备。闪光对焊的焊件准备包括端面几何形状、毛坯端头的加工和表面清理。闪光对焊时，两工件对接面的几何形状和尺寸应基本一致，否则将不能保证两工件的加热和塑性变形一致，从而将会影响接头质量。在生产中，圆形工件直径的差别不应超过15%。在闪光对焊大断面时，最好将一个工件的端部倒角，使电流密度增大，以便于激发闪光。对焊毛坯端头的加工可以在剪床、冲床、车床上进行，也可以用等离子弧或气体火焰切割，然后清除端面。

闪光对焊时，因端部金属在闪光时被烧掉，故对端面清理要求不甚严格，但对夹钳和工件接触面要严格清理。

(2) 闪光对焊过程。闪光对焊是对焊的主要形式，在生产中应用广泛。闪光对焊可分为连续闪光对焊和预热闪光对焊。连续闪光对焊过程由两个主要阶段组成：闪光阶段和顶锻阶段。预热闪光对焊只是在闪光阶段前增加了预热阶段。

① 闪光阶段在焊件两端面接触时，许多小触点通过大的电流密度而熔化形成液态金属过梁。在高温下，过梁不断爆破，由于蒸气压力和电磁力的作用，液态金属微粒不断从接口中喷射出来，形成火花束流闪光。闪光过程中，工件端面被加热，温度升高，闪光过程结束前，必须使工件整个端面形成一层液态金属层，使一定深度的金属达到塑性变形温度。

② 顶锻阶段。闪光阶段结束时，立即对工件施加足够的顶锻压力，过梁爆破被停止，进入顶锻阶段。在压力作用下，接头表面液态金属和氧化物被清除，使洁净的塑性金属紧密接触，并产生塑性变形，以促进再结晶进行，形成共同晶粒，获得牢固优质接头。

(3) 闪光对焊工艺参数。闪光对焊的主要工艺参数包括伸出长度、闪光电流、闪光留量、闪光速度、顶锻留量、顶锻速度、顶锻压力、顶锻电流、夹钳夹持力等。

此外，对于预热闪光对焊还应考虑预热温度和预热时间。预热温度根据工件断面和材料性能选择，焊接低碳钢时，一般在700～900℃，预热时间根据预热温度来确定。表8-2为低碳钢棒材闪光对焊的工艺参数。

表8-2　低碳钢棒材闪光对焊的工艺参数

直　径/mm	顶锻压力/MPa	伸出长度/mm	闪光留量/mm	顶锻留量/mm	闪光时间/s
5	60	4.5	3	1	1.5
6	60	5.5	3.5	1.3	1.9
8	60	6.5	4	1.5	2.25
10	60	8.5	5	2	3.25
12	60	11	6.5	2.5	4.25
14	70	12	7	2.8	5

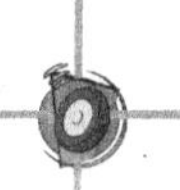

续 表

直 径/mm	顶锻压力/MPa	伸出长度/mm	闪光留量/mm	顶锻留量/mm	闪光时间/s
16	70	14	8	3	6.75
18	70	15	9	3.3	7.5
20	70	17	10	3.6	9.0
25	80	21	12.5	4	13
30	80	25	15	4.6	20
40	80	33	20	6	45

任务二 电渣焊

一、电渣焊原理

电渣焊是利用电流通过液态熔渣时产生的电阻热作为焊接热源，将工件和填充金属熔合成焊缝的一种熔化焊方法。其原理如图 8－6 所示，渣池保护金属熔池不被空气污染，水冷成型滑块与工件端面构成空腔挡住熔池和渣池，保证熔池金属凝固成型。

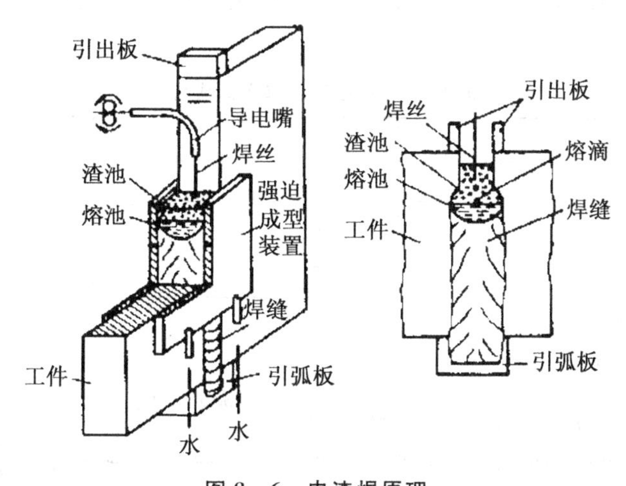

图 8－6 电渣焊原理

二、电渣焊过程

电渣焊过程具体如图 8－7 所示。

1. 引弧造渣阶段

在电极和起弧槽之间引出电弧，熔化焊剂形成液体渣池，当渣池达到一定深度后，电弧熄灭，转入电渣过程。

2. 正常焊接阶段

当电渣过程稳定后，焊接电流通过渣池产生的热(1600～2000℃)将电极和被焊工件熔

化形成熔池，液体金属逐渐凝固形成焊缝。

3. 引出阶段

将渣池和在停止焊接时产生的缩孔及裂纹的部分金属引出工件。

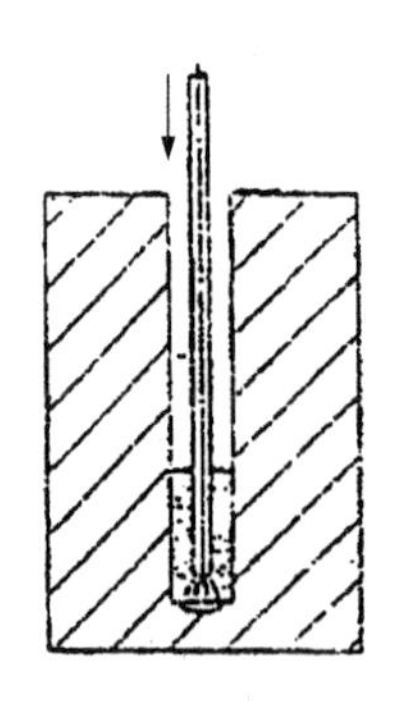

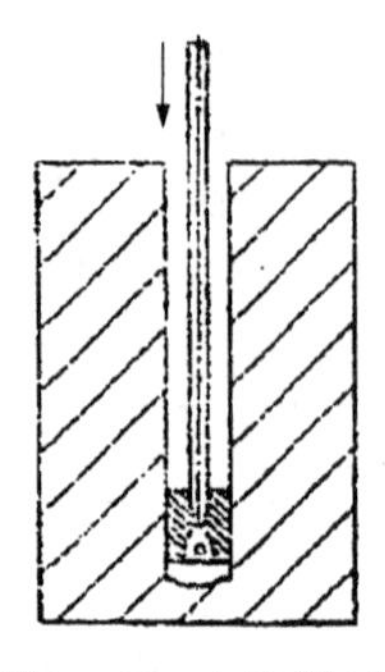

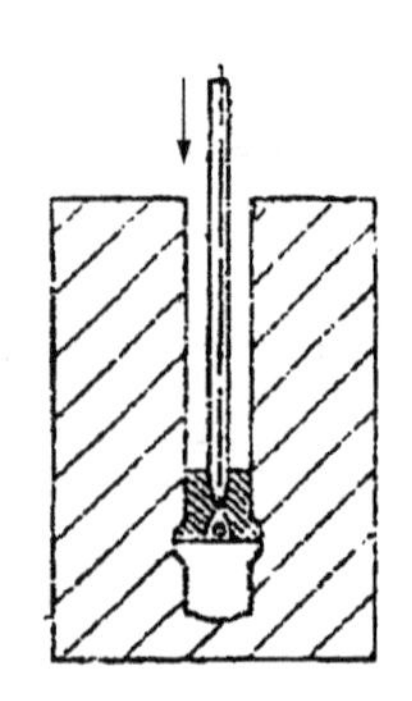

图 8－7　电渣焊过程

三、电渣焊焊剂

电渣焊焊剂的主要作用与一般埋弧焊焊剂不同，电渣焊过程中的焊剂被熔化成熔池后使电能转换成热能。液态熔渣应具有一定的导电性和粘度，熔渣太稠会产生夹杂和咬肉现象，太稀则会在缝隙中流失。

一般焊剂由 Si、Mn、Ti、Ca、Mg 和 Al 的复合氧化物组成，其成分见表 8－3。焊剂量仅为熔敷金属的 1%～5%。

表 8－3　常用电渣焊焊剂成分

成分 类型	SiO_2/%	Al_2O_3/%	CaO/%	MgO/%	CaF_2/%	Na_3AlF_4/%
A	15	20	15	15	35	/
B	5	/	55	/	/	40

四、电渣焊的分类

在生产应用中，根据采用电极的形状和是否固定，电渣焊方法可分为两大类：不带熔化极送入导管的电渣焊；带熔化极送入导管的电渣焊（包括丝极、板极、带极等）。

1. 不带熔化极送入导管的电渣焊

如图 8－8 所示，焊丝通过不熔化的导电嘴送入熔池，导电嘴随金属熔池的升高而向上移动。应用范围：

（1）工件间隙宽度：30～35mm。

（2）焊缝位置：垂直。

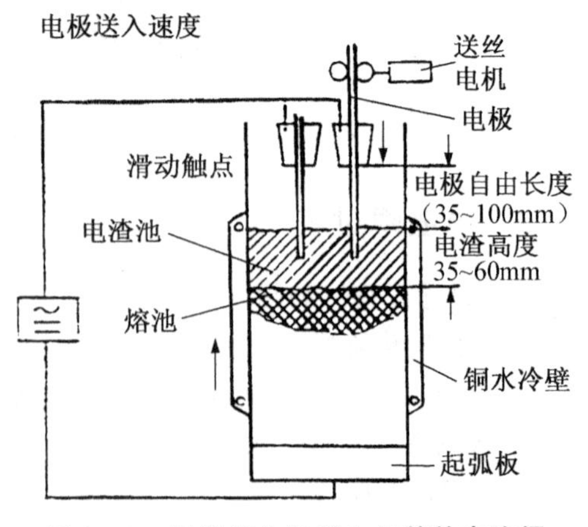

图 8－8　不带熔化极送入导管的电渣焊

（3）工件板厚：≥30mm。

（4）材料：碳钢、低合金钢、高合金钢等。

（5）电极送入速度：400M/h。

2. 带熔化极送入导管的电渣焊

如图 8-9 所示，带熔化极送入导管和送进的焊丝一起构成电极被熔化。应用范围：

（1）焊缝位置：垂直、曲线、曲面焊缝。

（2）工件板厚：≥15mm。

（3）材料：碳钢、低合金钢、高合金钢等。

（4）电极：

丝极——ϕ2.5～4mm。

带极——60mm×0.5mm。

板极——80mm×60mm 至 10mm×120mm。

（5）熔化极送入导管：10～15mm。

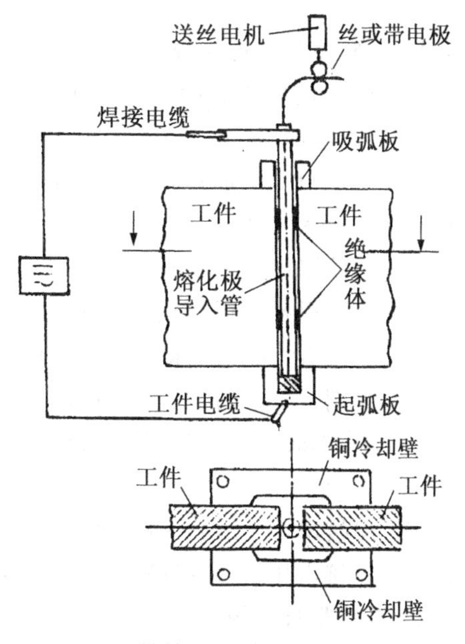

图 8-9　带熔化极送入导管的电渣焊

五、电渣焊设备及电源特性

一台完整的电渣焊设备主要包括 3 个部分：

（1）电渣焊执行机构：包括送丝机构、摆动机构、上下行走机构等。

（2）焊接电源：从经济方面考虑一般采用空载电压低、感抗小的平特性交流电源。

由于电渣焊焊接时间长，中间无停顿，因此应按负载率 100% 考虑。目前国内常用的有 BP1—3×1000 和 BP1—3×3000 电渣焊变压器。

（3）焊接过程自动调节及控制电参数控制器：送丝电机的速度控制器、机头摆动控制器、升降机构的控制器以及电流表、电压表等。

由于电渣焊过程无电弧放电，过程较稳定，所以一般采用平特性电源加上等速送丝系统也能保证焊接电流、电压稳定不变。

六、电渣焊的典型应用及特点

电渣焊主要用于大厚度、大截面的结构，不仅可焊碳钢、合金钢，也能焊铸铁以及铜铝等有色金属。电渣焊特别适于焊一些曲面、圆筒形结构的部件。

1. 电渣焊的主要优点

（1）不开坡口，仅留一定间隙一次可焊成大厚度的工件。如单丝电渣焊（焊丝沿工件厚度方向摆动）一次可焊厚度达 200mm。

（2）焊剂消耗量只有埋弧焊的 1/5～1/20，电能消耗量只有埋弧焊的 1/2～1/3。

（3）不易产生气孔、夹渣、裂纹等工艺缺陷。焊接时熔池有渣池保护，加热均匀，冷却速度慢，液态金属停留时间长，有利于焊缝结晶。

2. 电渣焊的主要缺点

焊接过程中焊缝和热影响区在高温停留时间长，易产生晶粒粗大和过热组织，引起接头

力学性能降低。因此焊后应进行正火和回火热处理,使工艺复杂化。

七、其他电渣焊方法

1. 环形焊缝的电渣焊

环形焊缝的电渣焊如图 8-10 所示。

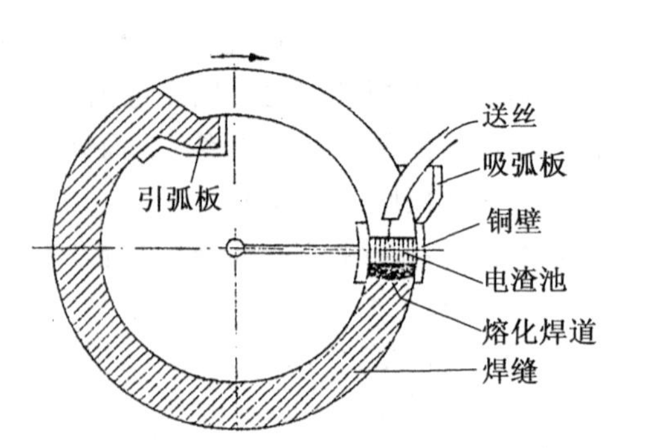

图 8-10　环形焊缝的电渣焊

2. 铝的电渣焊

(1) 可焊材料:纯铝,但是铝合金用电渣焊时材料的强度和变形能力达不到要求。

(2) 工件厚度:50mm。

(3) 熔池保护:石墨板(铜板的熔池保护会吸收过多的热量,易产生未熔合现象)。

(4) 焊剂:NaF 为 18.5%;铝焊接时:LiF 为 30%,NaCl 为 45%,SiO_2 为 6.5%。

(5) 焊丝直径:ϕ5mm。

(6) 焊接电流:1000~11000A。

(7) 焊接电压:35~42V。

3. 电渣带极堆焊

电渣带极堆焊如图 8-11 所示。

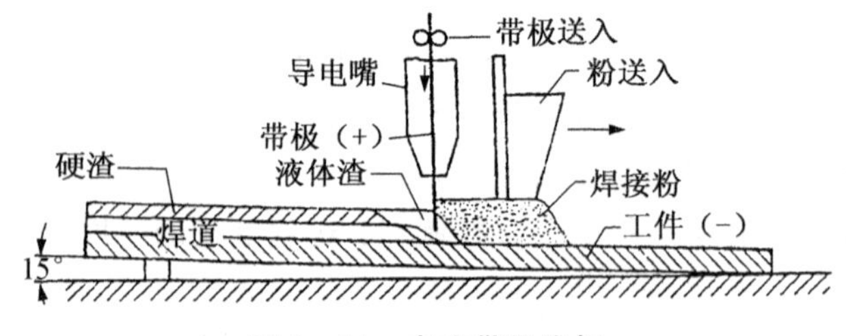

图 8-11　电渣带极堆焊

任务三　摩擦焊

一、摩擦焊概述

摩擦焊是在轴向压力与扭矩作用下,利用焊接接触端面之间的相对运动及塑性流动所产生的摩擦热,以及塑性变形热使接触面及其附近区域达到高温粘塑性状态并产生适当的宏观塑性变形,然后迅速顶锻而完成焊接的一种压焊方法。摩擦焊的分类如图 8-12 所示。

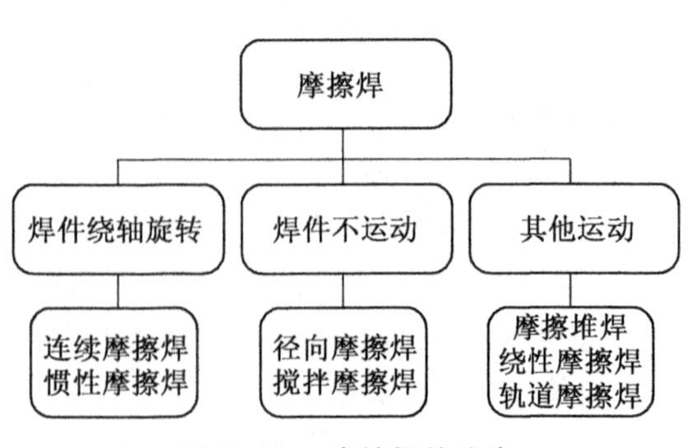

图 8-12　摩擦焊的分类

二、摩擦焊原理

摩擦焊是利用金属焊接表面摩擦生热的一种热压焊接法。摩擦焊时，通常将待焊工件两端分别固定在旋转夹具和移动夹具内，工件被夹紧后，位于滑台上的移动夹具随滑台一起向旋转端移动，移动至一定距离后，旋转端工件开始旋转，工件接触后开始摩擦加热。此后，则可进行不同的控制，如时间控制或摩擦缩短量（又称摩擦变形量）控制。当达到设定值时，旋转停止，顶锻开始，通常施加较大的顶锻力并维持一段时间，然后旋转夹具松开，滑台后退，当滑台退到原位置时，移动夹具松开，取出工件，至此，焊接过程结束，如图 8－13 所示。

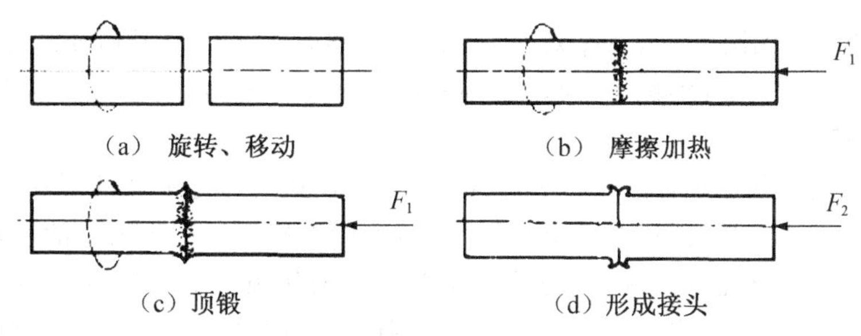

图 8－13 摩擦焊的过程

三、摩擦焊的分类

1. 连续摩擦焊

这是一种普通类型的摩擦焊，在焊接过程中，工件被主轴电机连续驱动，以恒定的转速旋转，直至规定的摩擦时间或摩擦变形量，工件才立即停止旋转和顶锻焊接，如图8－14所示。

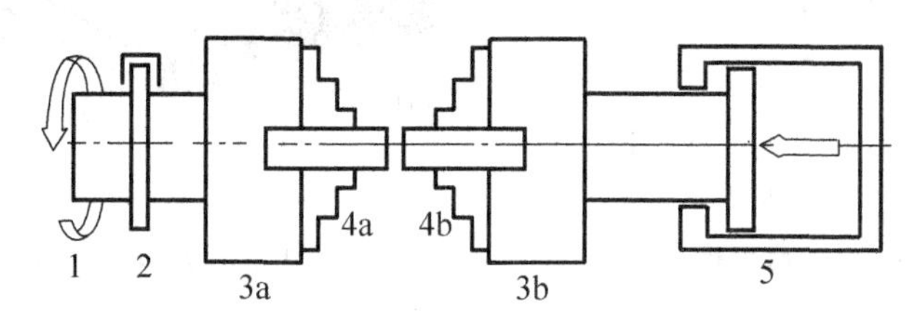

1－转动；2－制动；3a－转动卡具；3b－非转动卡具；
4a－旋转工件；4b－非旋转工件；5－工件缸

图 8－14 连续摩擦焊

2. 惯性摩擦焊

工件的旋转端被夹持在飞轮里，焊接过程开始时首先将飞轮和工件的旋转端加速到一定的速转，然后飞轮与主电机脱开，同时，工件的移动端向前移动，工件接触后开始摩擦加热。在摩擦焊加热过程中，飞轮受摩擦扭矩的制动作用，转速逐渐下降，当转速为零时，焊接过程结束，如图 8－15 所示。

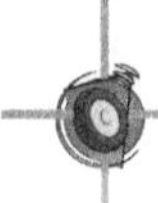

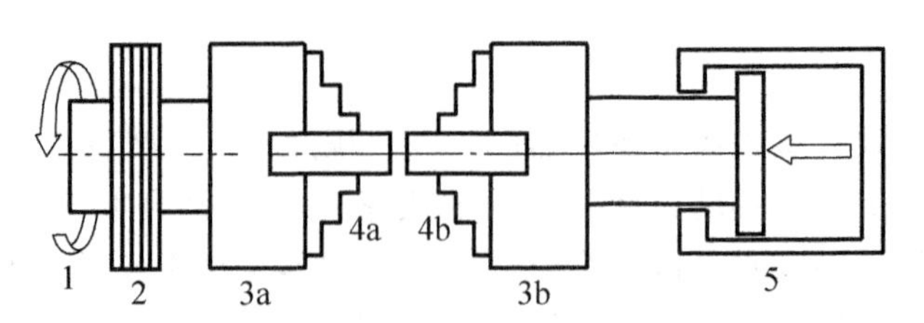

1 -转动；2 -惯性体，可变换；3a -转动卡具；3b -非转动卡具；
4a -旋转工件；4b -非旋转工件；5 -工件缸

图 8－15　惯性摩擦焊

3. 径向摩擦焊

将一个带有斜面的圆环装在一个对开坡口的管子端面上，摩擦焊接时使圆环旋转，并向两个管端施加径向摩擦力。当摩擦终了时，停止圆环的转动，并向它施加顶锻压力，如图8－16所示。

4. 搅拌摩擦焊

搅拌摩擦焊的工作原理：将一个耐高温硬质材料制成的一定形状的搅拌针旋转深入到两被焊材料连接的边缘处，搅拌头调整旋转，在两焊件连接边缘产生大量的摩擦热，从而在连接处产生金属塑性软化区。该塑性软化区在搅拌头的作用下受到搅拌、挤压，随着搅拌头的旋转沿焊缝向后流动，形成塑性金属流，并在搅拌头离开后的冷却过程中受到挤压而形成固相焊接接头，如图 8－17 所示。

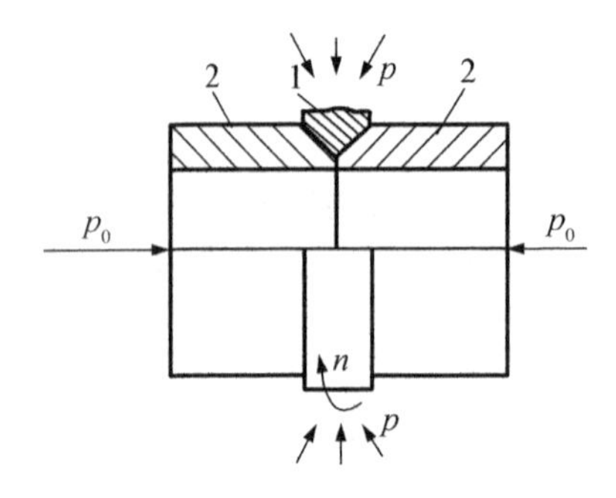

1 -旋转圆环；2 -待焊管子；n -圆环速度；
p_0 -轴向顶锻压力；p -径向压力

图 8－16　径向摩擦焊

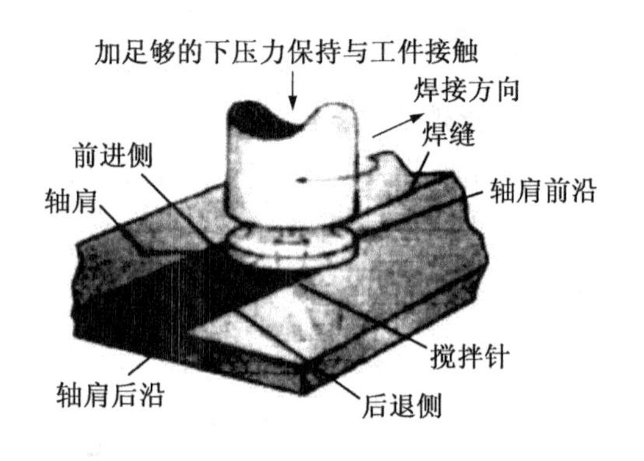

图 8－17　搅拌摩擦焊

5. 摩擦堆焊

堆焊金属圆棒高速旋转，并向母材金属施加摩擦压力。由于母材体积大，导热好，冷却速度快，使摩擦表面从堆焊金属和母材的交界面移向堆焊金属一边。同时堆焊金属凝结过渡到母材上形成堆焊焊肉。当母材相对于堆焊金属棒转动或者移动时，在母材上就会形成堆焊焊缝，如图 8－18 所示。

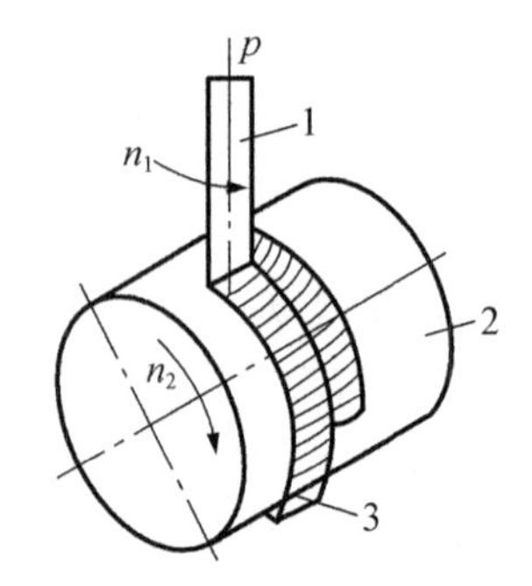

1 -堆焊金属圆棒；2 -堆焊件；3 -堆焊焊缝

图 8－18　摩擦堆焊

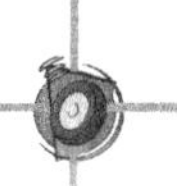

6. 线性摩擦焊

待焊的两个工件一个固定，另一个以一定的速度做往复运动，或两个工件做相对往复运动，在压力的作用下，两工件的界面摩擦产生热量，从而实现焊接，如图 8 - 19 所示。

7. 轨道摩擦焊

轨道摩擦焊是一种新发展起来的焊接方法，主要用于焊接非圆断面工件。直线轨道摩擦焊工件沿直线轨道，以一定的振幅和频率保证振动速度达到要求的数值，使焊接表面做相对的反复振动摩擦。圆形轨道摩擦焊工件的每个质点以相同的半径和转速，沿圆形轨道使焊接表面做相对的移动摩擦。当接头加热到焊接温度以后，就停止工件的摩擦运动，进行顶焊，如图 8 - 20 所示。

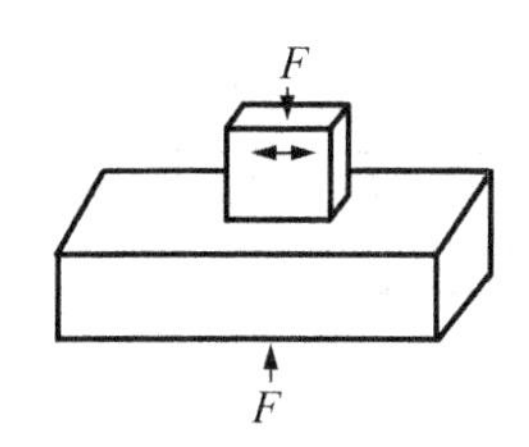

图 8 - 19　线性摩擦焊

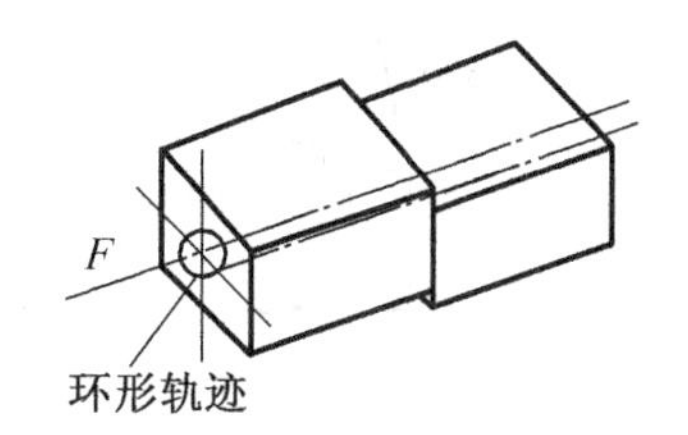

图 8 - 20　轨道摩擦焊

四、摩擦焊的工艺特点

摩擦焊是一种优质、高效、节能的固态连接技术，被广泛应用于航空航天、石油、汽车等领域中。在摩擦焊接过程中，主轴转速、焊接压力、焊接时间以及焊接变形量是影响焊接质量的重要工艺参数。对这些参数实现精确的检测和控制，是获得优质焊接接头的保障。因此，研制一套控制精度高、响应速度快、具有丰富的数据处理能力且易于升一级和扩充的开放式控制系统具有重要意义。

摩擦焊具有下列优点：

(1) 焊接质量好而稳定。由于摩擦焊是一种热压焊接法，摩擦不仅能消除焊接表面的氧化膜，同时在较大的顶锻压力作用下，还能挤碎和挤出由于高速摩擦而产生的塑性变形层中氧化了的部分和其他杂质，并使焊缝金属得到锻造组织。

(2) 摩擦焊不仅能焊接黑色金属、有色金属、同种异种金属，而且还能焊接非金属材料，如塑料、陶瓷等。

(3) 对具有紧凑的回转断面的工件的焊接，都可用摩擦焊代替闪光焊、电阻焊及电弧焊，并可简化和减少锻件和铸件，充分利用轧制的棒材和管材。

(4) 焊件尺寸精度高。采用摩擦焊工艺生产的柴油发动机预燃烧室，最大误差为±0.1mm。专用的摩擦焊机可以保证焊件的长度公差为±0.2mm，偏心度小于 0.2mm。

(5) 焊接生产率高，易实现机械化、自动化，操作技术简单。

(6) 焊接费用低。由于摩擦焊节省电能、金属变形量小(焊接缩短量少)、接头焊前不需要清理、焊接时不需要填料和保护气体、接头上的飞边有时可以不必去除，所以焊接费用显著降低。

(7) 工作场地卫生，无火花、弧光及有害气体，适于和其他先进的金属加工方法一起列入自动生产线。

五、摩擦焊接过程

摩擦焊接过程曲线如图 8－21 所示。

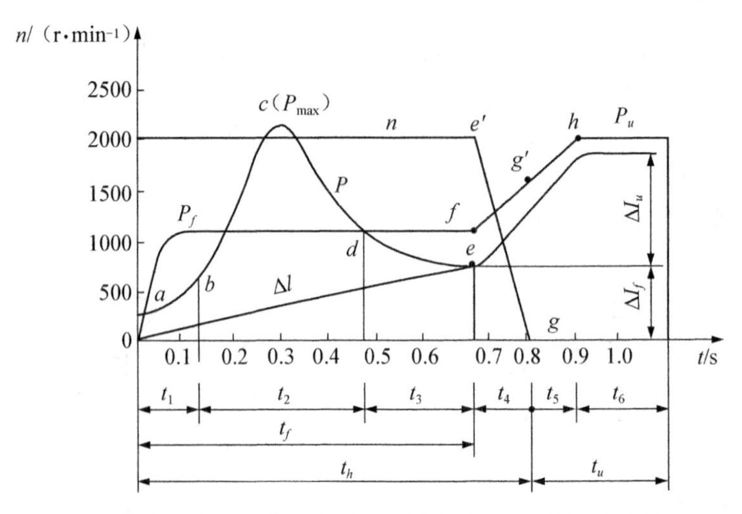

n－工作转速；P_f－摩擦压力；P_u－顶锻压力；ΔI_f－摩擦变形量；

ΔI_u－顶锻变形量；P－摩擦加热功率；P_{max}－摩擦加热功率峰值；

t－时间；t_f－摩擦时间；t_h－实际摩擦加热时间；t_u－实际顶锻时间

图 8－21　摩擦焊接过程曲线

1. 初始摩擦阶段(t_1)

此阶段是从两个工件开始接触的 a 点起，到摩擦加热功率显著增大的 b 点止。摩擦开始时，由于工件待焊接表面不平，以及存在氧化膜、铁锈、油脂、灰尘和吸附气体等，使得摩擦系数很大。随着摩擦压力的逐渐增大，摩擦加热功率也慢慢增加，最后摩擦焊接表面温度将升到 200～300℃。

在初始摩擦阶段，由于两个待焊工件表面互相作用着较大的摩擦压力和具有很高的相对运动速度，使凹凸不平的表面迅速产生塑性变形和机械挖掘现象。塑性变形破坏了界面的金属晶粒，形成一个晶粒细小的变形层，变形层附近的母材也沿摩擦方向产生塑性变形。金属互相压入部分的挖掘，使摩擦界面出现同心圆痕迹，这样又增大了塑性变形。因摩擦表面不平、接触不连续，以及温度升高等原因，使摩擦表面产生振动，此时空气可能进入摩擦表面，使高温下的金属氧化。但由于 t_1 时间很短，摩擦表面的塑性变形和机械挖掘又可以破坏氧化膜，因此对接头的影响不大。当焊件断面为实心圆时，其中心的相对旋转速度为零，外缘速度最大，此时焊接表面金属处于弹性接触状态，温度沿径向分布不均匀，摩擦压力在焊接表面上呈双曲线分布，中心压力最大，外缘最小。在压力和速度的综合影响下，摩擦表面的加热往往从距圆心半径 2/3 左右的地方首先开始。

2. 不稳定摩擦阶段(t_2)

不稳定摩擦阶段是摩擦加热过程的一个主要阶段，该阶段从摩擦加热功率显著增大的 b 点起，越过功率峰值 c 点，到功率稳定值的 d 点为止。由于摩擦压力较初始摩擦阶段增大，相对摩擦破坏了焊接金属表面，使纯净的金属直接接触。随着摩擦焊接表面的温度升高，金

属的强度有所降低，而塑性和韧性却有了很大的提高，增大了摩擦焊接表面的实际接触面积。这些因素都使材料的摩擦系数增大，摩擦加热功率迅速提高。当摩擦焊接表面的温度继续增高时，金属的塑性增高，而强度和韧性都显著下降，摩擦加热功率也迅速降低到稳定值 d 点。因此，摩擦焊接的加热功率和摩擦扭矩都在 c 点呈现出最大值。在 45 号钢的不稳定摩擦阶段，待焊表面的温度由 200～300℃升高到 1200～1300℃，而功率峰值出现在 600～700℃。这时摩擦表面的机械挖掘现象减少，振动降低，表面逐渐平整，开始产生金属的粘结现象。高温塑性状态的局部金属表面互相焊合后，又被工件旋转的扭力矩剪断，并彼此过渡。随着摩擦过程的进行，接触良好的塑性金属封闭了整个摩擦面，并使之与空气隔开。

3. 稳定摩擦阶段(t_3)

稳定摩擦阶段是摩擦加热过程的主要阶段，其范围从摩擦加热功率稳定值的 d 点起，到接头形成最佳温度分布的 e 点为止，这里的 e 点也是焊机主轴开始停车的时间点（可称为 e' 点），还是顶锻压力开始上升的点以及顶锻变形量的开始点。在稳定摩擦阶段中，工件摩擦表面的温度继续升高，并达到 1300℃左右。这时金属的粘结现象减少，分子作用现象增强。稳定摩擦阶段的金属强度极低，塑性很大，摩擦系数很小，摩擦加热功率也基本上稳定在一个很低的数值。此外，其他连接参数的变化也趋于稳定，只有摩擦变形量不断增大，变形层金属在摩擦扭矩的轴向压力作用下，从摩擦表面挤出形成飞边，同时，界面附近的高温金属不断补充，始终处于动平衡状态，只是接头的飞边不断增大，接头的热影响区变宽。

4. 停车阶段(t_4)

停车阶段是摩擦加热过程至顶锻焊接过程的过渡阶段，是从主轴和工件一起开始停车减速的 e'点起，到主轴停止转动的 g 点止。从图 8－21 可知，实际的摩擦加热时间从 a 点开始，到 g 点结束，即 $t_f=t_1+t_2+t_3+t_4$。尽管顶锻压力从 f 点施加，但由于工件并未完全停止旋转，所以 g'点以前的压力，实质上还是属于摩擦压力。顶锻开始后，随着轴向压力的增大，转速降低，摩擦扭矩增大，并再次出现峰值，此值称为后峰值扭矩。同时，在顶锻力的作用下，接头中的高温金属被大量挤出，工件的变形量也增大。因此，停车阶段是摩擦焊接的重要过程，直接影响接头的焊接质量，要严格控制。

5. 纯顶锻阶段(t_5)

从主轴停止旋转的 g（或 g'）点起，到顶锻压力上升至最大值的 h 点止。在这个阶段中，应施加足够大的顶锻压力，精确控制顶锻变形量和顶锻速度，以保证获得优异的焊接质量。

6. 顶锻维持阶段(t_6)

该阶段从顶锻压力的最高点 h 开始，到接头温度冷却到低于规定值为止。在实际焊接控制和自动摩擦焊机的程序设计时，应精密控制该阶段的时间 t_u（$t_u=t_3+t_4$）。在顶锻维持阶段，顶锻时间、顶锻压力和顶锻速度应相互配合，以获得合适的摩擦变形量 ΔI_f 和顶锻变形量 ΔI_u。在实际计算时，摩擦变形速度一般采用平均摩擦变形速度（$\Delta I_f/t_f$），顶锻变形速度也采用其平均值[$\Delta I_u/(t_4+t_5)$]。

总之，在整个摩擦焊接过程中，待焊的金属表面经历了从低温到高温摩擦加热，连续发生了塑性变形、机械挖掘、粘接和分子连接的过程变化，形成了一个存在于全过程的高速摩擦塑性变形层，摩擦焊接时的产热、变形和扩散现象都集中在变形层中。在停车阶段和顶锻焊接过程中，摩擦表面的变形层和高温区金属被部分挤碎排出，焊缝金属经受锻造，形成了质量良好的焊接接头。

各种摩擦焊的工艺流程和主程序虽然在某些细节方面有所不同，但大都是大同小异。它们的工艺流程和主程序如图 8－22、图 8－23 所示。

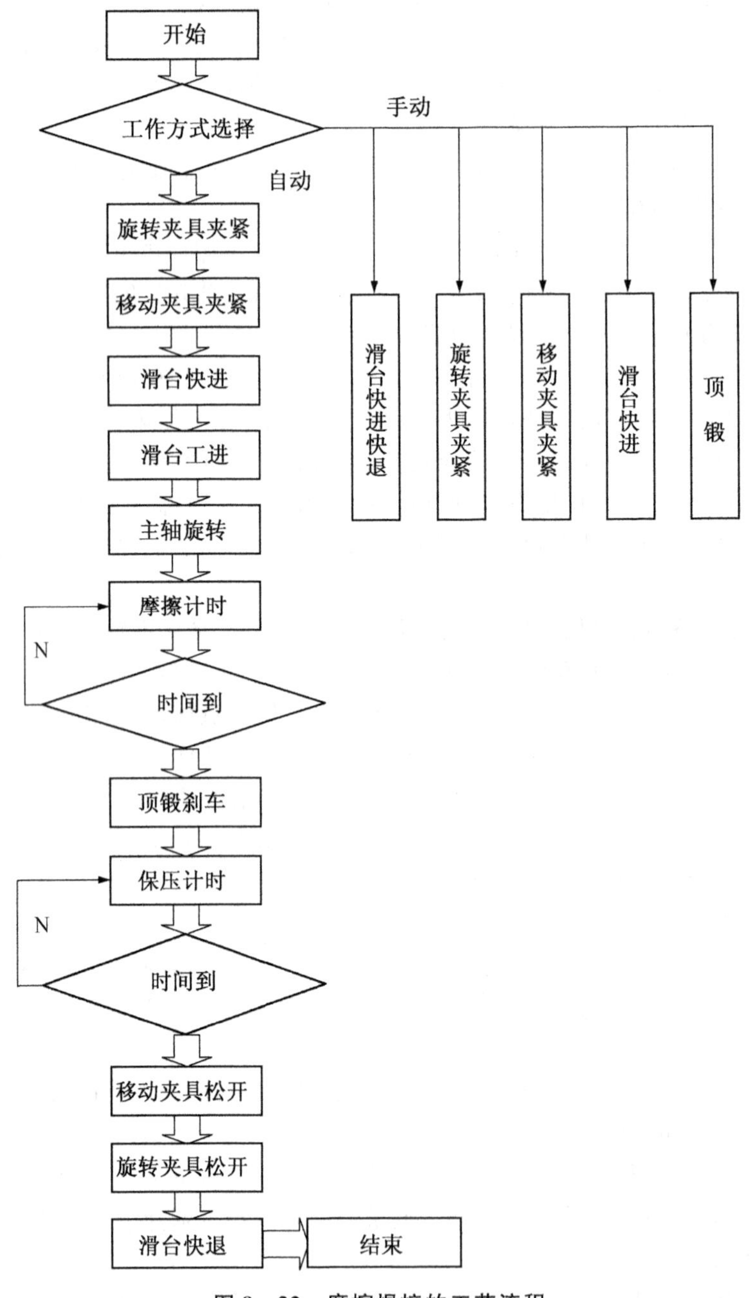

图 8－22　摩擦焊接的工艺流程

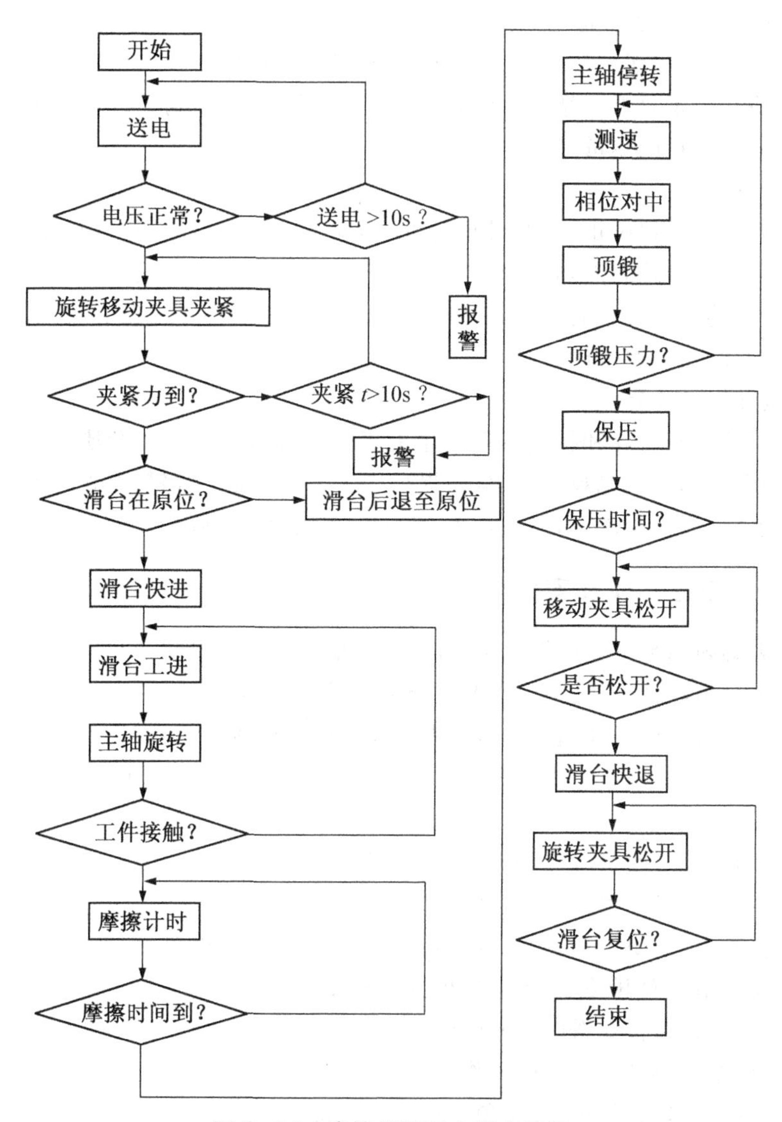

图 8－23　摩擦焊接的主程序流程

六、影响焊接接头质量的因素

1．转速和摩擦压力

当工件的直径一定时，转速就代表摩擦速度。一般将达到焊接温度时的转速称为临界摩擦速度，为了使变形层加热到金属材料的焊接温度，转速必须大于临界摩擦速度。

摩擦压力对焊接接头的质量有很大影响，为了产生足够的摩擦加热功率，保证摩擦表面的全面接触，摩擦力不能太小。摩擦力大时，接头的温度梯度大，变形层金属不易被氧化。一般情况下摩擦力为定值，但是为了满足工艺要求，还可以不断上升，或采用两级或三级加压。

2. 摩擦时间与摩擦变形量

摩擦时间短，焊接表面加热不完全，不能形成完整的塑性变形层，接头上的温度和温度分布不能满足焊接质量要求。摩擦时间过长，接头温度分布宽，高温区金属容易过热，摩擦变形量大，飞边大，消耗的热量多。

3. 停车时间

由于停车时间对摩擦扭矩、变形层厚度和焊接质量有很大影响，因此根据变形层厚度来正确设置该参数。当摩擦表面的变形层很厚时，停车时间要短。当表面上的变形层比较薄时，为在停车时间能产生较厚的变形层，停车时间可以延长。但是要防止过大后峰值扭矩使接头金属产生扭曲组织，通常停车时间选择范围为0.1～1s。

4. 顶锻压力与变形量

顶锻压力的作用是挤碎和挤出变形层中的氧化金属及其他有害杂质，并使接头金属在压力作用下得到锻造，促进晶粒细化，从而提高接头力学性能。顶锻力太小，接头质量低；顶锻力过大，会使接头变形量增加，飞边增大，使接头的疲劳强度降低。

七、摩擦焊注意事项及安全防护

(1) 操作者必须熟悉机床操作顺序和性能，严禁超性能使用设备。

(2) 操作者必须经过培训、考试或考核合格后，持证上岗。

(3) 开机前，按设备润滑图表注油，检查油标油位或注油点。

(4) 启动油泵电机，弹性夹头夹紧工件，调节液压系统压力、工作压力、夹紧压力、顶锻压力，检查主轴箱润滑。

(5) 在调整状态下，调节滑台、刀架移动速度和距离。

(6) 检查主轴箱润滑、离合、制动，低速转动主轴。

(7) 停机前复位，关闭主轴电机，待主轴停转后，关闭油泵电机。

(8) 关闭机床电控总开关，关闭电控柜空气开关。

(9) 清洁机床，按设备润滑图表或注油点进行注油。

(10) 严禁穿拖鞋、凉鞋、半短裤操作，以防铁屑烫伤，严禁戴手套操作。

(11) 夹具的防转块必须锁紧，避免螺钉或防转块飞出。

(12) 装卸夹具应用专门扳手，不许把锥面变形的弹簧夹具装上使用。

(13) 快进、快退不能调得太快，防止发生危险，皮带张紧要适当，防护罩须锁紧。

(14) 飞边切削量应由小到大，进给量要适当。

(15) 清洗油要及时处理，回火油不能装得太满，放、取料应小心。

(16) 机床油桶应有良好接地保护，不许擅自拆修。

任务四 激光焊

一、激光焊原理

激光焊是利用高能量的激光脉冲对材料进行微小区域内的局部加热，激光辐射的能量

通过热传导向材料的内部扩散，将材料熔化后形成特定熔池。它是一种新型的焊接方式，激光焊接主要针对薄壁材料、精密零件的焊接，可实现点焊、对接焊、叠焊、密封焊等，深宽比高，焊缝宽度小，热影响区小，变形小，焊接速度快，焊缝平整、美观，焊后无需处理或只需简单处理，焊缝质量高、无气孔，可精确控制，聚焦光点小，定位精度高，易实现自动化。激光焊接车架如图 8－24 所示。

图 8－24　激光焊接车架

二、激光焊特性

属于熔融焊接，以激光束为能源，冲击在焊件接头上。

激光束可由平面光学元件（如镜子）导引，随后再以反射聚焦元件或镜片将光束投射在焊缝上。

激光焊属非接触式焊接，作业过程不需加压，但需使用惰性气体以防熔池氧化，填料金属偶有使用。

激光焊可以与 MIG 焊组成激光 MIG 复合焊，实现大熔深焊接，同时热输入量比 MIG 焊大为减小。激光填丝焊如图 8－25 所示。

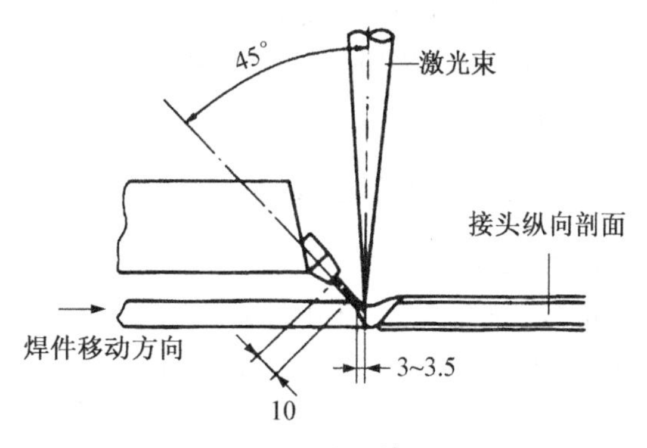

图 8－25　激光填丝焊

激光焊接的机理有两种：

（1）热传导焊接：熔池表面保持封闭。

（2）激光深熔焊：熔池被激光束穿透成孔。

三、激光焊的主要优点

（1）可将输入热量降到最低的需要量，热影响区金相变化范围小，工件变形量低。

（2）可实现 32mm 厚板单道焊接，降低厚板焊接所需的时间，节省填充金属材料的使用。

（3）不需使用电极，没有电极污染或受损的顾虑，且因不属于接触式焊接，机具的耗损及变形低。

（4）激光束易于聚焦、对准及受光学仪器所引导，可放置在离工件适当之距离，且可在工件周围的机具或障碍间再引导，其他焊接法则因受到上述的空间限制而无法发挥。

（5）工件可放置在封闭的空间（抽真空或内部气体环境）控制下进行焊接。

（6）激光束可聚焦在很小的区域，可焊接小型且间隔相近的部件。

（7）可焊材质种类范围大，亦可相互接合各种异质材料。

（8）可自动化进行高速焊接，亦可以数字或电脑控制。

(9) 焊接薄材或细径线材时,不会像电弧焊接有回熔的困扰。

(10) 不受磁场影响(电弧焊接及电子束焊接则容易),能精确地对准焊件。

(11) 可焊接不同物性(如不同电阻)的两种金属。

(12) 不需真空,亦不需做 X 射线防护。

(13) 若以穿孔式焊接,焊道深宽比可达 10∶1。

(14) 可以切换装置将激光束传送至多个工作站。

四、激光焊的主要缺点

(1) 焊件位置需非常精确,务必在激光束的聚焦范围内。

(2) 焊件需使用夹具时,必须确保焊件的最终位置与激光束将冲击的焊点对准。

(3) 最大可焊厚度受到限制,厚度超过 19mm 的工件,生产线上不适合使用激光焊接。

(4) 高反射性及高导热性材料,如铝、铜及其合金等,焊接性会受激光所改变。

(5) 中能量、高能量的激光束焊接时,需使用等离子控制器将熔池周围的离子化气体驱除,以确保焊道的再出现。

(6) 能量转换效率太低,通常低于 10%。

(7) 焊道快速凝固,可能有气孔及脆化的顾虑。

(8) 设备昂贵。

五、激光焊的工艺参数

1. 功率密度

功率密度是激光加工中最关键的参数之一。采用较高的功率密度,在微秒时间范围内,表层即可加热至沸点,产生汽化。因此,高功率密度对于材料去除加工,如打孔、切割、雕刻有利。对于较低功率密度,表层温度达到沸点需要经历数毫秒,在表层汽化前,底层达到熔点,易形成良好的熔融焊接。因此,在传导型激光焊接中,功率密度范围在 10.4～10.6W/cm^2。

2. 激光脉冲波形

激光脉冲波形在激光焊接中是一个重要问题,尤其对于薄片焊接更为重要。当高强度激光束射至材料表面,金属表面将会有 60%～98%的激光能量反射而损失掉,且反射率随表面温度变化。在一个激光脉冲作用期间,金属反射率的变化很大。

3. 激光脉冲宽度

脉宽是脉冲激光焊接的重要参数之一,它既是区别于材料去除和材料熔化的重要参数,也是决定加工设备造价及体积的关键参数。

4. 离焦量对焊接质量的影响

激光焊接的离焦量是指工件离开激光焦点一定距离的平面,因为激光焦点处光斑中心的功率密度过高,容易蒸发成孔。离开激光焦点的各平面上,功率密度分布相对均匀。离焦方式有两种:正离焦与负离焦。焦平面位于工件上方为正离焦,反之为负离焦。按几何光学理论,当正、负离焦平面与焊接平面距离相等时,所对应平面上功率密度近似相同,但实际上所获得的熔池形状不同。负离焦时,可获得更大的熔深,这与熔池的形成过程有关。实际应用中,当要求熔深较大时,采用负离焦;焊接薄材料时,宜用正离焦。

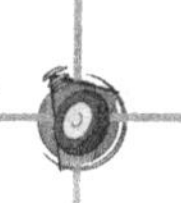

任务五　铝热焊

一、铝热焊的概念和原理

铝热焊(也称放热焊)就是利用金属氧化物和金属铝之间的放热反应所产生的过热熔融金属来加热金属而实现结合的方法。铝热反应常用于冶炼高熔点的金属,并且它是一个放热反应,同时放出足够的热量引发氧化铁和铝粉的反应。

铝热焊创始于 19 世纪末,当时 H. 戈德施密特发现铝粉与金属氧化物可由外部热源使之开始放热反应,且一旦反应便可自行持续,这一反应的通式为:

金属氧化物+铝(粉)→ 氧化铝+金属+热能

利用铝的强还原性和铝转化为氧化铝时能放出大量热的性质,工业上常用铝粉来还原一些难熔性氧化物,这类反应被称为铝热反应。

例如,在焊接铁轨时,人们常将铝粉与氧化铁的混合物点燃,由于反应放出大量的热,置换出的铁以熔融态形式流出,流入铁轨的裂缝,冷却后就将铁轨牢牢地粘结在一起。

此外,铝热反应还可以表示铝元素将其他金属元素(如锰等)的氧化物置换出该金属元素。

铝热焊主要可焊接纯铜、黄铜、青铜、紫铜、铜包钢、纯铁、不锈钢、锻铁、镀锌钢铁、铸铁等。

二、铝热焊的特点

该焊接工艺操作简单,不需要外部电源和热源,且焊接成本低,质量稳定可靠,导电性能跟母材相同,非常适用于野外电缆及其他金属构件的焊接,也适用于阴极保护系统安装过程中铜芯电缆与钢结构焊接或铜芯电缆之间的连接。

铝热焊的特点和优点:

(1) 焊接点的电流截流量和导线相等。

(2) 焊接点是永久性的,不会因松动或腐蚀造成高电阻。

(3) 焊接点像铜一样,而比铜本身更加坚韧,且不受腐蚀性产物的影响。

(4) 焊接点能经受反复多次的大浪涌(故障)电流而不退化。

(5) 焊接操作方法简单,容易上手。

(6) 设备轻便,携带方便。

(7) 焊接时,不需要外接电源或热源。

(8) 从外观便能核查焊接的质量。

(9) 可用于焊接铜、铜合金、镀铜钢、各种合金钢(包括不锈钢)及高阻加热热源材料。

三、钢轨铝热焊

1. 钢轨铝热焊的概述

铝热焊法应用于铁路线路的长钢轨焊接,1924 年始于德国。铝热焊法已被认为是一种具有高效率的快速焊接法，因此已为许多国家所采用。我国 1960 年后也开始成批地生产钢轨铝热焊剂，进行联合焊接。如图 8－26 所示为钢轨铝热焊。

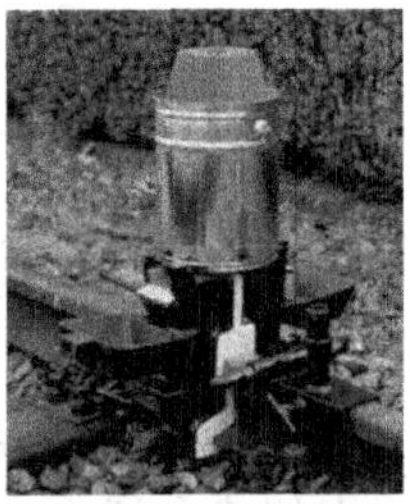

图 8－26　钢轨铝热焊

铝热焊法不仅使用在铁路方面，在其他部门也得到了越来越广泛的应用，如基建部门利用它焊接天车轨道等。

2. 钢轨铝热焊的基本原理

铝热焊化学原理是利用活动性较强的金属能够把活动性较弱的金属从它的氧化物中还原出来的原理。因为铝在足够高的温度下有较强的活动性，它可以从很多重金属的氧化物中夺取氧，而把重金属还原出来。例如铝能把铁、钛、钒、铬、锰、钨等从它们的氧化物中还原出来，同时放出大量的热，温度在 2500～3500℃，从而使这些金属成为液态。钢轨铝热焊基本原理的主要化学方程式是：

$$3FeO+2Al=3Fe+Al_2O_3+834.9kJ$$

$$Fe_2O_3+2Al=2Fe+Al_2O_3+829.9kJ$$

$$3Fe_3O_4+8Al=9Fe+4Al_2O_3+3236.3kJ$$

为了获得优质的铝热钢，根据不同要求，在铝热焊剂中可加入石墨粉（调整碳的含量）和一些合金元素如锰、硅、钛、钼等。

钢轨铝热焊的步骤如图 8－27 所示。

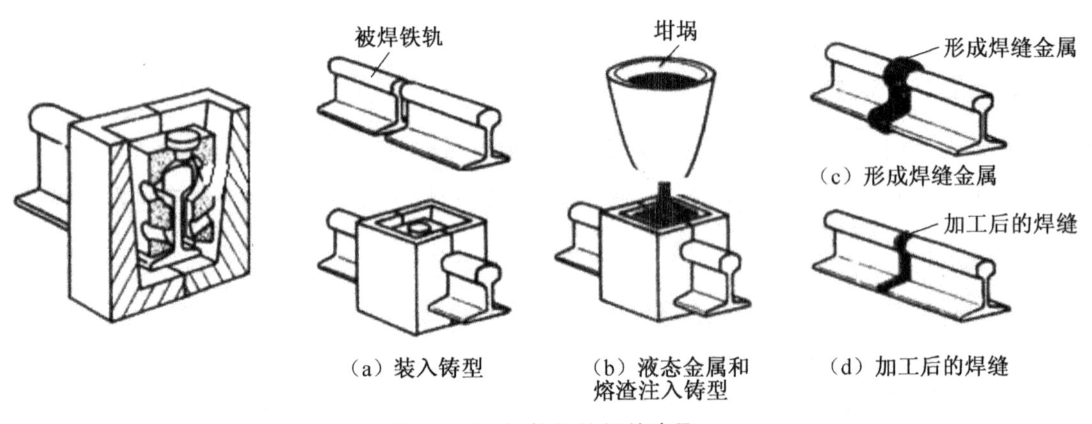

（a）装入铸型　（b）液态金属和熔渣注入铸型　（c）形成焊缝金属　（d）加工后的焊缝

图 8－27　钢轨铝热焊的步骤

任务六　电子束焊

一、概述

随着现代工业生产的需要和科学技术的蓬勃发展，焊接技术不断进步。仅以新型焊接方法而言，到目前为止，已达数十种之多。特种焊接技术是指除了焊条电弧焊、埋弧焊、气体保护电弧焊等一些常规的焊接方法之外的一些先进的焊接方法，如激光焊、电子束焊、等离子弧焊、扩散焊等。生产中选择焊接方法时，不但要了解各种焊接方法的特点和选用范围，

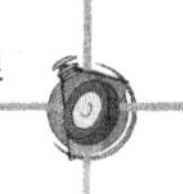

而且要考虑产品的要求，然后还要根据所焊产品的结构、材料以及生产技术条件等做出初步选择。

电子束焊(electronic beam welding)是利用加速和聚焦的电子束轰击置于真空或非真空中的焊件所产生的热能进行焊接的方法。电子束撞击工件时，其动能的96%可转化为焊接所需的热能，能量密度高达10^3～10^5kW/cm^2，而焦点处的最高温度达5953℃。电子束焊是一种先进的焊接方法，在工业上的应用不到60年，首先是用于原子能及宇航工业，继而扩大到航空、汽车、电子、电器、机械、医疗、石油化工、造船、能源等工业部门，创造了巨大的社会效益和经济效益，并日益受到人们的关注。

二、电子束焊的特点

电子束焊是高能量密度的焊接方法，如图8-28所示。它利用空间定向高速运动的电子束，撞击工件表面并将动能转化为热能，使被焊金属迅速熔化和蒸发。在高压金属蒸气的作用下，熔化的金属被排开，电子束能继续撞击深处的固态金属，很快在被焊工件上钻出一个锁形小孔，表层的高温还可以向焊件深层传导。随着电子束与工件的相对移动，液态金属沿小孔周围流向熔池后部，冷却结晶后形成焊缝。提高电子束的功率密度可以增加穿透厚度，电子束焊的最大优点是具有深熔透效应。

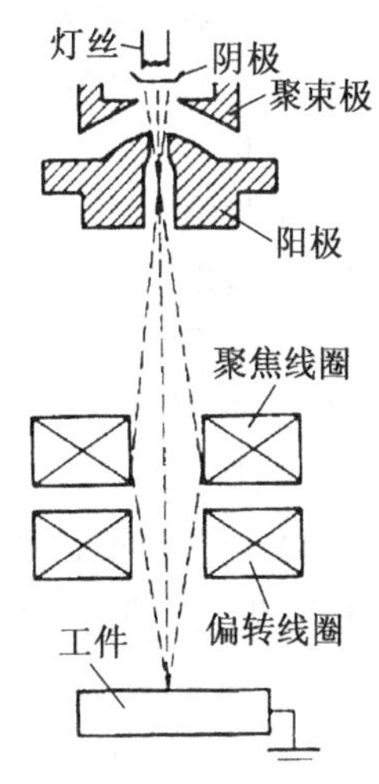

图8-28 电子束焊

三、电子束焊焊接方法的分类

电子束焊焊接方法种类繁多，而且新的方法仍在不断涌现，因此如何对焊接方法进行科学的分类是一个十分重要的问题。正确的分类不仅可以帮助人们了解、学习各种焊接方法的特点和本质，而且可以为科学工作者开发新的焊接技术提供有力根据。目前，国内外焊接方法分类法种类甚多，各有差异。传统意义上通常是将焊接方法划分为三大类，即熔化焊、压焊、钎焊，然后根据不同的加热方式、工艺特点等将每一大类方法再细分为若干小类。

电子束焊是通过高能密度的电子束轰击焊件使其局部加热和熔化而实现焊接的。所以，电子束焊属于熔化焊。电子束焊按被焊工件所处环境的真空度可分为3类：高真空电子束焊、低真空电子束焊、非真空电子束焊。

1. 高真空电子束焊

焊接是在高真空(10^{-4}～10^{-1}Pa)工作室的压强下进行的。良好的高真空环境，可以保证对熔池的“保护”，防止金属元素的氧化和烧坏，适用于活泼性金属、难熔性金属的焊接。

2. 低真空电子束焊

焊接是在低真空(10^{-1}～10Pa)工作室的压强下进行的。低真空电子束焊也具有束流密度大和功率密度高的特点。由于只需要抽到低真空，明显地缩短了抽真空的时间，提高了生产效率，适用于批量生产大的零部件和生产线上使用。

3. 非真空电子束焊

没有真空工作室，电子束仍是在高真空条件下产生的，通过一定的手段引入大气中对焊件进行焊接。

四、电子束焊的特点

1. 电子束焊的优点

(1) 加热功率密度大。电子束焦点处的功率密度可达$10^3 \sim 10^5$kW/cm^2，比普通电弧功率密度高100～1000倍。

(2) 焊缝深宽比大。通常电弧焊的深宽比很难超过2∶1，电子束焊的深宽比在50∶1以上。电子束焊比电弧焊可节约大量填充金属和电能，可实现高深宽比的焊接。如图8-29所示为电子束焊和激光焊的热特性。

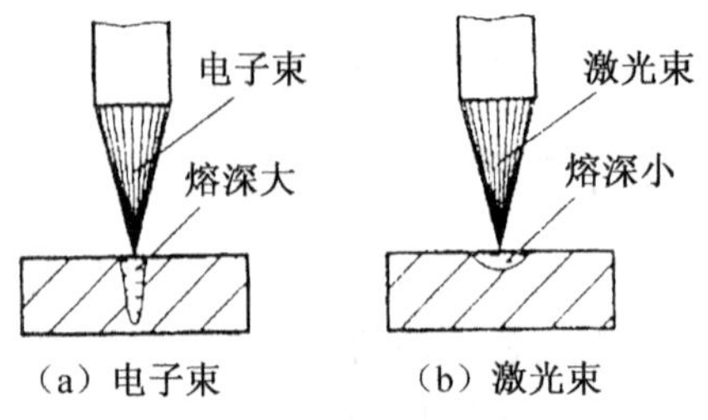

(a) 电子束　(b) 激光束

图8-29　电子束焊和激光焊的热特性

(3) 焊接速度快和焊缝物理性能好。电子束焊速度快和能量集中，熔化和凝固快，热影响区小，焊接变形小。

(4) 焊缝纯度高。真空电子束焊的真空度一般为5×10^{-4}Pa，这种焊接方式尤其适合焊接钛及钛合金等活性材料。

(5) 工艺参数调节范围广和适应性强。电子束焊的工艺参数可独立地在很宽的范围内调节，控制灵活，适应性强，再现性好，而且电子束焊的焊接参数易于实现机械化、自动化控制，提高了产品质量的稳定性。

(6) 可焊材料多。不仅可焊钢铁材料、有色金属和一种金属材料的接头，也可焊无机非金属材料和复合材料，如陶瓷、石英、玻璃等。

2. 电子束焊的缺点

(1) 设备复杂，价格贵，使用维护技术要求高。

(2) 焊接装备要求高，焊接尺寸受真空室大小的限制。

(3) 需防护X射线。

此外，电子束也可以用于焊前对金属进行清理。这项工作是用较宽、不聚焦的电子束扫过金属表面实现的。把氧化物汽化，同时把不干净的杂质和气体生产物清除掉，给控制栅极以脉冲电流就能精确地控制电子束的能量。

五、电子束焊的应用范围

电子束焊由于具有改善接头力学性能、减小缺陷、保证焊接稳定性、大大减少生产时间等优点，其所具有的优越性使其在工业发达国家得到了迅速发展和广泛应用。电子束焊产品已由原子能、火箭、航空航天等国防部门扩展到机械工业等民用部门。电子束焊主要用于质量或生产率要求高的产品，焊接技术可应用于下列材料和场合：

(1) 除含锌高的材料(如黄铜)、低级铸铁和未脱氧处理的普通低碳钢外，绝大多数金属及合金都可以用电子束焊接。

(2) 可以焊接熔点、热导率、溶解度相差很大的金属。

(3) 可不开坡口焊接厚度不大的工件，焊接变形小；能焊接可焊性差的焊缝。

(4) 可用于焊接质量要求高、在真空中使用的器件，或用于焊件内部要求真空的密封器件，焊接精密仪器、仪表、电子工业中的微型器件，如图 8-30 所示。

(5) 散焦电子束可用于焊前预热或焊后冷却，还可用于钎焊热源。

图 8-30　电子束焊的应用

六、电子束焊的设备与装备

电子束焊机通常由电子枪、高压电源、控制系统、真空工作室、真空系统、工作台及辅助装置等几大部分组成。

选用电子束焊设备时，应综合考虑被焊材料、板厚、形状、产品批量等因素。一般来说，焊接化学性能活泼的金属(如 W、Ta、Mo、Nb、Ti)及其合金应选用高真空焊机；焊接易蒸发的金属及其合金应选用低真空焊机；厚大焊件应选用高压型焊机，中等厚度工件选用中压型焊机；成批量生产时应选用专用型焊机，品种多、批量小或单件生产选用通用型焊机。

七、电子束焊的焊接工艺

1. 焊前准备

(1) 结合面的加工与清理。电子束焊接头金属紧密配合无坡口对接形式，一般不加填充金属，仅在焊接异种金属或合金，又确有必要时才使用填充金属。要求结合面经机械加工，表面粗糙度一般为 $R_a1.5 \sim R_a25\mu m$。宽焊缝比窄焊缝对结合面的要求可放宽，搭接接头也不必过严。

焊前必须对焊件表面进行严格清理，否则易产生焊缝缺陷，力学性能变坏，还影响抽气时间。清理完毕后不能再用手或工具触及接头区，以免污染。

(2) 接头装配。电子束焊接头要紧密结合，不留间隙，尽量使结合面平行，以便窄小的电子束能均匀熔化接头两边的母材。装配公差取决于焊件厚度、接头形状和焊接工艺要求，装配间隙宜小不宜大。焊薄工件时装配间隙要小于 0.13mm，随着焊件厚度的增加，可用稍大一些的间隙。

(3) 夹紧。电子束焊是机械或自动化操作的，如果零件不是设计成自紧式的，必须用夹具进行定位与夹紧，然后移动电子枪体或工作台完成焊接。为了避免电子束发生磁偏转，要使用无磁性的金属制造所有的夹具和工具。

(4) 退磁。所有磁性的金属材料在电子束焊之前都必须退磁。剩磁可能因磁粉探伤、电磁卡盘或电化加工等造成，即使剩磁不大，也足以引起电子束的偏转。焊件退磁后可放在工频感应磁场中，靠慢慢移出进行退磁，也可用磁粉探伤设备进行退磁。

2. 接头设计

电子束焊接的接头形式有对接、角接、搭接和卷边接头，均可进行无坡口全熔透或给定熔深的单道焊。这些接头原则上可以用于电子束焊接的一次穿透完成。如果电子束的功率不足以穿透接头的全厚度，也可采取正反两面焊接的方法来完成。

电子束焊不同接头有各自特有的结合面设计、接缝准备和施焊的方位。设计原则是便于接头的准备、装配和对中，减少收缩应力，保证获得所需熔透度。

八、电子束焊的工艺参数

电子束焊的工艺参数主要是加速电压、电子束电流、聚焦电流、焊接速度和工作距离。电子束焊的工艺参数主要由板厚来决定。板厚越大，所要求的热量输入就越高。为了防止裂纹、气孔和保证质量，对焊接工艺参数要严格控制。

1. 加速电压

在相同的功率、不同的加速电压下，所得焊缝深度和形状是不同的。提高加速电压可增加焊缝的熔深，焊缝断面深宽比与加速电压成正比例。当焊接大厚度件并要求得到窄而平的焊缝或电子枪与焊件的距离较大时可提高加速电压。

2. 电子束电流

由电子枪阴极发射流向阳极的电子束电流（也称束流）与加速电压一起决定着电子束的功率。电子束的功率是指电子束单位时间内放出的能量，用加速电压与电子束电流的乘积表示。增加电子束电流，熔深和熔宽都会增加。在电子束焊中，由于加速电压基本不变，所以为满足不同的焊接工艺要求，常常要调整电子束电流。

3. 焊接速度

焊接速度和电子束功率一起决定着焊缝的熔深、宽度以及被焊材料熔池行为（冷却、凝固及焊缝熔合线形状）。增加焊接速度会使焊缝变窄，熔深减小。

4. 聚焦电流

电子束焊时，相对于焊件表面而言，电子束焊的聚焦位置有上焦点、下焦点和表面焦点三种，焦点的位置对焊缝成形影响很大。根据被焊材料的焊接速度、接头间隙等决定聚焦位置，进而确定电子束斑点大小。

5. 工作距离

焊件表面至电子枪的工作距离影响到电子束的聚焦程度。工作距离变小时，电子束的压缩比增大，使电子束斑点直径变小，增加了电子束功率密度。但工作距离太小会使过多的金属蒸气进入枪体造成放电。在不影响到电子枪稳定工作的前提下，可以采用尽可能短的工作距离。

九、获得深熔焊的工艺方法

电子束焊的最大优点是具有深熔透效应。为了保证获得深熔透效果，除了选择合适的电子束焊工艺参数外，还可以采取如下的一些工艺措施：

1. 电子束水平入射焊

当焊接熔深超过 100mm 时，可以采用电子束水平入射焊，从侧向进行焊接。

2. 脉冲电子束焊

在同样的功率下，采用脉冲电子束焊可有效地增加熔深。

3. 变焦电子束焊

极高的功率密度是获得深熔焊的基本条件。电子束功率密度最高的区域在其焦点上。

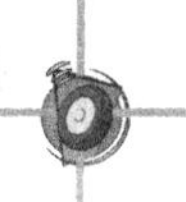

焊接大厚度焊件时，可使焦点位置随着焊件的熔化速度变化而改变，始终以最大功率密度的电子束轰击待焊金属。

4. 焊前预热或预置坡口

焊前预热被焊件，可减少焊接时热量沿焊缝横向的热传导损失，有利于增加熔深。高强度钢焊前预热还可以减少裂纹倾向。在深熔焊时，往往有一定量的金属堆积在焊缝表面，如果预开坡口，这些金属会填充坡口，相当于增加了熔深。

任务七　爆炸焊

一、爆炸焊的概念和原理

利用炸药爆炸产生的冲击力使工件迅速碰撞而实现焊接称为爆炸焊，如图 8－31 所示。

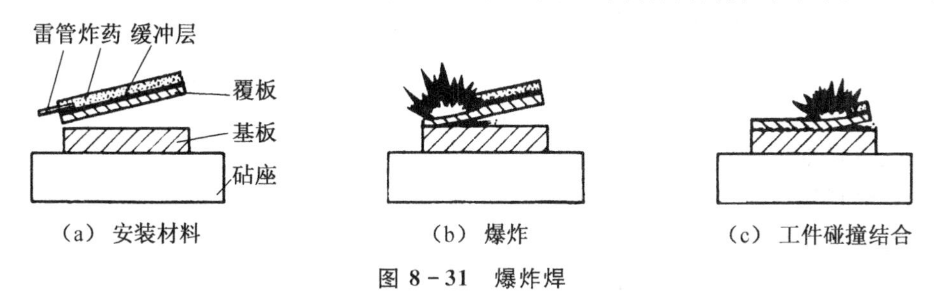

图 8－31　爆炸焊

20 世纪 50 年代末期，在用爆炸成型方法加工零件时，发现零件与模具之间产生局部焊合现象，由此产生了爆炸焊接的方法。爆炸焊接时，通常把炸药直接敷在覆板表面，或在炸药与覆板之间垫以塑料、橡皮作为缓冲层。覆板与基板之间一般留有平行间隙或带角度的间隙，在基板下垫以厚砧座。炸药引爆后的冲击波力高达几百万兆帕，使覆板撞向基板，两板接触面产生塑性流动和高速射流，结合面的氧化膜在高速射流作用下喷射出来，同时使工件连接在一起。

二、爆炸焊的分类

爆炸焊分点焊、线焊和面焊。接头有板和板、管和管、管和板等形式。所使用炸药的爆炸速度、用药量，被焊件的间隙和角度，缓冲材料的种类、厚度，被焊材料的声速、起爆位置等，均对焊接质量有重要影响。

三、爆炸焊的应用范围

爆炸焊对工件表面清理要求不太严，而结合强度却比较高，适合于焊接异种金属，如铝、铜、钛、镍、钽、不锈钢与碳钢的焊接，铝与铜的焊接。爆炸焊已广泛用于导电母线过渡接头、换热器管与板的焊接和制造大面积复合板。图 8－32 为爆炸焊焊接界面金相照片。它是异种

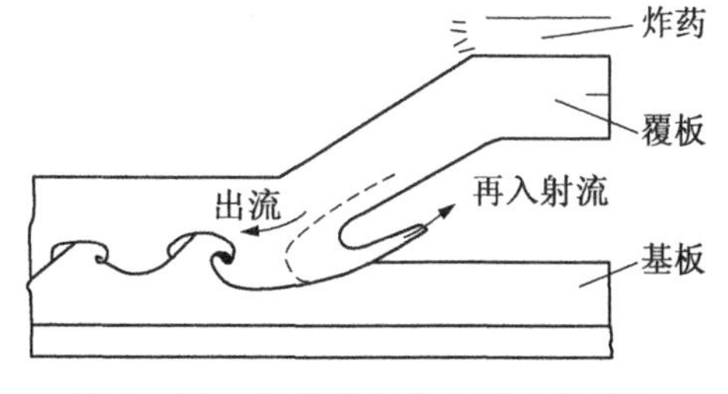

图 8－32　爆炸焊焊接界面金相照片

金属爆炸焊的焊接界面金相照片，基板为 12NiCrMoV 钢，覆板为 B30，焊接界面为良好的波状结合。

思考题

1. 电阻焊有哪些特点？
2. 电阻焊有哪几种焊接方法？
3. 试述电渣焊的特点和原理。
4. 试述电渣焊的典型应用范围。
5. 说说摩擦焊的原理和特点。
6. 摩擦焊分哪几大类？
7. 分析摩擦焊的工艺流程。
8. 说说摩擦焊的安全注意事项。
9. 试述激光焊的特性和原理。
10. 激光焊主要有哪些优点及应用范围？
11. 试述铝热焊的原理。
12. 说说钢轨铝热焊的基本原理。
13. 电子束焊有哪些特点？
14. 试述电子束焊的应用范围。
15. 试述爆炸焊的焊接原理和应用特点。
16. 述说爆炸焊的安全事项。

项目九　铸铁的焊接性

任务一　铸铁的特点与分类

铸铁不是纯铁，它是一种以 Fe、C、Si 为主要成分在结晶中具有共晶转变的多元铁基合金。化学成分一般为：C 含量为 2.5%～4.0%、Si 含量为 1.0%～3.0%、P 含量为 0.4%～1.5%、S 含量为 0.02%～0.2%。为了提高铸铁的机械性能，通常在铸铁成分中添加少量 Cr、Ni、Co、Mi 等合金元素制成合金铸铁。

一、铸铁的特点

1. 成分与组织特点

铸铁与碳钢相比较，其化学成分中除了有较高的 C、Si 含量外（C 含量为 2.5%～4.0%、Si 含量为 1.0%～3.0%），还含有较高的杂质元素 Mn、P、S，在特殊性能的合金铸铁中，还含有某些合金元素。所有这些元素的存在及其含量，都将直接影响铸铁的组织和性能。

由于铸铁中的碳主要是以石墨（G）形式存在的，所以铸铁的组织是由金属基体和石墨所组成的。铸铁的金属基体有珠光体、铁素体和珠光体加铁素体 3 类，它们相当于钢的组织。因此，铸铁的组织特点可以看成是在钢的基体上分布着不同形状的石墨。

2. 铸铁的性能特点

铸铁的抗拉强度、塑性和韧性要比碳钢低。虽然铸铁的机械性能不如钢，但由于石墨的存在，却赋予铸铁许多为钢所不及的性能，如良好的耐磨性、高消振性、低缺口敏感性以及优良的切削加工性能。此外，铸铁的碳含量高，其成分接近于共晶成分，因此铸铁的熔点低，约为 1200℃，铁水流动性好，由于石墨结晶时体积膨胀，所以传送收缩率小，其铸造性能优于钢，因而通常采用铸造方法制成铸件使用，故称之为铸铁。

二、铸铁的分类

铸铁的分类方法很多。

1. 根据碳存在的形式分类

（1）白口铸铁（简称白口铁）。白口铸铁中的碳主要以渗碳体（Cm）形式存在，断口呈白亮色。其性能硬而脆，切削加工困难。除少数用来制造硬度高、耐磨、不需要加工的零件或表面要求硬度高、耐磨的冷硬铸件外（如破碎机的压板、轧辊、火车轮等），还可作为炼钢原料和可锻铸铁的毛坯。

(2) 灰口铸铁(简称灰口铁)。灰口铸铁中的碳主要以片状石墨的形式存在，断口呈灰色。灰口铸铁具有良好的铸造性能和切削加工性能，且价格低廉，制造方便，因而应用比较广泛。

(3) 麻口铸铁(简称麻口铁)。麻口铸铁中的碳既以渗碳体形式存在，又以石墨状态存在。断口夹杂着白亮的游离渗碳体和暗灰色的石墨，故称为麻口铁。生产中很少用麻口铁。

2. 根据石墨形状的不同分类

(1) 灰口铸铁：铸铁中的石墨形状呈片状。

(2) 蠕墨铸铁：铸铁中的石墨大部分为短小蠕虫状。

(3) 可锻铸铁：铸铁中的石墨是不规则团絮状。

(4) 球墨铸铁：铸铁中的石墨呈球状。

此外，为了获得某些特殊性能，应使铸铁中的常规元素高于规定的含量，并且加入一定的合金元素，故称之为特殊性能铸铁。例如，耐磨铸铁、耐热铸铁和耐蚀铸铁等。

任务二　铸铁焊缝的白口及淬硬组织

铸铁中含碳和硅比较多，性脆易裂，所以焊接性较差。焊接过程中会出现以下主要问题：白口及淬硬组织、热裂纹、冷裂纹。

一、铸铁焊缝的白口组织

所谓的白口组织，是指灰口铸铁组织中出现了渗碳体或莱氏体组织。焊接接头各个区域的白口组织如图 9-1 所示。

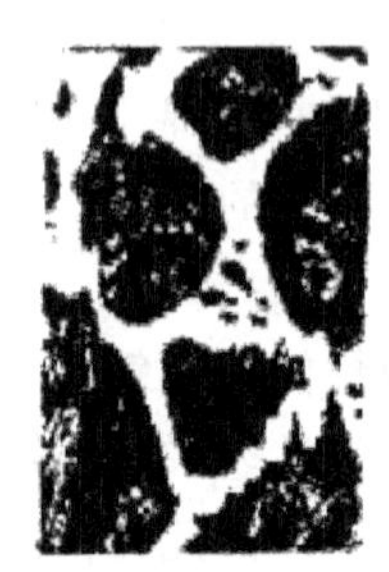
(a) 渗碳体

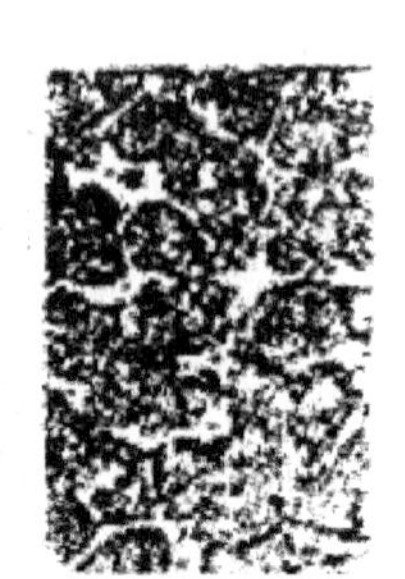
(b) 莱氏体

(c) 共晶渗碳体

(d) 二次渗碳体

图 9-1　焊接接头各个区域的白口组织

1. 焊缝区白口组织

当焊缝成分与灰铸铁铸件成分相同时，则在一般电弧焊情况下，由于焊缝的冷却速度远远大于铸件在砂型中的冷却速度，焊缝主要为共晶渗碳体＋二次渗碳体＋珠光体，即焊缝基本为白口铸铁组织。

防止措施：

(1) 采用适当的工艺措施来减慢焊缝的冷却速度。

(2) 调整焊缝化学成分来增强焊缝的石墨化能力。

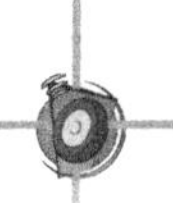

2. 半熔化区白口组织

该区域被加热到液相线与共晶转变下限温度间，范围为 1150～1250℃。该区处于液固状态，一部分铸铁已熔化成液体，其他未熔部分在高温作用下已转变为奥氏体。

(1) 冷却速度对半熔化区白口组织的影响。该区冷却很快，液态铸铁在共晶转变温度区间转变成莱氏体，即共晶渗碳体加奥氏体。继续冷却则为碳所饱和的奥氏体析出二次渗碳体。在共析转变温度区间，奥氏体转变为珠光体。这就是该区形成白口组织的过程。由于该区冷速很快，在共析转变温度区间，可出现奥氏体→马氏体的过程，并产生少量残余奥氏体。

当半熔化区的液态金属以很慢的冷却速度冷却时，其共晶转变按稳定相图转变，最后其室温组织由石墨＋铁素体组织组成。

当该区液态铸铁的冷却速度介于以上两种冷却速度之间时，随着冷却速度由快到慢，或为麻口铸铁，或为珠光体铸铁，或为珠光体加铁素体铸铁。

影响半熔化区冷却速度的因素有焊接方法、预热温度、焊接热输入、铸件厚度等。

(2) 化学成分对半熔化区白口组织的影响。不同铸铁的化学元素含量见表 9－1。提高熔池金属中促进石墨化元素(C、Si、Ni 等)的含量对消除或减弱半熔化区白口的形成是有利的。

表 9－1　不同铸铁的化学元素含量

铸铁类别	化学元素含量/%					
	C	Mn	Si	S	P	其他
灰铸铁	2.7～3.6	0.5～1.3	0.1～2.2	<0.15	<0.3	
球墨铸铁	3.6～3.9	0.3～0.8	2.0～3.2	<0.03	<0.1	Mg 0.03～0.06 Re 0.02～0.05
可锻铸铁	2.4～2.7	0.5～0.7	1.4～1.8	<0.1	<0.2	/

3. 奥氏体区白口组织

该区被加热到固相线与共析转变上限温度之间，该区温度范围为 820～1150℃，此区无液相出现。该区在共析温度区间以上，其基体已奥氏体化，组织为奥氏体加石墨。加热温度较高的部分(靠近半熔化区)，由于石墨片中的碳较多地向周围奥氏体扩散，奥氏体中含碳量较高；加热较低的部分，由于石墨片中的碳较少向周围奥氏体扩散，奥氏体中含碳量较低，随后冷却时，如果冷速较快，会从奥氏体中析出一些二次渗碳体，其析出量的多少与奥氏体中含碳量成直线关系。在共析转变快时，奥氏体转变为珠光体类型组织。冷却更快时，会产生马氏体与残余奥氏体。该区硬度比母材有一定提高。

熔焊时，采用适当工艺使该区缓冷，可使奥氏体直接析出石墨而避免二次渗碳体析出，同时防止马氏体形成。

4. 重结晶区的白口组织

该区域很窄，加热温度在 780～820℃。由于电弧焊时该区加热速度很快，只有母材中的部分原始组织可转变为奥氏体。在随后的冷却过程中，奥氏体转变为珠光体，冷却很快时也可能出现一些马氏体。

二、异质焊缝的淬硬组织

采用低碳钢焊条进行焊接铸铁，常用铸铁含碳量为3%左右，就是采用较小焊接电流，母材在第一层焊缝中所占百分比也将为1/4～1/3，其焊缝平均含碳量将为0.7%～1.0%，属于高碳钢(C含量>0.6%)。这种高碳钢焊缝在快冷却后将出现很多脆硬的马氏体。采用异质金属材料焊接时，必须要设法防止或减弱母材过渡到焊缝中的碳产生高硬度组织的有害作用。思路是：改变C的存在状态，使焊缝不出现淬硬组织并具有一定的塑性，例如，使焊缝分别成为奥氏体、铁素体及有色金属是一些有效的途径。

任务三　铸铁的焊接裂纹

铸铁的抗拉强度和塑性都很差，当焊接应力过大时，就会在热影响区或焊缝中产生裂纹。铸铁裂纹的发生倾向比钢大得多。

一、冷裂纹

可发生在铸铁焊缝或热影响区中。

1. 焊缝处冷裂纹

(1) 产生部位：铸铁型焊缝。

(2) 启裂温度：一般在400℃以下。

(3) 产生原因：焊接过程中由于工件局部受热不均匀，焊缝在冷却过程中会产生很大的拉应力，这种拉应力随焊缝温度的下降而增大。当焊缝全为灰铸铁时，石墨呈片状存在。当片状石墨方向与外加应力方向基本垂直，且两个片状石墨的尖端又靠得很近，在外加应力增加时，石墨尖端形成较大的集中应力。由于铸铁强度低，400℃以下基本无塑性，所以当应力超过此时铸铁的强度极限时，即发生焊缝裂纹。

当焊缝中存在白口铸铁时，由于白口铸铁的收缩率比灰铸铁收缩率大，加以其中渗碳体性能更脆，故焊缝更易出现裂纹。

(4) 影响因素：

① 与焊缝基体组织有关。

② 与焊缝石墨形状有关。

③ 与焊补处的刚度、焊补的体积大小及焊缝长短有关。

(5) 防止措施：

① 对焊补件进行整体预热(550～700℃)能降低焊接应力。

② 向铸铁型焊缝加入一定量的合金元素(Mn、Ni、Cu等)，使焊缝金属先发生一定量的贝氏体相变，接着又发生一定量的马氏体相变，则利用这二次连续相变产生的焊缝应力松弛效应，可有效地防止焊缝出现冷裂纹。

③ 加入既能改变石墨形态又能促使石墨化的元素。

2. 发生在热影响区的冷裂纹

(1) 发生部位：含有较多渗碳体及马氏体的热影响区，也可能发生在离熔合线稍远的热

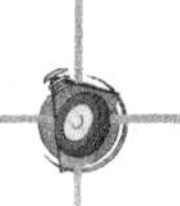

影响区。

(2) 原因:

① 在电弧冷焊情况下,在半熔化区及奥氏体区会产生铁素体及马氏体等脆硬组织(白口铸铁的抗拉强度为107.8～166.8MPa,马氏体铸铁的抗拉强度也不超过147MPa)。当焊接拉应力超过某区的强度时,就会在该区发生冷裂纹。

② 半熔化区上白口铸铁的收缩率(1.6%～2.3%)比其相应的奥氏体的收缩率(0.9%～1.3%)大得多,在该区间会产生一定的剪应力,从而发生冷裂纹。

③ 焊接薄壁铸铁件(5～10mm)时的导热程度比厚壁铸件差得多,加剧了焊接接头的拉应力,使冷裂纹可能发生在离熔合线稍远的热影响区上。

(3) 防止措施:

① 采取工艺措施来减弱焊接接头的应力及防止焊接接头出现渗碳体及马氏体。如采用预热焊。

② 采用屈服点较低而且有良好塑性的焊接材料焊接,通过焊缝的塑性变形松弛焊接接头的部分应力。

③ 在修复厚大件的裂纹缺陷时,可在坡口两侧进行栽丝法焊接(坡口大、焊层多,积累焊接应力大,可防止热影响区冷裂纹发展成剥离性裂纹)。

二、热裂纹

1. 产生材质

采用低碳钢焊条与镍基铸铁焊条冷焊时,焊缝较易出现属于热裂纹的结晶裂纹。铸铁型焊缝对热裂不敏感,高温时石墨析出过程中有体积增加,有助于减低应力。

2. 产生原因

当用低碳钢焊条焊铸铁时,即使采用小电流,第一层焊缝中的熔合比也在1/4～1/3,焊缝平均C含量可达0.7%～1.0%,铸铁含S、P量高,焊缝平均含S、P也较高,焊接表层含C及S、P较低,越靠近熔合线,焊缝含C及S、P越高。C与S、P是促使碳钢发生结晶裂纹的有害元素,故用低碳钢焊条焊接铸铁时,第一层焊缝容易发生热裂纹。这种热裂纹往往隐藏在焊缝下部,从焊缝表面不易发觉。

利用镍基铸铁焊条焊接铸铁时,由于铸铁中含有较多的S、P,焊缝处易生成低熔点共晶,如:在644℃时产生$Ni-Ni_3S_2$共晶,在880℃时产生$Ni-Ni_3P$共晶。故焊缝对热裂纹有较大的敏感性。

3. 解决措施

(1) 冶金方面:调整焊缝的化学元素成分,使其脆性温度区间缩小,可加入稀土元素,增强脱S、P反应,使晶粒细化,以提高抗热裂性能。

(2) 采用正确的冷焊工艺,使焊接应力减低,以及使母材中的有害杂质较少熔入焊缝。

除了容易产生白口组织和裂纹外,铸铁焊接时焊缝还可能产生CO_2气孔和夹渣等缺陷。所以,铸铁补焊时应采取一些措施,比如尽量减小焊件各处的温度差,采用不同的焊条控制焊缝成分,降低焊后冷速等。

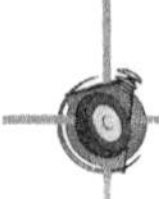

任务四　灰铸铁的熔焊方法

一、电弧热焊

将工件整体或有缺陷的局部位置预热至600～700℃(暗红色)，然后进行焊补，焊后并进行缓冷的铸铁焊补工艺，称“热焊”。

1. 预热的选择

预热温度不能超过共析温度下限，否则焊后焊件因相变的结果，会引起焊件基体组织的变化，从而引起焊件力学性能的变化。

2. 电弧热焊的优点

(1) 有效地减少了焊接接头上的温差，而且铸铁由常温完全无塑性改变为有一定的塑性，灰铸铁在600～700℃时，伸长率可达2%～3%，再加以焊后缓慢冷却，焊接应力状态大为改善。

(2) 600～700℃预热，石墨化过程进行比较充分，可完全防止焊接接头白口及淬硬组织的产生，从而有效地防止了裂纹。

3. 缺点

(1) 预热温度高，劳动条件很差。

(2) 将焊件加热至600～700℃需消耗很多燃料，焊补成本高，工艺复杂，生产率低。

4. 焊接材料

常用铸铁焊条的型号(牌号)及用途见表9-2。

表9-2　常用铸铁焊条的型号(牌号)及用途

型　号	牌　号	药皮类型	焊缝金属类型	熔敷金属的主要化学元素含量/%	主要用途
EZFe-1	Z100	氧化铁型	碳钢	/	一般用于灰铸铁件非加工面的补焊
EZV	Z116	低氢钠型	高钒钢	C含量≤0.25%，Si含量≤0.70%；V含量为8.0%～13%，Mn含量≤1.5%	/
EZV	Z117	低氢钾型			
EZFe—2	Z122Fe	铁粉钙钛型	碳钢		多用于一般灰铸铁件非加工面的补焊
EZC	Z208	石墨型	铸铁	C含量在2.0%～4.0%，Si含量在2.5%～6.5%	一般用于灰铸铁件的补焊
EZCQ	Z238		球墨铸铁	C含量≤0.25%，Si含量≤0.7%；Mn含量≤0.8%，球化剂适量	用于球墨铸铁的补焊
EZCQ	Z238SnCu			C含量在3.5%～4.0%，Si含量约为3.5%；Mn含量≤0.8%；Sn、Cu、Re、Mg适量	用于球墨铸铁、蠕墨铸铁、合金铸铁、可锻铸铁、灰铸铁的补焊

续　表

<table>
<tr><th>型　号</th><th>牌　号</th><th>药皮类型</th><th>焊缝金属类型</th><th>熔敷金属的主要化学元素含量/%</th><th>主要用途</th></tr>
<tr><td>EZC</td><td>Z248</td><td rowspan="8">石墨型</td><td>铸铁</td><td>C含量在2.0%～4.0%,Si含量在2.5%～6.5%</td><td>用于灰铸铁的补焊</td></tr>
<tr><td>EZCQ</td><td>Z258</td><td rowspan="2">球墨铸铁</td><td>C含量在3.2%～4.2%,Si含量在3.2%～4.0%;
球化剂含量在0.04%～0.15%</td><td rowspan="2">用于球墨铸铁的补焊,Z268也可用于高强度灰铸铁件的补焊</td></tr>
<tr><td>EZCQ</td><td>Z268</td><td>C含量约为2.0%,Si含量约为4.0%;
球化剂适量</td></tr>
<tr><td>EZNi-1</td><td>Z308</td><td>纯镍</td><td>C含量≤2.0%,Si含量≤2.5%;
Ni含量≥90%</td><td>用于重要灰铸铁薄壁件和加工面的补焊</td></tr>
<tr><td>EZNiFe-1</td><td>Z408</td><td>镍铁合金</td><td>C含量≤2.0%,Si含量≤2.5%;
Ni含量在40%～60%,Fe余量</td><td>用于重要高强度灰铸铁件及球墨铸铁的补焊</td></tr>
<tr><td>EZNiFeCu</td><td>Z408A</td><td>镍铁铜合金</td><td>C含量≤2.0%,Si含量≤2.0%,Fe余量;
Cu含量在4.0%～10%,Ni含量在45%～60%</td><td rowspan="2">用于重要灰铸铁及球墨铸铁的补焊</td></tr>
<tr><td>EZNiFe</td><td>Z438</td><td>镍铁合金</td><td>C含量≤2.5%,Si含量≤3.0%;
Ni含量在45%～60%,Fe余量</td></tr>
<tr><td>EZNiCu</td><td>Z508</td><td>镍铜合金</td><td>C含量≤1.0%,Si含量≤0.8%,Fe含量≤6.0%;
Ni含量在60%～70%,Cu含量在24%～35%</td><td>用于强度要求不高的灰铸铁件的补焊</td></tr>
<tr><td rowspan="2"></td><td>Z607</td><td>低氢钠型</td><td rowspan="2">铜铁混合</td><td rowspan="2">Fe含量≤30%,Cu余量</td><td rowspan="2">一般用于灰铸铁件非加工面的补焊</td></tr>
<tr><td>Z612</td><td>钛钙型</td></tr>
</table>

我国目前采用的电弧热焊焊条以下面两种居多:

(1) 采用铸铁芯加石墨型药皮,铸248,直径在6mm以上。

(2) 采用低碳钢芯加石墨型药皮,铸208,直径在5mm以下。

二、气焊

1. 应用

氧—乙炔火焰温度(<3400℃)比电弧温度(6000～8000℃)低很多,而且热量不集中,很适于薄壁铸件的焊补。

2. 优点

气焊时需用较长时间才能将焊补处加热到焊补温度,而且其加热面积又较大,实际上相当于焊补处先局部预热再进行焊接的过程。在采用适当成分的铸铁焊芯对薄壁件的缺陷进行气焊焊补时，由于冷速较慢，有利于石墨化过程的进行。焊缝易得到灰铸铁组织，而热影响区也不易产生白口或其他淬硬组织。

3. 缺点

工件受热面积大，焊接热应力较大，焊补刚度较大时比热焊更易生冷裂纹。

4. 焊接材料

一般气焊时焊缝冷却速度较快，为提高焊缝石墨化能力，保证焊缝有合适的组织及硬度，其焊丝含硅量较热焊时稍高。

三、焊缝为铸铁型的电弧冷焊

1. 电弧冷焊的优点

焊前对被焊补的工件不预热，焊工劳动条件好，焊补成本低，焊补过程短，焊补效率高。对于预热很困难的大型铸件或不能预热的已加工面等情况更适于采用。

2. 易出现的问题

(1) 铸铁型焊缝的焊接熔池及其热影响区冷却速度很快，易产生白口及马氏体。

(2) 焊件上的温度场很不均匀，使焊缝产生较高的拉应力，而灰铸铁的焊缝强度较低，基本无塑性，焊后很容易产生冷裂纹。

3. 解决措施

(1) 提高焊缝石墨化的能力。冷焊条件下焊缝中 C 含量在 4.0%～5.5%，Si 含量在 3.5%～4.5%，C+Si 含量在 7.5%～10%，比较合适。

以往一般都趋向于提高焊缝中 Si 含量至 4.5%～7.0%，把 C 控制在 3.0%左右，目前，通过大量研究工作表明，适当提高焊缝 C 含量及适当保持焊缝含 Si 量较为理想。

原因：

① 提高焊缝 C 含量对减弱与消除半熔化区白口作用比提高 Si 有效，因为液态时，C 的扩散能力比 Si 强 10 倍左右。

② 在 C、Si 总量一定时，提高焊缝 C 含量比提高焊缝 Si 含量更能减少焊缝收缩量，从而对降低焊缝裂纹敏感性有好处。

③ 焊缝 Si 含量＞5%时，Si 对铁素体固溶强化，使焊缝硬度升高，C 不存在这一问题。

(2) 焊缝中加入 Ca、Ba、Al 等，这些微量元素的加入，可形成高熔点的硫化物、氧化物等，成为石墨形核的异质核心，加速焊缝石墨化过程。

(3) 为了防止焊接接头出现白口及淬硬组织，采取大的焊接热输入工艺，即采用大电流、连续焊工艺来降低焊缝冷却速度。

(4) 过去电弧冷焊灰铸铁，受传统观念束缚，一直使焊缝也成为灰铸铁，但灰铸铁石墨为片状，片状石墨的尖端是高应力集中区，加以铸铁焊缝强度低、无塑性，又采用大电流连续焊工艺，工件局部受热较严重，焊缝应力状态较严重，很容易形成冷裂纹。近期，通过冶金处理，改变焊缝石墨的形态，甚至使石墨成为球状，并控制基体为铁素体＋珠光体，使焊缝的抗冷裂能力获得提高。但灰铸铁异质焊缝的电弧冷焊有一定的局限性：

① 焊缝强度低、塑性差，焊补较大刚度缺陷时易出现裂纹。

② 焊缝为铸铁型，由于冷速快，焊缝易出现白口。

③ 由于工艺要求采用大电流、连续焊,对于薄壁件缺陷的焊补有困难。

解决途径:

① 寻求一些新的异质焊接材料,改变 C 存在的状态,不出现淬硬组织,且焊缝具有较高的塑性,如镍基焊条、高钒焊条。

② 设法降低焊缝含碳量,如用细丝 CO_2 保护焊。

四、异质焊缝电弧冷焊材料

1. 镍基焊缝手弧焊

Ni 是扩大奥氏体的元素,当 Fe-Ni 合金中 Ni 含量超过 30%时,合金凝固后一直到室温都保持硬度较低的奥氏体组织,不发生相变。Ni、Cu 为非碳化物形成元素,不会与 C 形成高硬度的碳化物。以 Ni 为主要成分的奥氏体能溶解较高的 C。例:纯 Ni,1300℃,熔解 2% 的 C,温度下降后会有少量 C 由于过饱和而以细小的石墨形态析出,故焊缝有一定的塑性与强度,且硬度较低。另外,Ni 为促使石墨化元素,对减弱半熔化区白口的宽度很有利。

我国目前应用的镍基铸铁焊条所用的焊芯有纯镍焊芯、镍铁焊芯[W(Ni)含量为 55%,余下为 Fe]、镍铜焊芯[W(Ni)含量为 70%,余下为 Cu]3 种,所有镍基铸铁焊条均采用石墨型药皮,也就是说,药皮中含有较多的石墨。

镍基铸铁焊条采用石墨型药皮是基于以下几点理由:

(1) 石墨是强脱氧剂,药皮中含有适量石墨,可防止焊缝产生气孔。

(2) 适量 C 可以缩小液固相线结晶区间,也就是缩小高温脆性温度区间,从而有利于提高焊缝抗裂纹的能力。

(3) 有利于降低半熔化区中的 C 向焊缝扩散的程度,进一步降低该区白口宽度。

镍基焊条的最大特点是焊缝硬度较低,半熔化区白口层薄,适用于加工面焊补,而且镍基焊缝的颜色与灰铸铁母材相接近,更利于加工面焊补。镍基铸铁焊条价格贵,应主要用于加工面的焊补,工件厚时或缺陷面积较大时,可先用镍基焊条在坡口上堆焊两层过渡层,中间熔敷金属可采用其他较便宜的焊条。

2. 铜基焊条手弧焊

镍基焊条的确适应性高,但 Ni 价格昂贵,焊接工作者研究 Cu 与 C 不生成碳化物,也不溶解 C,C 以石墨形态析出,Cu 有很好的塑性,Cu 又是弱石墨化元素,对减少半熔化区白口也有些作用。但纯铜焊缝对热裂纹很敏感,抗拉强度低,在焊缝中加入一定量的 Fe,可大大提高焊缝的抗热裂性能。

原因:铜的熔点低(1083℃),而铁的熔点高(1530℃),故熔池结晶时先析出 Fe 的 γ 相,当铜开始结晶时,焊缝为双相组织。但铜基铸铁焊条中含铁量超过 30%后,则焊缝的脆性增大,容易出现低温裂纹。故目前铜基铸铁焊条中的 Cu、Fe 比在 80∶20 为宜。

铜基铸铁焊条的特点:

(1) 在常温下,Fe 在 Cu 中的溶解度很小,焊缝中的 Cu 与 Fe 是以机械混合物形式存在,焊缝以 Cu 为基础,在其中机械地混合着少量钢或铸铁的高硬度组织。第一层焊缝时,铸铁中的 C 较多地熔入焊缝中,由于 Cu 不溶解 C,也不与 C 形成碳化物,C 全部与焊条及母材熔化后的 Fe 结合，在焊缝快冷情况下，形成 M、Fe_3C 等高硬度组织，整个焊缝还是有较高的塑性以及较好的抗裂性。

(2) Cu 是弱石墨化元素，而且其扩散能力较弱，焊缝接头上白口区较宽。

(3) 焊接接头加工性不良(焊缝的铜基很软，M、Fe_3C 很硬)。

(4) Cu 钢焊条所焊焊缝颜色与母材差别较大。

3. $H08Mn_2Si$ 细丝 CO_2 保护焊

采用 $H08Mn_2Si$ 细丝(0.6～1.0mm)CO_2 或 CO_2+O_2 气体保护焊焊补灰铸铁在我国汽车、拖拉机修理中获得了一定的应用。细丝 CO_2 气体保护焊采用小电流，低电压焊接且属于短路过渡过程，故有利于减少母材熔深，降低焊缝含碳量，短路过渡时，热输入小，有利于降低焊接应力，母材在第一层焊缝的熔合比也有所减少。此外，CO_2 保护焊有一定的氧化性，对焊缝中的 C 的氧化烧损也能起一些作用，这些都可使焊缝 C 含量降低。

焊接参数的选择：

焊接电压：18～20V 为宜，小于此限电弧过程不稳，大于此限焊缝变宽，焊缝含 C、S、P 量上升，出现裂纹。

焊速：以 10～12m/h 为宜，18～20m/h 时焊缝组织变坏，马氏体增加，3～4m/h 时热影响区白口明显小。

焊接电流：小于 85A，电流大于 85A 以上时，焊缝易出现裂纹。原因：焊接电流密度大，熔深大，母材中 C、S、P 向焊缝过渡多，半熔化区白口层随电流减小而减薄。

五、异质(非铸铁型)焊缝的电弧冷焊工艺要点

准备工作要做好，焊接电流适当小，短段断续分散焊，焊后立即小锤敲。

1. 做好焊前工作

清除焊件及缺陷的油污(碱水、汽油擦洗，气焊火陷清除)、铁锈及其他杂质，同时将缺陷预析制成适当的坡口。焊补处油锈清除不干净，容易使焊缝处出现气孔等缺陷。对裂纹缺陷应设法找出裂纹两端的终点，然后在裂纹终点打上止裂孔。在保证顺利运条及熔渣上浮的前提下，宜用较窄的坡口。

2. 采用合适的最小电流焊接

在保证电弧稳定及焊透情况下，应采用合适的最小电流焊接。

(1) 电流小，熔深小，铸铁中的 C、S、P 等有害物质可少进入焊缝，有利于提高焊缝质量。

(2) 冷焊时，随电流减小，在焊接速度不变的情况下减小了焊接线能量，不仅减少了焊接应力，使焊接接头出现裂纹的倾向减小，而且也减小了整个热影响区宽度，其中包括减少了最易形成白口的半熔化区宽度，使白口层变得薄一些。

3. 采用短段焊、断续分散焊及焊后锤击工艺

焊缝越长，焊缝所承受的拉应力越大，故采用短段焊有利于减低焊缝应力状态，减弱焊缝发生裂纹的可能性，焊后应立即采用小锤快速锤击处于高温而具有较高塑性的焊缝，以松弛焊补区应力，防止裂纹的产生。为了尽量避免焊补处局部温度过高，应力增大，应采用断续焊，即待焊缝附近热影响区冷却至不烫手时(50～60℃)，再焊下一道焊缝。必要时还可采取分散焊，即不连续在一固定部位焊补，而换在焊补区的另一处焊补，这样可更好地避免焊

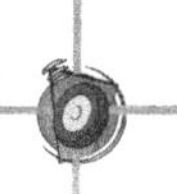

补处局部温度过高，从而避免裂纹产生。

4. 大厚件多层焊焊补

合理安排多层焊焊接顺序，必要时采用栽丝焊。多层焊焊接顺序和栽丝焊如图 9－2 所示。

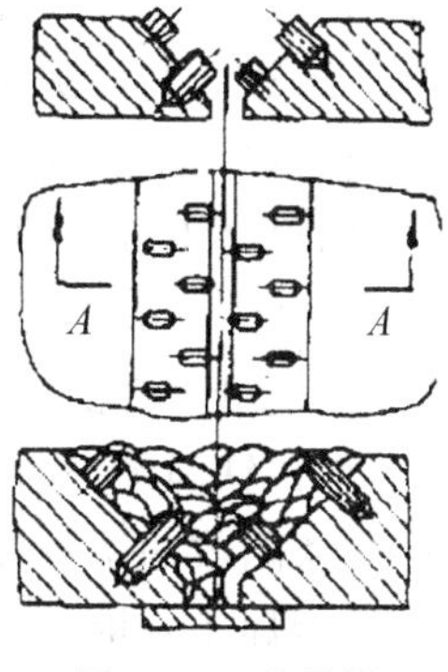

图 9－2　栽丝焊

六、球墨铸铁及白口铸铁的焊接工艺

1. 球墨铸铁与灰口铸铁的焊接特性比较

（1）球墨铸铁的白口化倾向及淬硬倾向比灰口铸铁大，这是因为球化剂有阻碍石墨化及提高淬硬临界冷却速度的作用。所以焊接球铁时，同质焊缝及半熔化区更易形成白口，奥氏体区更易出现马氏体组织。

球墨铸铁由于含有 Mg、Y、Ce、Ca 等球化剂，高温奥氏体稳定性更强，因而白口、淬硬组织更明显。

（2）由于球墨铸铁的强度，塑性与韧性比灰口铸铁高，故对焊接接头的力学性能要求也相应提高。由于强度级别更高，焊缝强度匹配难度更大。

球墨铸铁的牌号与力学性能见表 9－3。

表 9－3　球墨铸铁的牌号与力学性能

牌　号	抗拉强度/MPa	屈服点/MPa	伸长率/%	硬度 HBW/MPa（供参考）	基体显微组织
	最小值				
QT400－18	400	250	18	130～180	铁素体
QT400－15	400	250	15	130～180	铁素体
QT450－10	450	310	10	160～210	铁素体
QT500－7	500	320	7	170～230	铁素体＋珠光体
QT600－3	600	370	3	190～270	珠光体＋铁素体
QT700－2	700	420	2	225～305	珠光体
QT800－2	800	480	2	245～335	珠光体或回火组织
QT900－2	900	600	2	280～360	贝氏体或回火马氏体

2. 球墨铸铁的焊接工艺

① 同质焊缝的电弧焊。球墨铸铁同质焊条可分为两类：一类是球墨铸铁芯外涂球化剂和石墨化剂药皮，通过焊芯和药皮共同向焊缝过渡乙基重稀土或 Mg、Ce、Ca 等球化剂使焊缝球化；另一类是低碳钢芯外涂球化剂和石墨化剂，通过药皮使焊缝球化。前者牌号为 Z258 型，后者牌号为 Z238 型。同质焊缝焊接工艺是采用大电流、连续焊，大刚度部位可采取加热减应区工艺或焊前预热、焊后缓冷来防止裂纹。

② 异质焊缝电弧冷焊。球墨铸铁电弧焊异质焊条主要有镍铁焊条（Z408）及高钒焊条（Z116、Z117）。高钒焊条中的钒是缩小奥氏体区扩大铁素体区元素，并且可与碳结合形成 V_4C_3，由此可避免形成白口、淬硬组织。

3. 白口铸铁的焊接

(1) 白口铸铁焊接性。白口铸铁是以连续渗碳体为基体，其伸长率为零，线收缩率为1.6%～2.3%，约为灰口铸铁的2倍，焊接时极易产生裂纹。另外，白口铸铁具有较高的耐磨性，要求焊补区域具有与母材相近的耐磨性，故仅仅为改善焊接性，采用塑性较高的异质焊缝金属也是不合适的。

(2) 白口铸铁焊接工艺。对厚大白口铸铁件，采用电弧热焊或气焊，劳动条件差，且高温加热会使母材性能改变、工件变形，加热速度不当很容易产生裂纹，因此宜采用电弧冷焊。

白口铸铁脆硬，焊接性极差，要求使用的焊条与白口铸铁有良好的熔合性，以保证结合牢固；焊条的收缩系数低且线膨胀系数及耐磨性应与白口铸铁相匹配。采用已有的铸铁焊条、不锈钢焊条及堆焊焊条都不能满足白口铸铁焊补的要求。新的研究成果设计研制了两种焊条：BT-1，BT-2。BT-1的焊缝组织为“奥氏体+球状石墨”，该焊条与白口铸铁熔合性良好，线膨胀系数低，焊缝塑性高，焊接时可以充分地锤击而消除内应力，用于焊补的打底焊层。BT-2焊缝组织为“M+B+A+碳化物质点”，该焊条与白口铸铁熔合性良好，冲击韧性和断裂功较高，硬度HRC45～52，用于焊补白口铸铁工作层。另外在BT-1、BT-2焊条中加入适量变质剂，通过变质处理，使熔合区的网状渗碳体团球化，大大强化了熔合区。

(3) 白口铸铁焊补工艺特点：

① 焊前清理缺陷，对原有裂层要彻底清除干净，周边与底边成100°角，用BT-1打底，BT-2焊补工作层。

② 焊缝分块弧立堆焊，且分块跳跃堆焊，整块焊补区与周围母材保持一定间隙。

③ 焊补打底层时，用大电流，强力锤击，锤击力约为传统的铸铁冷焊工艺锤击力的10～15倍，焊缝金属凝固后冷到250℃前重锤击6～10次，随堆焊高度的增加，锤击次数和锤击力相应减小。焊缝与周边母材的最后焊合是焊补关键。周边用大电流分段焊满边缘间隙，周边焊补中，电弧始终指向焊缝一侧，锤击要准确打在焊缝一侧，切忌锤击在熔合区外的白口铸铁一侧，以防锤裂母材。

思考题

1. 铸铁的成分和性能各有什么特点？
2. 铸铁按碳存在的形式可分为哪几种类型？
3. 铸铁的焊接性为什么差？
4. 试述灰口铸铁的焊接工艺。

项目十　异种金属的焊接

随着现代工业的发展，对零部件提出了更高的要求，如高温持久强度、低温韧性、硬度及耐磨性、磁性、导电导热性、耐蚀性等多方面的性能。而在大多数情况下，任何一种材料都不可能满足全部性能要求，或者是大部分满足，但材料价格昂贵，不能在工程中大量使用。因而，为了满足零部件使用要求，降低成本，充分发挥不同材料的性能优势，异种材料焊接结构的使用越来越多。

任务一　异种金属焊接概述

一、异种金属的焊接性

异种金属焊接与同种金属焊接相比，一般较困难，它的焊接性主要是由两种材料的冶金相容性、物理性能、表面状态等决定的。

1. 冶金相容性的差异

"冶金学上相容性"是指晶格类型、晶格参数、原子半径和原子外层电子结构等的差异。两种金属材料在冶金学上是否相容，取决于它们在液态和固态的互溶性以及焊接过程中是否产生金属间化合物。两种在液态下互不相溶的金属或合金不能用熔焊的方法进行焊接，如铁与镁、铁与铅、纯铅与铜等，只有在液态和固态下都具有良好的互溶性的金属或合金（即固溶体），才能在熔焊时形成良好的接头；由于金属间化合物硬而脆，不能用于连接金属，如焊接过程中产生了金属间化合物，则焊缝塑性、韧性将明显下降，甚至不能完全使用。

2. 物理性能的差异

各种金属间的物理性能、化学性能及力学性能的差异，都会对异种金属之间的焊接产生影响，其中物理性能的差异影响最大。

当两种金属材料熔化温度相差较大时，熔化温度较高的金属的凝固和收缩，将会使处于薄弱状态的低熔化温度金属产生内应力而受损；线膨胀系数相差较大时，焊缝及母材冷却收缩不一致，则会产生较大的焊接残余应力和变形；电磁性相差较大时，则电弧不稳定，焊缝成形不佳甚至不能形成焊缝；导热系数相差较大时，会影响焊接的热循环、结晶条件和接头质量。

3. 表面状态的差异

材料表面的氧化层、结晶表面层情况、吸附的氧离子和空气分子、水、油污、杂质等状态，都会直接影响异种金属的焊接性。

焊接异种金属时，会产生成分、组织、性能与母材不同的过渡层，而过渡层的性能会影响整个焊接接头的性能。一般情况下，增大熔合比，则会提高焊缝金属的稀释率，使过渡层更为明显；焊缝金属与母材的化学成分相差越大，熔池金属越不容易充分混合，过渡层越明显；熔池金属液态存在时间越长，则越容易混合均匀。因而，焊接异种金属时，为了保证接头的性能，必须采取措施控制过渡层。

二、异种金属焊接方法

异种金属焊接时，熔焊、压焊和钎焊都要采用。

1. 熔焊

熔焊是异种金属焊接中应用较多的焊接方法，常用的熔焊方法有焊条电弧焊、埋弧焊、气体保护焊、电渣焊、等离子弧焊、电子束焊和激光焊等。对于相互溶解度有限、物理化学性能差别较大的异种材料，由于熔焊时的相互扩散会导致接头部位的化学和金相组织的不均匀或生成金属间化合物，因而应降低稀释率，尽量采用小电流、高速焊。异种金属熔焊的焊接性如图 10－1 所示。

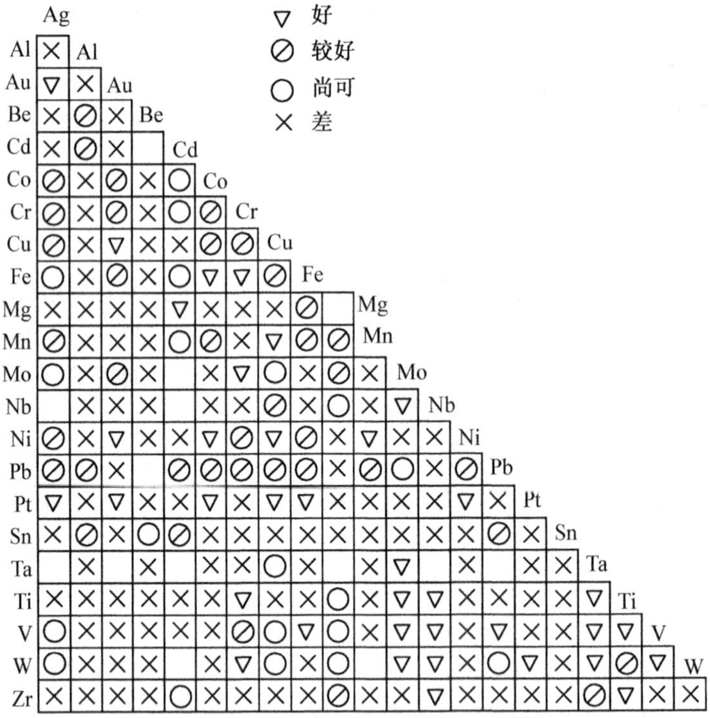

▽ 好　⊘ 较好　○ 尚可　× 差

	Ag	Al	Au	Be	Cd	Co	Cr	Cu	Fe	Mg	Mn	Mo	Nb	Ni	Pb	Pt	Sn	Ta	Ti	V	W
Al	×																				
Au	▽	×																			
Be	×	⊘	×																		
Cd	×	⊘	×																		
Co	⊘	×	⊘	×	○																
Cr	⊘	×	⊘	×	○	⊘															
Cu	⊘	×	▽	×	×	⊘	⊘														
Fe	○	×	⊘	×	○	▽	▽	⊘													
Mg	×	×	×	×	▽	×	×	×	⊘												
Mn	⊘	×	×	×	○	⊘	×	▽	⊘	⊘											
Mo	○	×	⊘	×		×	▽	○	×	⊘	×										
Nb		×	×	×		×	×	⊘	×	○	×	▽									
Ni	⊘	×	▽	×	×	▽	⊘	▽	⊘	×	▽	×	×								
Pb	⊘	⊘	×		⊘	⊘	⊘	⊘	⊘	×	⊘	○	×	⊘							
Pt	▽	×	▽	×	×	▽	×	▽	▽	×	×	×	×	▽	×						
Sn	×	⊘	×	○	⊘	×	×	×	×	×	×	×	×	×	⊘	×					
Ta		×		×		×	×	○	×		×	▽		×		×	×				
Ti	×	×	×	×	×	×	▽	×	×	○	×	▽	▽	×	×	×	×	▽			
V	○	×	×	×	×	×	⊘	○	▽	○	×	▽	▽	×	▽	×	×	▽	▽		
W	○	×	×	×		×	▽	○	×	○		▽	▽	×	○	▽	×	▽	⊘	▽	
Zr	×	×	×	×	○	×	×	×	×	⊘	×	×	▽	×	×	×	×	⊘	▽	×	×

图 10－1　异种金属熔焊的焊接性

异种金属焊接时，为了解决母材稀释问题，可用堆焊隔离层的方法，如图 10－2 所示。图中两种母材金属 A 和 B，采用 A 金属熔敷焊缝，隔离层亦为 A 金属，堆焊隔离层时可按需要调整焊接材料成分，最后熔焊时实际上是 A 金属之间的焊接。

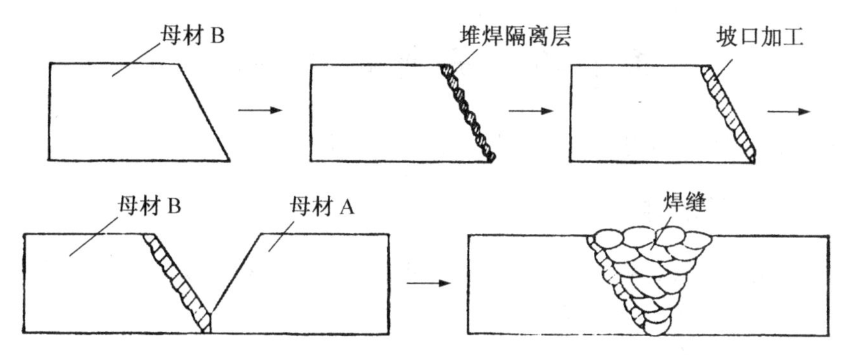

图 10－2 异种金属熔焊时堆焊隔离层的方法

2. 压焊

焊接异种金属常用的压焊方法有电阻焊、冷压焊、扩散焊和摩擦焊等。由于压焊时基体金属几乎不熔化，稀释率小，两种金属仍以固相结合形式形成接头，因而非常适合于异种金属间的焊接。

3. 钎焊

钎焊时，两母材不熔化，只熔化温度较低的钎料，因而几乎不存在稀释问题，是异种金属焊接最常用的方法之一。

本项目中所有材料的焊接工艺都以熔焊为主，不介绍压焊和钎焊。

三、异种金属焊接的组合类型

异种金属的组合在工程应用中多种多样，最常用的组合有 3 种情况，即异种钢的焊接、异种有色金属的焊接、钢与有色金属的焊接。常见异种金属材料的组合、焊接方法及焊缝中形成物见表 10－1。

表 10－1 常见异种金属材料的组合、焊接方法及焊缝中形成物

被焊金属	焊接方法		焊缝中的形成物	
	熔 焊	压 焊	溶 液	金属间化合物
钢＋铝及铝合金	电子束焊、氩弧焊	冷压焊、电阻焊、扩散焊、摩擦焊、爆炸焊	在 α－Fe 中 Al 0%～33%	FeAl，Fe_2Al_3，Fe_2Al_7，
钢＋铜及铜合金	氩弧焊、埋弧焊、电子束焊、等离子弧焊、电渣焊	摩擦焊、爆炸焊	在 γ－Fe 中 Cu 0%～8% 在 α－Fe 中 Cu 0%～14%	/
钢＋钛	电子束焊、氩弧焊	扩散焊、爆炸焊	在 α－Ti 中 Fe 0.5% 在 β－Ti 中 Cu 0%～25%	FeTi，Fe_3Ti
Al＋Cu	氩弧焊、埋弧焊	冷焊、电阻焊、爆炸焊、扩散焊	Al 在 Cu 中 9.8%以下	$CuAl_2$
Al＋Ti		扩散焊、摩擦焊	Al 在 α－Ti 中 6%以下	TiAl，$TiAl_3$
Ti＋Cu	电子束焊、氩弧焊	/	Cu 在 α－Ti 中 2.1%， 在 β－Ti 中 17%以下	Ti_2Cu，TiCu，Ti_2Cu_3，$TiCu_2$，$TiCu_3$

任务二　异种钢的焊接

异种钢的焊接主要应用于化工、电站、矿山机械等行业。

一、异种钢焊接的种类

异种钢的焊接主要有金相组织相同的异种钢的焊接和金相组织不同的异种钢的焊接两大类。常见的有下列几种组合方式：

(1) 不同珠光体钢的焊接。

(2) 不同铁素体钢、铁素体－马氏体钢的焊接。

(3) 不同奥氏体钢、奥氏体－铁素体钢的焊接。

(4) 珠光体钢与铁素体钢、铁素体－马氏体钢的焊接。

(5) 珠光体钢与奥氏体钢、奥氏体－铁素体钢的焊接。

(6) 铁素体钢、铁素体－马氏体钢与奥氏体钢、奥氏体－铁素体钢的焊接。

(7) 铸铁与钢、复合钢的焊接。

本任务主要介绍珠光体钢与奥氏体钢、不锈复合钢的焊接。

二、珠光体钢与奥氏体钢的焊接

1. 焊接特点

珠光体钢与奥氏体钢焊接时，由于两种钢在化学成分、金相组织和力学性能等方面相差较大，因而在焊接时易产生以下问题：

(1) 焊缝出现脆性马氏体组织。珠光体钢与奥氏体钢焊接时，由于珠光体钢不含或含很少的合金元素，因而它对焊缝金属有稀释作用，使焊缝中奥氏体元素含量降低，从而可能在焊缝中出现马氏体组织，恶化接头性能，甚至产生裂纹。

(2) 形成过渡层及熔合区塑性降低。焊接珠光体与奥氏体钢时，由于熔池边缘的液态金属温度较低，流动性较差，液态停留时间短，机械搅拌作用弱，从而使熔化的母材不能充分与填充金属混合。在紧邻珠光体钢一侧熔合区的焊缝金属中，形成一层与内部焊缝金属成分不同的过渡层。在过渡层中，易产生高硬度的马氏体组织，从而使焊缝脆性增加，塑性降低。根据所选焊条的不同，过渡层宽度一般为0.2～0.6mm。

(3) 碳的扩散影响高温性能。珠光体与奥氏体钢焊接时，母材中的碳会扩散迁移，在低铬钢一侧产生脱碳层，高铬钢一侧产生增碳层。如长时间在高温下加热，则碳的扩散迁移严重，珠光体一侧由于脱碳将使珠光体组织转变为铁素体组织而软化，同时晶粒长大；奥氏体一侧由于增碳，部分碳元素将会与铬结合形成铬的碳化物而析出，使组织变脆。如果碳的迁移量过大，则对接头持久强度影响较大，从而使熔合区发生脆断倾向加大，而且还容易产生晶间腐蚀。

(4) 热应力的产生降低接头性能。奥氏体钢的线膨胀系数比珠光体大30%～50%，导热系数只有珠光体钢的1/3。因而，在焊接和热处理过程中，熔合区会产生较大的热应力，导致沿珠光体一侧熔合区产生热疲劳裂纹，并沿着弱化的脱碳层扩展，以致发生断裂。

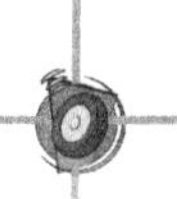

2. 焊接工艺

(1) 焊接方法。珠光体与奥氏体钢焊接时，应选择熔合比小、稀释率低的焊接方法，各种焊接方法对母材熔合比的影响如图10-3所示。焊条电弧焊、钨极氩弧焊和熔化极气体保护焊都比较适合，埋弧焊虽然线能量大，熔合比也较大，但生产效率高，高温停留时间长，搅拌作用强烈，过渡层均匀，因而也是一种常用的焊接方法。

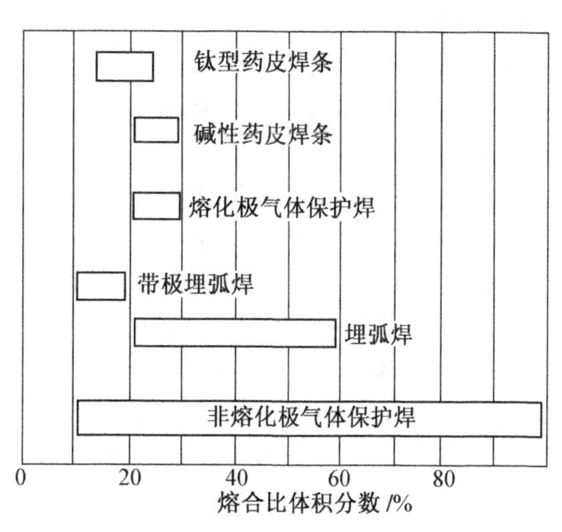

图10-3 各种焊接方法对母材熔合比的影响

(2) 焊接材料。珠光体钢与奥氏体钢焊接时，选择焊接材料的原则是：能克服珠光体钢对焊缝金属的稀释作用带来的不利影响；抵制碳化物形成元素的不利影响；保证接头使用性能，包括力学性能和综合性能；接头内不产生冷、热裂纹；良好工艺性能和生产效率，尽可能降低成本。常用珠光体钢与奥氏体钢的焊接方法和焊接材料的选择见表10-2。

表10-2 常用珠光体钢与奥氏体钢的焊接方法和焊接材料的选择

母材		焊接方法	焊接材料
第一种	第二种		
低碳钢与普通低合金钢	1Cr18Ni9Ti 1Cr18Ni12Ti 1Cr18Ni12Nb Cr17Ni13Mo2Ti Cr16Ni13Mo2Nb Cr23Ni18 Cr25Ni13Ti	焊条电弧焊	A302、A307 A312 A502、A507
12CrMo、15CrMo、30CrMo			
12Cr1MoV、15Cr1MoV			
Cr5Mo、Cr5MoV		埋弧焊	H1Cr25Ni13 H1Cr20Ni10Mo
25CrWMoV、15Cr2Mo2VNi		氩弧焊	H1Cr20Ni7Mo6Si12
12CrMo、15CrMo、30CrMo 12CrMoV、15Cr1Mo1V Cr5Mo、15Cr2Mo2	Cr15Ni35W3Ti Cr16Ni25Mo6	焊条电弧焊	A502、A507 或镍基合金
低碳钢与普通低合金钢	Cr25Ni5TiMoV Cr25Ni5Ti		A502、A507

(3) 焊接工艺要点。珠光体钢与奥氏体钢焊接时，为了降低熔合比，应采用大坡口、小电流、快速、多层焊等工艺。同时焊前也应进行预热，焊后进行热处理，以防出现淬硬组织，降低焊接残余应力和防止产生冷裂纹。

三、不锈复合钢板的焊接

不锈复合钢板是由较薄的不锈钢为覆层(占总厚度的10%～20%)，较厚的珠光体钢为基层复合而成,因而属于异种钢焊接问题。

1. 焊接特点

不锈复合钢焊接时除了要保证钢材的力学性能外,还要保证复合钢板接头的综合性能。一般情况下分基层和覆层的焊接,焊接时的主要问题是基层与覆层交接处的过渡层焊接,常见问题有以下两个方面:

(1) 过渡层异种钢的混合问题。当焊接材料与焊接工艺不恰当时,不锈钢焊缝可能严重稀释,形成马氏体淬硬组织,或由于铬、镍等元素大量渗入珠光体基层而严重脆化,产生裂纹。因此,焊接过渡层时,应使用含铬、镍较多的焊接材料,保证焊缝金属含一定的铁素体组织,提高抗裂性,即使受到基层的稀释,也不会产生马氏体组织;同时也应采用适当的焊接工艺,减小基层一侧的熔深和焊缝的稀释。

(2) 过渡区的组织特点及对焊接的影响。过渡区高温下发生碳的扩散,在交界区会形成高硬度的增碳带和低硬度的脱碳带,从而形成了复杂的金属组织状态,造成焊接困难。同时,碳在高温下重新分布,使覆层增碳,降低了热影响区覆层的耐蚀性。

2. 焊接工艺

(1) 焊接方法。焊接不锈复合钢时常用的焊接方法有焊条电弧焊、埋弧焊、氩弧焊、CO_2气体保护焊和等离子弧焊等。实际生产中常用埋弧焊或焊条电弧焊焊基层,焊条电弧焊和氩弧焊焊覆层和过渡层。

(2) 坡口形式。不锈复合钢薄件焊接可采用 I 形坡口,厚件可采用 V 形、U 形、X 形、V 形和 U 形联合坡口等,也可在接头背面一小段距离内通过机加工去掉覆层金属,如图 10-4 所示,以确保焊第一道基层焊道时不受覆层金属的过大稀释,避免脆化基本珠光体的焊缝金属。一般尽可能采用 X 形坡口,当因焊接位置限制只可采用单面焊时,可用 V 形坡口。采用角接接头时,其坡口形式如图 10-5 所示。

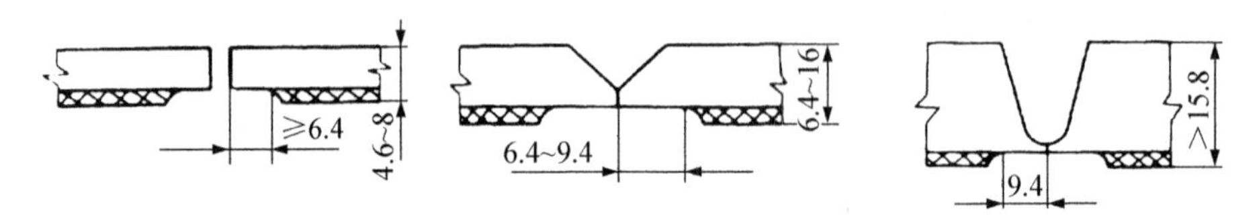

图 10-4　去掉覆层金属的复合钢板焊接

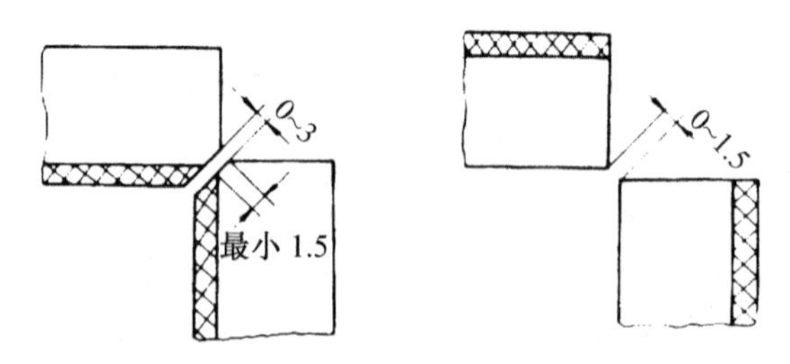

图 10-5　复合钢板焊接角接接头坡口形式

(3) 焊接材料。不锈复合钢的焊接中容易出现覆层的 Cr、Ni 等元素被烧损而降低覆层耐蚀性;基层对覆层的稀释作用,使覆层含 Ni、Cr 减小,而含 C 量增加,使防蚀能力下降和形

成马氏体使接头脆化、过渡层硬化；变形和应力大等缺陷，特别是过渡层的焊接是基层和覆层的交界处，因此复合钢板的焊接比较复杂。为了防止这些缺陷的产生，应当选择三种不同类型的焊接材料分别施焊。比如，焊接基层时，可选用相应强度等级的结构钢焊材；焊接覆层时，由于是直接与腐蚀介质接触的面，所以选择相应的奥氏体钢焊材；而过渡层焊接时，为了避免出现缺陷，可以选择 Cr、Ni 含量比不锈钢高，抗裂性和塑性都较好的奥氏体钢焊接材料。常用不锈复合钢板双面焊焊接材料的选择见表 10－3，单面焊焊接材料的选择见表 10－4。

表 10－3　常用不锈复合钢板双面焊焊接材料的选择

母材		焊条	埋弧焊	
			焊丝	焊剂
基层	Q235	E4303、E4315	H08A、H08	HJ431
	20、20g	E4303、E4315、E5015	H08Mn2SiA、H08A、H08MnA	HJ431
	09Mn2 16Mn 15MnTi	E5003、E5015 E5515－G E6015－D1	H08MnA H08Mn2SiA H10Mn2	HJ431
过渡层	/	A302、A307、A312	H00Cr29Ni12TiAl	HJ260
覆层	1Cr18Ni9Ti 0Cr18Ni9Ti 0Cr13	A102、A107 A132、A137 A202、A207	H0Cr19Ni9Ti H00Cr29Ni12TiAl	HJ260
	Cr18Ni12Mo2Ti Cr18Ni12Mo3Ti	A202、A207 A212	H0Cr18Ni12Mo2Ti H0Cr18Ni12Mo3Ti H00Cr29Ni12TiA	HJ260

表 10－4　常用不锈复合钢板单面焊焊接材料的选择

母材		焊条	埋弧焊		备注
			焊丝	焊剂	
覆层	0Cr18Ni9Ti 1Cr18Ni9Ti 0Cr13	A102 A107	/	/	/
过渡层	/	纯铁	/	/	/
基层（有过渡层）	Q235A、20	E4303	H08A	HJ431	最初两层焊条电弧焊，其余埋弧焊
	20g	E4303、E5003、E5015	H08A、H08MnA	HJ431	
	16Mn	E5015、E5515－G	H08MnA、H10Mn2	HJ431	
	15MnTi	E6015－D1			
基层（无过渡层）	Q235A、20、20g、16Mn、15MnTi	A302、A307	HCr25Ni13 H00Cr29Ni12TiAl	HJ260	/

(4) 焊接工艺要点：

① 焊件准备。焊前装配应以覆层为准，对接间隙为 1.5～2mm，防止错边过大，否则将影响过渡层和覆层的焊接质量。点焊时，应在基层钢上进行，不许产生裂纹与气孔。焊前应对复合板坡口及其两侧 10～20mm 范围内均进行清理。

② 焊接顺序。采用 X 形坡口双面焊时，先焊基层，再焊过渡层，最后焊覆层，如图 10－6 所示。采用单面焊时，应先焊覆层，再焊过渡层，最后焊基层。角接接头时，无论覆层在内侧还是外侧，均先焊基层。

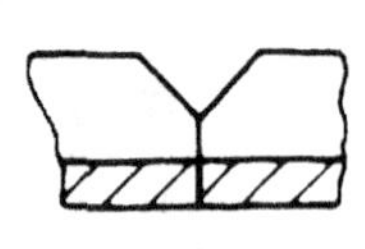

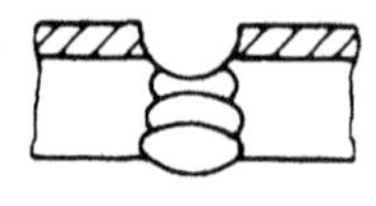
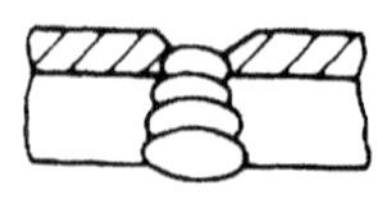
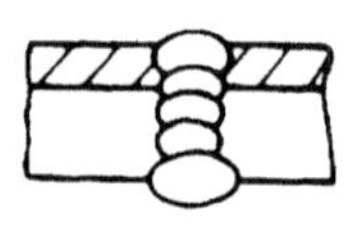

(a) 装配　(b) 焊基层　(c) 覆层清根　(d) 焊过渡层　(e) 焊覆层

图 10－6　焊接顺序

③ 焊接操作要点。焊基层时，注意焊缝不要熔透到覆层金属，焊接温度要低，防止覆层过热，焊完后要严格清理焊缝，并进行探伤检查，合格后方能焊接过渡层。过渡层的焊接在保证熔合良好的前提下，尽量减少基层金属的熔入，焊接时严格控制层间温度，防止过热，并且尽量使用小电流焊接，减小基层对过渡层的稀释作用；焊接材料选择 Cr、Ni 含量高的焊条，可以避免产生马氏体组织。过渡层焊缝表面应当高出界面 0.5～1.5mm，基层焊缝表面到覆层的距离在 1.5～2.0mm，过渡层厚 2～3mm，且必须完全覆盖基层金属。

覆层的焊接主要是奥氏体不锈钢焊接性的问题，这里不多做阐述。

不锈复合钢板焊接后一般不做焊后热处理，避免碳元素发生迁移。如果焊接厚板时要进行消除应力处理，在焊接完基层后就进行，热处理后再焊接过渡层和覆层。

任务三　钢与有色金属的焊接

一、钢与铝及其合金的焊接

1. 焊接特点

铝及其合金与钢的物理性能相差很大，给焊接造成了很大的困难。首先，熔点相差 800～1000℃，焊接时，当铝及其合金已经完全熔化，钢却还保持在固态。其次，导热系数相差 2～13 倍，很难均匀加热。此外，线膨胀系数相差 1.4～2 倍，在接头界面两侧必造成残余热应力，并且无法通过热处理消除它，增强了裂纹倾向。再有，铝及其合金加热时能形成氧化膜(Al_2O_3)，它不仅会造成焊缝金属熔合困难，还会形成焊缝夹渣。

铝能够与钢中的铁、锰、铬、镍等元素形成有限固溶体和金属间化合物，还能与钢中的碳形成化合物。随着含铁量的增加，铝与铁会形成多种金属间化合物，如 FeAl、$FeAl_2$、$FeAl_3$、Fe_2Al_7、Fe_3Al、Fe_2Al_5，其中 Fe_2Al_5 最脆，当其含量增加时，则会降低塑性，使脆性增大，严重影响焊接性。为了解决钢与铝及其合金熔焊时的困难，常采取如下工艺措施：

(1) 为了减小钢与铝产生金属间化合物，在钢表面覆一层与铝能很好结合的过渡金属，

如锌、银等，过渡层厚度为 30～40μm，钢侧为钎焊，铝侧为熔焊；也可采用复合镀层，如 Cu－Zn(4～6μm ＋30～40μm)或 Ni－Zn(5～6μm ＋30～40μm)，能使金属间化合物层的厚度更小。

(2) 对接焊时，使用 K 形坡口，坡口开在钢材一侧。焊接热源偏向铝材一侧，以使两侧受热均衡，防止镀层金属蒸发。

(3) 使用惰性气体保护，如用氩弧焊等。

2. 焊接工艺

钢与铝及其合金的熔焊可采用钨极惰性气体氩弧焊。使用 K 形坡口，钢的一侧坡口角度为 70°。清理干净坡口后，在钢表面覆过渡层，在碳钢及低合金钢表面镀锌，奥氏体钢表面镀铝。

钨极惰性气体氩弧焊采用交流电流，钨极直径 2～5mm。焊接铝与钢时先将电弧指向铝焊丝，待开始移动进行焊接时则指向焊丝和已形成的焊道表面，如图 10－7(a)所示，这样能保护镀层不致破坏；另一种方法是使电弧沿铝侧移动而铝焊丝沿钢侧移动，如图 10－7(b)所示，使液态铝流至钢的坡口表面。焊接电流可参照表 10－5 选择。

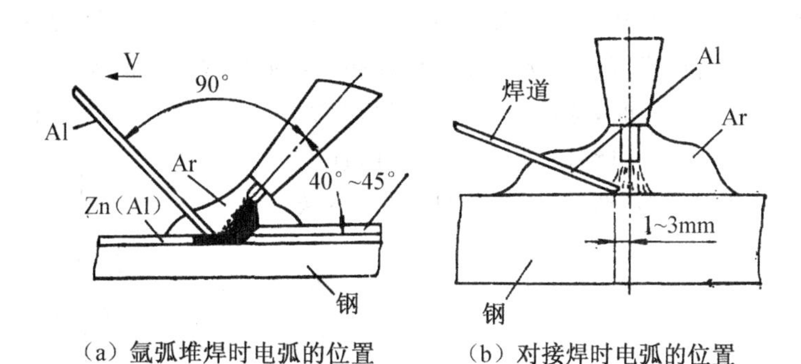

(a) 氩弧堆焊时电弧的位置　　(b) 对接焊时电弧的位置

图 10－7　钢与铝焊接

表 10－5　钢与铝钨极惰性气体氩弧焊的焊接电流

金属厚度/mm	3	6～8	9～10
焊接电流/A	110～130	130～160	180～200

二、钢与铜及其合金的焊接

1. 焊接特点

钢与铜及其合金的熔点、导热系数、线膨胀系数等都有很大的不同，在焊接时易发生焊接热裂纹。同时，液态铜或铜合金有可能向其所接触的近缝区的钢表面内部渗透，并不断向微观裂口浸润深入，形成所谓的“渗透裂纹”。但由于铁与铜的原子半径、晶格类型等比较接近，对原子间的扩散、钢与铜及其合金的焊接来说，又是有利的一面。

2. 焊接工艺

大多数的熔焊方法如气焊、焊条电弧焊、埋弧焊、氩弧焊、电子束焊等都可用于钢与铜及铜合金的焊接。同样，在焊前也应对待焊部位及其附近清理干净，直至露出金属光泽。下面介绍几种常用的熔焊方法的焊接工艺。

(1) 焊条电弧焊。当板厚大于 3mm 需开坡口，坡口形式和尺寸与焊钢时相同。为了保证焊透，X 形坡口不留钝边。单道焊缝施焊时，焊条应偏向钢侧，必要时可对铜件适当预热。低碳钢与紫铜焊条电弧焊工艺参数见表 10－6。

表 10－6　低碳钢与紫铜焊条电弧焊工艺参数(用 T107 焊条)

材料组合	接头形式	母材厚度/mm	焊条直径/mm	焊接电流/A
Q235A＋T1	对接	3＋3	3.2	120～140
Q235A＋T1	对接	4＋4	4.0	150～180
Q235A＋T2	对接	2＋2	2.0	80～90
Q235A＋T2	对接	3＋3	3.0	110～130
Q235A＋T3	T 形接头	3＋3	3.2	140～160
Q235A＋T3	T 形接头	4＋10	4.0	180～210

(2) 钨极惰性气体氩弧焊。主要用于薄件焊接，也常用在紫铜一钢的管与管、板与板、管板的焊接以及在钢上补紫铜的焊接。焊前焊件必须彻底清理，通常铜要酸洗，而钢件要去油污。当紫铜与低碳钢焊接时，选用 HS202 焊丝；紫铜与不锈钢焊接时，选用 B30 白铜丝或 Qa19－2 铝青铜焊丝。焊接时采用直流正接，焊条偏向铜的一侧，不摆动、快速焊。

(3) 埋弧焊。当厚度大于 10mm 时，需开 V 形坡口，角度为 30°～35°，铜一侧角度略大于钢侧，可为 40°，钝边 3mm，间隙 0～2mm。焊接时，焊丝偏向铜一侧，距焊缝中心 5～8mm，如图 10－8 所示，目的是控制热量和减少钢的熔化量。一般在坡口中放置铝丝可以脱氧、减小液态铜向钢侧晶界渗入倾向。不锈钢与紫铜埋弧自动焊焊接工艺参数见表 10－7。

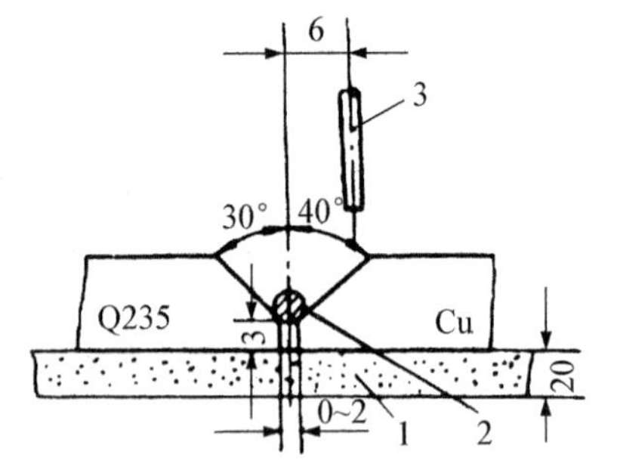

1－焊剂垫；2－填充铝丝；3－焊丝

图 10－8　铜一钢埋弧焊示意图

表 10－7　不锈钢与紫铜埋弧自动焊焊接工艺参数

异种金属	接头形式	厚　度/mm	焊丝直径/mm	焊接电流/A	电弧电压/V	焊接速度/$(m \cdot h^{-1})$	送丝速度/$(m \cdot h^{-1})$
1Cr18Ni89	对接 V 形	10＋10	4	600～650	36～38	23	139
		12＋12	4	650～680	38～42	21.5	136
		14＋14	4	680～720	40～42	20	134
		16＋16	4	720～780	42～44	18.5	130
		18＋18	5	780～820	44～45	16	128
		20＋20	5	820～850	45～46	15.5	126

注：焊剂为 HJ431，焊丝为 T2，坡口中添加ϕ2Ni 丝 2 根。

三、钢与钛及其合金的焊接

1. 焊接特点

(1) 接头脆化。钢与钛及其合金焊接时，易产生 TiFe、$TiFe_2$ 和 TiC 等脆性化合物，增加焊接接头脆性，导致裂纹。同时，钛及其合金在高温下大量吸收氧、氮、氢等气体，特别是在液态时更严重，使焊接区被污染而脆化，甚至产生气孔。

(2) 易产生焊接变形。钛及其合金的热导率约为钢的 1/6，弹性模量为钢的 1/2，导热系数小，焊接时易引起变形，需用刚性夹具、冷却压块等方法防止和减小变形。焊后在真空或氩气保护下，加热到 550～650℃，保温 1～4h，进行退火消除内应力。

2. 焊接工艺

由于钢与钛及其合金焊接时易产生脆性化合物，因而一般不能采用焊条电弧焊、埋弧焊与 CO_2 气体保护焊等方法，可采用钨极氩弧焊，其焊缝结构如图 10－9 所示。

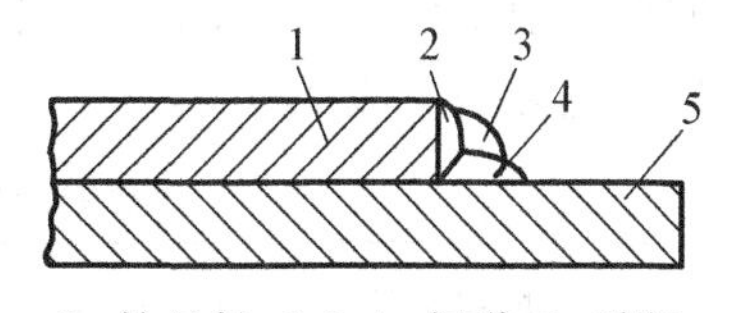

1－钛母材；2，3，4－焊道；5－碳钢

图 10－9　焊缝结构

焊前应先用钢丝刷打磨接头表面，然后用酸液清洗。钢与钛及其合金焊接材料及工艺参数见表 10－8。

表 10－8　钢与钛及其合金焊接材料及工艺参数

焊　层	焊　丝	焊丝直径/mm	钨极直径/mm	焊接电流/A	焊接电压/V	氩气流量/(L·min^{-1})	
						喷嘴	拖罩
1	紫铜	3	3～4	165	15～20	15	25
2	银		3	60～75			
3	银铜		4	150～165			

任务四　异种有色金属的焊接

一、铝与铜的焊接

1. 焊接特点

铝与铜在熔焊时的主要困难：铝和铜的熔点相差 423℃，焊接时很难同时熔化；铝与铜在高温下强烈氧化，生成难熔的氧化物，要采取措施防止氧化并去除熔池中的氧化膜；铝和铜在液态下无限互熔，而在固态下有限互熔，它们能形成多种以金属间化合物为主的固溶体相，如 $AlCu_2$、Al_2Cu_3、AlCu、Al_2Cu 等，使接头的强度和塑性降低。实践证明，铝一铜合金中含铜量在 12%～13%，综合性能最好，因而应采取措施使焊缝金属中铜含量不超过此范围，或者采用铝基合金。

铝与铜塑性都好，很适合于压焊方法。利用压焊时，可避免熔焊时所出现的以上问题。目前常用的压焊有冷压焊、摩擦焊和扩散焊等。

2. 焊接工艺

(1) 钨极惰性气体氩弧焊。铝与铜钨极惰性气体氩弧焊时，为了减小焊缝金属的含铜量，使其控制在12%～13%以下，增加铝的成分，焊前可将铜端加工成 V 形或 K 形坡口，并镀上厚约 6μm 的锌层；焊接时，电弧应偏向铝的一侧，主要熔化铝，减小对铜的熔化。铝与铜钨极惰性气体氩弧焊时，可采用电流为 150A，电压为 15V，焊接速度为 6m/h，选用 L6 焊丝、直径为 2～3mm 的焊接工艺参数。

（2）埋弧焊。铝与铜埋弧自动焊时，为了减小焊缝中铜的熔入量，可采用如图 10－10 所示的接头形式，铜侧开半 U 形坡口并预置φ 3mm 的铝焊丝，铝侧为直边；同时电弧也应指向铝，但不能偏离太远，如工件厚度为 δ，则电弧与铜件坡口上缘的偏离值 $l=(0.5\sim0.6)\delta$。铝与铜埋弧自动焊焊接工艺参数见表 10－9。

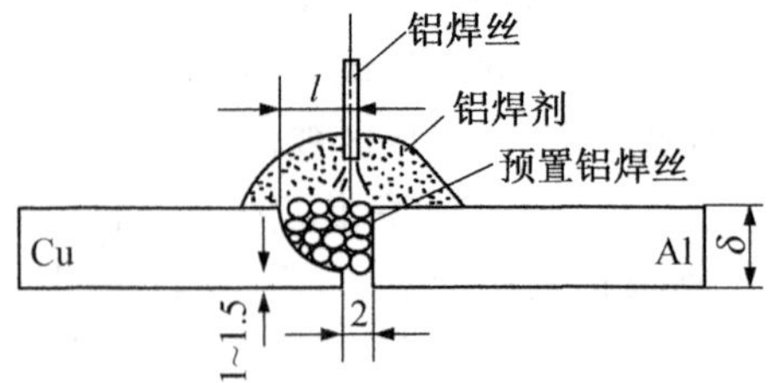

图 10－10　铜及铝埋弧自动焊

表 10－9　铝与铜埋弧自动焊焊接工艺参数

板　厚/mm	焊接电流/A	焊丝直径/mm	焊接电压/V	焊接速度/($m\cdot h^{-1}$)	焊丝偏离/mm	焊剂层/mm		焊接层数
						宽	高	
8	360～380	2.5	35～38	24.4	4～5	32	12	1
10	380～400	2.5	38～40	21.5	5～6	38	12	1
12	390～410	2.6	39～42	21.5	6～7	40	12	1
20	520～550	3.2	40～44	8～12	8～12	46	14	3

二、铝与钛的焊接

1. 焊接特点

铝与钛在物理化学性能和力学性能方面有较大差异，焊接时易出现以下问题：

（1）铝与钛易氧化，合金元素易烧损蒸发，钛在 600℃时开始氧化生成 TiO_2，同时铝也易氧化生成 Al_2O_3，这些氧化物会使焊缝产生夹杂，增加金属脆性，阻碍焊缝熔合，使焊接困难；由于铝的熔点比钛低 1160℃，当钛开始熔化时，铝及其合金元素将会大量烧损蒸发，使焊缝化学成分不均匀。

（2）易产生脆性化合物。钛与铝在 1460℃时，形成铝含量为 36%的 TiAl 型金属间化合物；1340℃时，形成铝含量为 60%～64%的 Ti_3Al 型金属间化合物；同时，钛与氮和碳也易形成脆性化合物。所有这些脆性化合物都使焊缝金属脆性增加，焊接性变差。

（3）铝与钛相互溶解度小，高温时吸气性大。钛在铝中的溶解度极小，室温下只有 0.07%，铝在钛中的溶解度更小，因而两种金属很难结合，焊缝成形困难；氢在钛和铝中的溶解度很大，焊接时焊缝中吸收大量的氢，很容易聚集形成气孔，使焊缝塑性和韧性降低，产生脆裂。

（4）铝与钛的变形大。铝的热导率和线膨胀系数分别约为钛的 16 倍和 3 倍，在焊接时易发生焊接变形。

2. 焊接工艺

铝与钛易形成金属间化合物，因而很少采用熔焊方法。焊接时可利用钛与铝的熔点不

同，采用熔焊＋钎焊工艺，即铝一侧为熔焊，钛一侧为钎焊，如图 10－11 所示。钛板加热后只部分熔化而不熔透，使其热量将背面搭接的铝板熔化，在惰性气体保护下，液态铝在清洁的钛板背面形成填充钎缝。

由于采用熔焊＋钎焊工艺要保持熔池温度不能过高，操作困难，目前采用一种先在坡口上渗铝的工艺措施。即焊前先在钛件的坡口上覆盖一层铝，用钨极惰性气体氩弧焊进行快速焊接，以防止钛熔化。其焊接工艺参数见表 10－10。

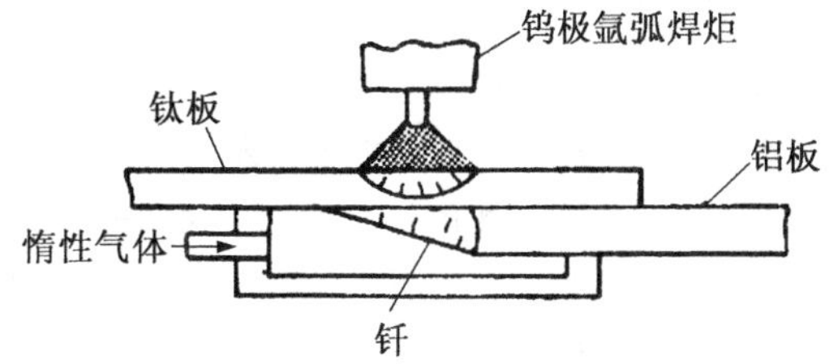

图 10－11　铝与钛间熔焊＋钎焊

表 10－10　铝与钛钨极惰性气体氩弧焊的焊接工艺参数

接头形式	板厚/mm		填充材料	填充材料直径/mm	焊接电流/mm	氩气流量/(L·min^{-1})	
	Al(L4)	Ti(TA2)				焊枪	背面保护
角接	8	2	LD4	3	270～290	10	12
搭接	8	2			190～200	10	15
对接	8～10	8～10			240～285	10	8

三、铜与钛的焊接

1. 焊接特点

铜与钛由于物理和化学性能方面存在较大差异，焊接时主要问题是：铜与钛的互熔性有限，在高温下能形成 TiCu、Ti_2Cu 等多种金属间化合物，以及 Ti＋Ti_2Cu(熔点 1003℃)、Ti_2Cu＋TiCu(熔点 960℃)等低熔点共晶，使接头性能下降；钛与铜对氧的亲和力很大，在常温和高温下都易形成氧化物；在高温下，钛与铜还能吸收氢、氮和氧等，在焊缝熔合线处形成氢气孔，并且在钛母材侧易生成片状氢化物 TiH_2 产生氢脆等。

2. 焊接工艺

铜与钛的焊接，主要使用的熔焊方法是钨极惰性气体氩弧焊。在焊接时，为了防止两种金属产生低熔点共晶，钨极电弧应指向铜的一侧。钛合金与铜钨极氩弧焊焊接工艺参数见表 10－11。

表 10－11　钛合金与铜钨极惰性气体氩弧焊焊接工艺参数

母材	板厚/mm	焊接电流/A	电弧电压/V	填充材料		电弧偏离/mm
				牌号	直径/mm	
TA2＋T2	3.0 5.0	250 400	10 12	QCr0.8 QCr0.8	1.2 2	2.5 4.5
Ti3Al37Nb＋T2	2.0 5.0	260 400	10 12	T4 T4	1.2 2	3.0 4.0

思考题

1. 异种金属焊接时，其焊接性受哪些因素影响？
2. 异种金属焊接时，如何解决母材稀释问题？
3. 珠光体钢与奥氏体钢焊接时，主要考虑哪几方面的问题？
4. 焊接不锈复合钢板时，如何确定X形和V形坡口的焊接顺序？
5. 说明钢与钛焊接时易产生的问题。
6. 铝与铜焊接时，电弧为何要偏向铝？
7. 分析铝与钛的焊接特点。

项目十一　钎焊知识

任务一　钎焊基础知识

一、钎焊的原理

钎焊是三大焊接方法(熔焊、压焊、钎焊)中的一种。

钎焊是采用比焊件金属熔点低的金属作钎料,将焊件和钎料加热到高于钎料、低于焊件熔化温度,利用液态钎料润湿焊件金属,填充接头间隙并与母材金属相互扩散实现连接焊件的一种方法。钎料温度低于母材温度,焊接时钎料熔化母材不熔化,两者之间是物理结合。习惯以焊接温度450℃划分为硬钎焊和软钎焊。硬钎焊主要有火焰钎焊、感应钎焊、炉中钎焊、电阻钎焊等。

二、钎焊的特点

钎焊属于固相连接,它与熔化焊方法的不同之处在于:钎焊时母材不熔化,采用比母材熔化温度低的钎料,加热温度采取低于母材固相线而高于钎料液相线(50～100℃)的一种连接方法。当钎料加热到熔化温度,利用液态钎料在母材表面或者间隙中的润湿作用,毛细流动,与母材相互作用(熔解、扩散或者产生金属间化合物)而实现零部件间的连接。

同熔化焊和压力焊方法相比,钎焊具有以下优点:

(1) 钎焊加热温度较低,对母材组织和性能影响较小。

(2) 钎焊接头平整光滑,外形美观。

(3) 焊件变形较小,尤其是采用均匀加热(如炉中钎焊)的钎焊方法,焊件的变形可减到最低程度,容易保证焊件的尺寸精度。

(4) 某些钎焊方法一次可焊成几十条或成百条钎缝,生产率高。

(5) 可以实现异种金属或合金、金属与非金属的连接。

但是,钎焊也有它本身的缺点,由于母材与钎料成分不同,难免会引起接头的电化学腐蚀。在钎焊大多数材料时,钎焊接头强度与母材不能达到同等强度。

三、钎焊的被焊材料

金属:铜及铜合金,铝合金,钛合金,铁与钢,高温合金,硬质合金等。

非金属：陶瓷，金刚石，石墨。

四、钎料与钎剂

1. 钎料的种类

钎料的种类及应用范围见表 11-1。

表 11-1　钎料的种类及应用范围

钎料＼应用		应用范围
硬钎料	Cu 基钎料	纯铜钎料可用来钎焊碳钢、不锈钢、硬质合金。黄铜钎料(H62)可用来钎焊受力大及需要接头塑性铜、钢制的零件。为防止 Zn 的挥发，可在 H62 中加入少量 Si；加入少量的 Sn 可提高钎料的铺展性
	CuP 钎料	它是一种应用广泛的空气自钎剂钎料。常用于铜及铜合金的钎焊，不需要额外使用钎剂。但是不能用于钎焊钢、镍基合金和铜镍合金
	Ag 基钎料	银基钎料能润湿很多金属，并具有良好的强度、塑性等综合性能。钎焊温度低，被广泛应用于钎焊铜及铜合金、低碳钢、结构钢、不锈钢、硬质合金等
	Al 基钎料	主要用于钎焊铝及铝合金。铝基钎料主要以铝和其他金属的共晶为基础，常用的有 BAlSi12
	Ni 基钎料	用于钎焊不锈钢、高温合金的零件。镍基钎料以镍为主体，添加 B、Si、P 等能降低其熔点的金属元素。主要以粉状、膏状、非晶态为主
软钎料	Sn 基钎料	软钎料中应用最广泛的是锡铅钎料，当 $W_{Sn}=61.9\%$时，形成熔点为 183℃的共晶。锡铅钎料的工作温度不超过 100℃，在低温下有冷脆性
	Pb 基钎料	一般用于钎焊铜及铜合金，可以在 150℃以下工作温度使用。钎焊接头在潮湿环境下耐蚀性较差

2. 钎剂

钎剂的作用：去除氧化膜、增加钎料的流动性、防止钎料在加热时氧化。其主要由硼砂、硼酸氟化物、氯化物等组成。

五、钎焊的填缝原理

钎焊是利用液态钎料填满钎焊金属结合面的间隙而形成牢固接头的焊接方法。

1. 工艺过程基本条件

(1) 液态钎料能润湿钎焊金属并能致密地填满全部间隙。

(2) 液态钎料与钎焊金属进行必要的物理、化学反应达到良好的金属间结合。

2. 液态钎料的填缝原理

钎焊时，液态钎料是靠毛细作用在钎缝间流动的，这种液态钎料对母材金属的浸润和附着的能力称之为润湿性。液态钎料对钎焊金属的润湿性越好，则毛细作用越强，因此填缝会更充分。影响钎料润湿性的因素如下：

(1) 钎料和焊件金属成分影响。一般来说，如果液态钎料能与焊件金属相互溶解或形成化合物，则钎料能较好地润湿焊件金属；反之，则润湿性较差。

(2) 钎焊温度的影响。钎焊温度升高有助于提高钎料对焊件金属的润湿性，但温度过高，钎料润湿性太好，不仅会造成钎料流失，而且还会因过火而产生溶蚀现象。

(3) 焊件金属表面清洁度。金属表面的氧化物及油污等杂质会阻碍钎料与焊件金属的接触，使液态钎料聚成球状而很难铺展。因此，钎焊时必须保证焊件金属接头处表面清洁。

(4) 焊件金属表面粗糙度。通常钎料在粗糙表面的润湿性比光滑面好。这是由于纵横交错的纹路对液态钎料起到特殊的毛细作用。

3. 钎料与焊件金属的相互作用

钎料与焊件金属的相互作用包括以下两个部分：

(1) 焊件金属溶解于液态钎料中。

(2) 液态钎料向焊件金属中的扩散。

六、钎焊方法的分类

钎焊接头的质量与所选用的钎焊方法、钎焊材料(钎剂、钎料等)和工艺参数等有关。按照不同的特征和标准，钎焊方法有以下几种分类方法。

1. 按照所采用钎料的熔点

可分为软钎焊和硬钎焊，钎料熔点低于 450℃时称为软钎焊，高于 450℃时称为硬钎焊。

2. 按照钎焊温度的高低

可分为高温钎焊、中温钎焊和低温钎焊，温度的划分是相对于母材熔点而言。例如，对钢件来说，加热温度高于 800℃称为高温钎焊，550～800℃称为中温钎焊，加热温度低于550℃称为低温钎焊；但对于铝合金来说，加热温度高于 450℃称为高温钎焊，300～450℃称为中温钎焊，加热温度低于 300℃称为低温钎焊。

3. 按照热源种类和加热方法的不同

可以分为火焰钎焊、炉中钎焊、感应钎焊、电阻钎焊、浸渍钎焊、气相钎焊、烙铁钎焊及超声波钎焊等。

4. 按照去除母材表面氧化膜的方式

可以分为钎剂钎焊、无钎剂钎焊、自钎剂钎焊、气体保护钎焊及真空钎焊等。

5. 按照接头形成的特点

可分为毛细钎焊和非毛细钎焊。液态钎料依靠毛细作用填入钎缝的情况称为毛细钎焊；毛细作用在钎焊接头形成过程中不起主要作用的称为非毛细钎焊。接触反应钎焊和扩散钎焊是最典型的非毛细钎焊过程。

6. 按照被连接的母材或钎料的不同

可分为铝钎焊、不锈钢钎焊、钛合金钎焊、高温合金钎焊、陶瓷钎焊、复合材料钎焊，以及银钎焊、铜钎焊等。常用的钎焊方法分类、原理及应用见表 11-2。

表 11－2　常用的钎焊方法分类、原理及应用

<table>
<tr><th>钎焊方法</th><th colspan="2">分　类</th><th>原　理</th><th>应　用</th></tr>
<tr><td rowspan="6">烙铁钎焊</td><td colspan="2">外热式烙铁</td><td>使用外热源加热，如气体火焰</td><td rowspan="5">适用于以软钎料钎焊范围不大的焊件，广泛应用于无线电、仪表等工业部门</td></tr>
<tr><td rowspan="3">电烙铁</td><td>普通电烙铁</td><td rowspan="3">靠自身恒定作用的热源保持烙铁头一定温度</td></tr>
<tr><td>带陶瓷加热器</td></tr>
<tr><td>可调温度</td></tr>
<tr><td colspan="2">弧焊烙铁</td><td>烙铁头部装有碳头，利用电弧热熔化钎料</td></tr>
<tr><td colspan="2">超声波烙铁</td><td>在电加热烙铁头上再加上超声波振动，靠空化作用破坏金属表面氧化膜</td><td>适用于铝及铝合金（含 Mg 多的除外）、不锈钢、钴、锗、硅等钎焊</td></tr>
<tr><td rowspan="2">火焰钎焊</td><td colspan="2">氧—乙炔焰</td><td rowspan="2">用可燃气体与氧气（或压缩空气）混合燃烧的火焰来进行加热的钎焊，火焰钎焊可分为火焰硬钎焊和火焰软钎焊</td><td>主要用于钎焊钢和铜</td></tr>
<tr><td colspan="2">压缩空气雾化汽油火焰或空气液化石油火焰或煤气等</td><td>适用于铝合金的硬钎焊</td></tr>
<tr><td rowspan="5">炉中钎焊</td><td colspan="2">空气炉中钎焊</td><td>把装配好的焊件放入一般工业电炉中加热至钎焊温度完成钎焊</td><td>多用于钎焊铝、铜、铁及其合金</td></tr>
<tr><td rowspan="2">保护气氛炉中钎焊</td><td>还原性气氛</td><td rowspan="2">加有钎料的焊件在还原性气氛或惰性气氛的电炉中加热进行钎焊</td><td rowspan="2">适用于钎焊碳素钢、合金钢、硬质合金、高温合金等</td></tr>
<tr><td>惰性气氛</td></tr>
<tr><td rowspan="2">真空炉中钎焊</td><td>热壁型</td><td>使用真空钎焊容器，将装配好钎料的焊件放入容器内，容器放入非真空炉中加热至钎焊温度，然后容器在空气中冷却</td><td rowspan="2">钎焊含有 Cr、Ti、Al 等元素的合金钢、钛合金、铝合金及难熔合金</td></tr>
<tr><td>冷壁型</td><td>加热炉与钎焊室合为一体，炉壁做成水冷套，内置热反射屏，防止热向外辐射，提高热效率，炉盖密封。焊件钎焊后随炉冷却</td></tr>
<tr><td rowspan="3">感应钎焊</td><td colspan="2">高频（150～700kHz）</td><td rowspan="3">焊件钎焊处的加热是依靠在交变磁场中产生感应电流的电阻热来实现</td><td rowspan="3">广泛用于钎焊钢、铜及铜合金、高温合金等的具有对称形状的焊件</td></tr>
<tr><td colspan="2">中频（1～10kHz）</td></tr>
<tr><td colspan="2">工频（很少直接用于钎焊）</td></tr>
<tr><td rowspan="2">浸渍钎焊</td><td rowspan="2">盐浴浸渍钎焊</td><td>外热式</td><td rowspan="2">多为氯盐的混合物作盐浴，焊件加热和保护靠盐浴来实现。外热式由槽外部电阻丝加热；内热式靠电流通过盐浴产生的电阻热来加热自身和进行钎焊。当钎焊铝及铝合金时应使用钎剂作盐浴</td><td rowspan="2">适用于以铜基钎料和银基钎料钎焊钢、铜及其合金、合金钢及高温合金。还可钎焊铝及其合金</td></tr>
<tr><td>内热式</td></tr>
</table>

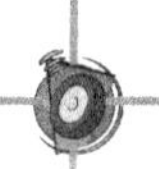

续　表

<table>
<tr><th>钎焊方法</th><th colspan="2">分　类</th><th>原　理</th><th>应　用</th></tr>
<tr><td>浸渍钎焊</td><td colspan="2">熔化钎料中浸渍钎焊（金属浴）</td><td>将经过表面清洗，并装配好的钎焊件进行钎剂处理，再放入熔化钎料中，钎料把钎焊处加热到钎焊温度实现钎焊</td><td>主要用于以软钎料钎焊铜及铜合金、钢。对于钎焊缝多而复杂的产品（如蜂窝式换热器、电机电枢等），用此法优越、效率高</td></tr>
<tr><td rowspan="2">电阻钎焊</td><td colspan="2">直接加热式</td><td>电极压紧两个零件的钎焊处，电流通过钎焊面形成回路，靠通电中钎焊面产生的电阻热加热到钎焊温度实现钎焊</td><td rowspan="2">主要用于钎焊刀具、电机的定子线圈、导线端头以及各种电子元器件的触点等</td></tr>
<tr><td colspan="2">间接加热式</td><td>电流或只通过一个零件，或根本不通过焊件。前者钎料熔化和另一零件加热是依靠通电加热的零件向它导热来实现。后者电流是通过并加热一个较大的石墨板或耐热合金板，焊件放置在此板上，全部依靠导热来实现，对焊件仍需压紧</td></tr>
<tr><td rowspan="6">特种钎焊</td><td rowspan="2">红外线钎焊</td><td>红外线钎焊炉</td><td rowspan="2">用红外线灯泡的辐射热对钎焊件加热钎焊</td><td>适于钎焊电子元器件及玻璃绝缘子等</td></tr>
<tr><td>小型红外线聚光灯</td><td>连接磁线存储器、挠性电缆等</td></tr>
<tr><td colspan="2">氙弧灯光束钎焊</td><td>用特殊的反光镜将氙弧灯发出的强热光线聚在一起，得到高能量密度的光束作为热源</td><td>适于钎焊半导体、集成电路底板、大规模集成电路、电平表、磁头、晶体振子等小型器件以及其他微型件高密度的插装端子</td></tr>
<tr><td colspan="2">激光钎焊</td><td>利用原子受激辐射的原理使物质受激面产生波长均一、方向一致以及强度非常高的光束，聚焦到 10^5 W/cm^2 以上的高功率密度的十分微小的焦点，把光能转换为热能实现钎焊</td><td>适用于钎焊微电子元器件、无线电以及精密仪表等零部件</td></tr>
<tr><td colspan="2">气相钎焊</td><td>利用高沸点的氟系列碳氢化合物饱和蒸气的冷凝汽化潜热来实现钎焊</td><td>往印刷电路板上钎焊绕接用的线柱，往陶瓷基片上钎焊陶瓷片或芯片基座外部引线等</td></tr>
<tr><td>脉冲加热钎焊</td><td>平行间隙钎焊法</td><td>利用电阻热原理进行软钎焊的方法，以脉冲的方式在短时间内（几毫秒到 1 秒）供给钎焊所需热量</td><td>往印刷电路板上装集成电路块及晶体管等元件</td></tr>
</table>

续　表

<table>
<tr><th>钎焊方法</th><th colspan="2">分　类</th><th>原　理</th><th>应　用</th></tr>
<tr><td rowspan="4">特种钎焊</td><td rowspan="2">脉冲加热钎焊</td><td>再流钎焊法</td><td>通过脉冲电流用间接加热的方法在被焊的材料上涂一层钎料或在材料间放入加工成适当形状的钎料，并在其熔化瞬间同时加压完成钎焊</td><td>在印刷电路板上装集成电路块、二极管、片状电容等元器件，以及挠性电缆的多点同时钎焊等</td></tr>
<tr><td>热压头式再流钎焊法</td><td>采用了热压头方式同时吸收了脉冲加热法的优点来实现钎焊</td><td>适于将大型的大规模集成电路或漆包线等钎焊到各种基板上</td></tr>
<tr><td colspan="2">波峰式钎焊法</td><td>钎焊时，印刷电路板背面的铜箔面在钎料的波峰上移动，实现钎焊</td><td rowspan="2">作为印刷电路板批量生产钎焊方法</td></tr>
<tr><td colspan="2">平面静止式钎焊法</td><td>钎焊时，使印刷电路板沿水平方向移动而同时使钎料槽或印刷电路板做垂直运动来完成钎焊</td></tr>
</table>

任务二　钎焊操作技术

一、气体火焰钎焊操作技术

空调制冷系统中钎焊采用火焰钎焊的方法，其通用性大、工艺过程较为简单，但火焰钎焊手工操作加热温度和时间难以把握，因此要求操作人员具备熟练的操作技能。

本任务主要介绍空调制冷系统生产、安装有关火焰钎焊方面的内容。

所谓气体火焰钎焊，是利用可燃气体与氧气混合燃烧的火焰进行加热的一种钎焊方法。一般情况下，气体火焰钎焊的操作流程如图 11－1 所示。

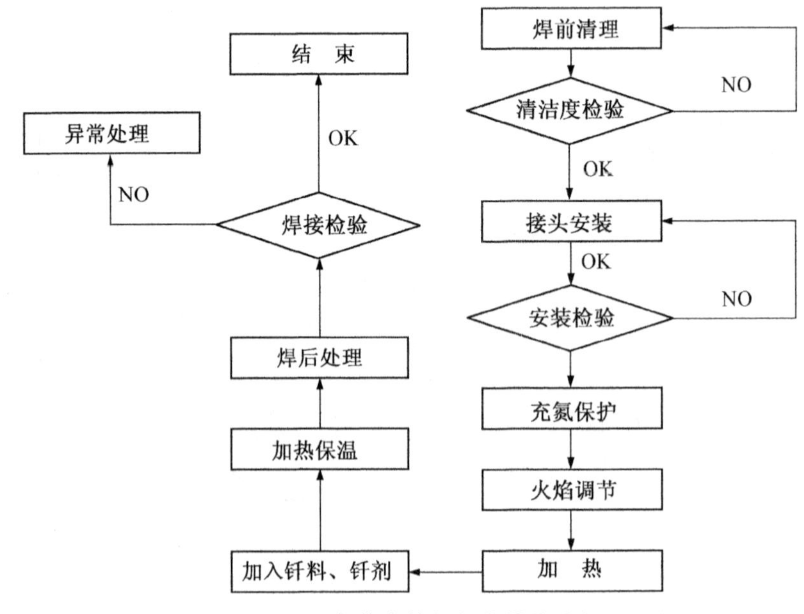

图 11－1　气体火焰钎焊的操作流程

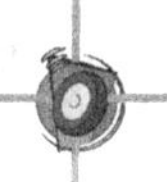

空调制冷系统中，需要大量铜质管材来制造换热器和输液管路，铜管之间及铜管与其他器件的连接，都必须用钎焊的方法来完成。

铜管的管材及其他管材根据它们的类型、材质、直径和壁厚的不同，套管间隙的大小，在进行钎焊时，加热时间也不同，加热时间不宜过长，以免接合部位氧化，而且加热要均匀，必须考虑被焊管材的加热温度和钎料的加热温度。铜在焊接时，受热后颜色会随温度而变化，其变化反映了温度的高低。

铜管温度与钎料的关系如图 11－2 所示。

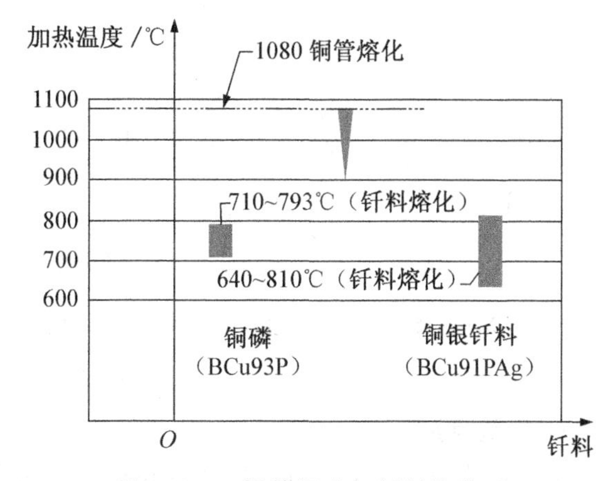

图 11－2 铜管温度与钎料的关系

1. 焊前清理

焊前要清除焊件表面及接合处的油污、氧化物、毛刺及其他杂物，保证铜管端部及接合面的清洁与干燥，另外还需要保证钎料的清洁与干燥。

焊件表面的油污可用丙酮、酒精、汽油或三氯乙烯等有机溶液清洗。此外，热的碱溶液除油污也可以得到很好的效果，对于小型复杂或大批零件可用超声波清洗。表面氧化物及毛刺可用化学浸湿方法清理，然后在水中冲洗干净并加以干燥。

2. 清洁度检验

一般的焊件在焊前已有专门的清洁工序，但仍有可能因处理工序不佳或储存方式不正确而使焊件表面留有油污或水分，因此在接头装配和焊接前仍需以目视和触摸的方式检验焊件表面的清洁度和干燥度，若发现焊件不干净、潮湿或被氧化，应挑出来重新处理方可焊接。另外，被污染的焊料应放弃使用或清洗后再使用。

3. 接头安装

钎焊的接头形式有对接、搭接、T 形接、卷边接及套接等方式，制冷系统所采用的多为套接方式，不得采用其他接头方式。

钎焊接头的安装须保证合适均匀的钎缝间隙，针对所使用的铜磷钎料，要求钎缝间隙(单边)在 0.05～0.10mm。间隙过大会破坏毛细作用而影响钎料在钎缝中的均匀铺展，另外，过大的间隙也会在受压或振动下引起焊缝破裂和出现半堵或堵现象；间隙过小会妨碍液态钎料的流入，使钎料不能充满整个钎缝而使接头强度下降；钎缝间隙不均匀，会妨碍液态钎料在钎缝中的均匀铺展，从而影响钎焊质量。

对于套接形式的钎焊接头，选择合适的套接长度是相当重要的，一般铜管的套接长度在 5～15mm(注：壁厚大于 0.6mm、直径大于 8mm 的管其套接长度不应小于 8mm)，毛细管的套接长度在 10～15mm，若套接管长度过短易使接头强度(主要指疲劳特性和低温性能)不够，更重要的是易出现焊堵现象。

4. 安装检验

接头安装完毕，应检验钎焊接头是否有变形、破损及套接长度是否合适，图 11－3 所示的不良接头应力求避免，若出现不良接头的应拆除重新安装后方可焊接。

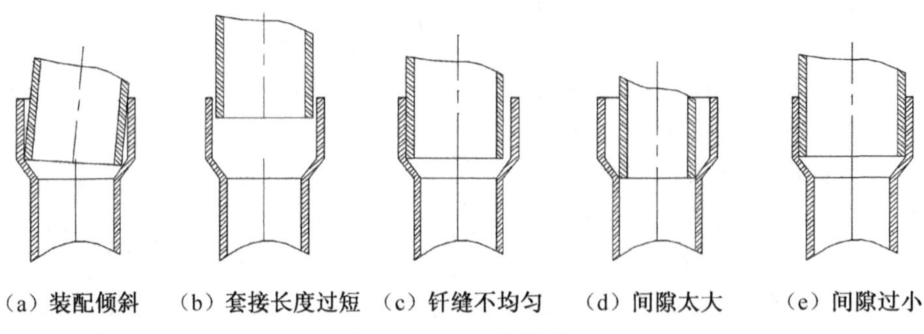

图 11－3　不良接头

5. 充氮保护

接头安装经检查正常后开启充氮阀进行充氮保护，以防止铜管内壁受热而被空气所氧化。焊前的充氮时间应依据具体工序的作业指导书要求，为保证焊接前和焊接后有充足的氮气保护，对充氮要求见表 11－3。按充氮方式的不同又分为自动充氮和手动充氮，当管子方向不同时，自动充氮所用的工具又不同如图 11－4 所示。一般来说，手动充氮的停留时间为3～5s 就要快速焊接。

表 11－3　充氮要求

管　径	氮气流量（焊接中）	焊后保持时间	氮气压力	
			预充式	边充边焊
<10mm	≥4L/min	≥3s	0.2MPa	0.1MPa
≥10mm	≥6L/min	≥6s		

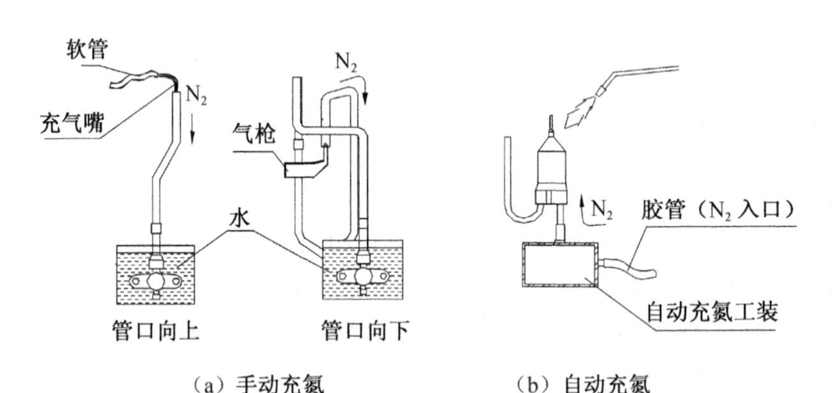

图 11－4　充氮方式

6. 火焰调节

常用的火焰是氧—乙炔焰，根据氧气与乙炔混合比的不同，氧乙炔焰可分为氧气和乙炔混合比为 1.1～1.2 的中性焰、小于 1.1 的碳化焰和大于 1.2 的氧化焰。制冷设备铜管一般为紫铜管，应选用中性焰；若黄铜管及配件选用氧化焰。火焰调节靠氧气阀门控制，刚点火

时是碳化焰，比较长；稍加大氧气火焰缩短变为中性焰；再加大氧气火焰再缩短变为氧化焰。

7. 加热

针对现有的情况，焊接有 3 种位置：竖直焊、水平焊、倒立焊，如图 11－5 所示。

3 种施焊方式加热时焊嘴距焊件 20～40mm 范围内，管径大且管壁厚时，加热应近些。为保证接头均匀加热，焊接时使火焰沿铜管长度方向移动，保证杯形口和附近 10mm 范围内均匀受热，但倒立焊时，下端不宜加热过多，若下端铜管温度太高，则会因重力和铺展作用使液态钎料向下流失。

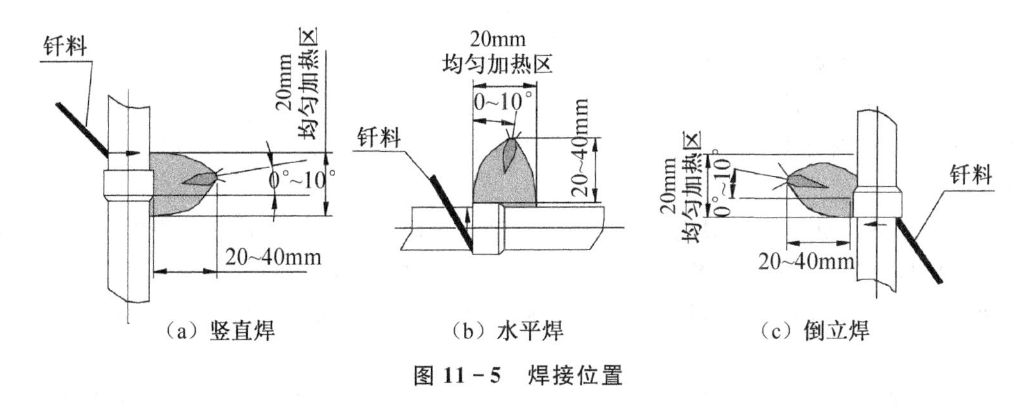

图 11－5 焊接位置

(1) 管径较大时应选用大号的焊嘴，反之则用小号的焊嘴。

(2) 毛细管焊接时应尽可能避免直接对毛细管加热。

(3) 管壁厚度不同时应着重对厚壁加热。

(4) 螺纹管钎焊时，加热和保温时间比光铜管的时间要短些，以防钎料流失。

(5) 先加热插入接头中的铜管，使热量传导至接头内部。

8. 加入钎料、钎剂

当铜管和杯形口被加热到焊接温度时，需从火焰的另一侧加入钎料，如果钎焊黄铜和紫铜，则需先加热钎料，焊前涂覆钎剂后方可焊接。

钎料从火焰的另一侧加入，有三方面的考虑：其一是防止钎料直接受火焰加热而因温度过高使钎料中的磷被蒸发掉，影响焊接质量；其二是可检测接头部分是否均匀达到焊接温度；其三是考虑钎料从低温侧向高温侧润湿铺展，低温处钎料填缝速度慢，所以让钎料在低温处先熔化、填缝，注意在高温侧填缝时间要短些，这样可使钎料不至于在低温处填缝不充分而高温侧填缝过度而流失。即使钎料能均匀填缝，焊接时仍可能出现焊料呈球状滚落到接合处而不附着于工件表面的现象，可能的原因是：被焊金属未达焊接温度而焊料已熔化或被焊金属不清洁。

9. 加热保温

当观察到钎料熔化后，应将火焰稍稍移离，焊嘴离焊件 40～60mm，待钎料填满间隙后，焊炬慢慢移开接头，继续加入少量钎料后再移开焊炬和钎料。

10. 焊后处理

焊后应清除焊件表面的杂物，特别是黄铜与紫铜焊接后应用清水清洗或砂纸打磨焊件表面，以防止表面被腐蚀而产生铜绿。自动焊接时工作应在最后一排枪喷出气体助焊剂的氛围中冷却，防止高温的铜管在冷却过程中被氧化。

11. 焊后检验

对钎焊的质量要求如下：

(1) 焊缝接头表面光亮，填角均匀，光滑圆弧过度。

(2) 接头无过烧、表面严重氧化、焊缝粗糙、焊蚀等缺陷。

(3) 焊缝无气孔、夹渣、裂纹、焊瘤、管口堵塞等现象。

(4) 部件焊接成整机后，按 GBT7725－1996 第 6、3、1 项试验时，焊缝处不准有制冷剂泄漏。

关于焊后泄漏检验，一般有 3 种方法：

① 压力检漏：给焊后的热交换器充 0.5MPa 以上的氮气，然后对焊接接头喷洒中性的洗涤剂，观察 10s 内有无气泡产生，若有气泡产生则判为泄漏，需补焊或重焊。此方法检验精度较低。

② 卤素检漏：此方法一般用于热交换器检漏。将卤素检漏仪的精度选择为 2g/y，用探针沿各焊接接头处移动(探针离工件应保持在 5mm 以内，移动速度为 2～5cm/s)，若制冷剂泄漏速度大于 2g/y，则检漏仪将自动报警。此方法较压力检漏精度高，但受人为因素影响较大。

③ 真空箱氦质谱检漏：向热交换器中充入一定压力的氦气，然后将其放入真空箱，并对真空箱抽真空至 20Pa，此时通过探测仪检验真空箱中是否有热交换器泄漏出的氦气。此方法比卤素检验精度更高，但它仅能检验热交换器是否有泄漏，而不能检验出具体的泄漏位置。

焊后应立刻检查焊缝是否饱满、圆滑，填缝是否充分，是否有氧化、焊蚀、气孔、夹渣、漏气及焊堵塞等现象，若检查发现有异常，则依“常见钎焊缺陷及处理对策”进行异常处理。

二、焊补的技术要求

焊补是针对钎焊接头有缺陷的现象进行的一种补救措施，但不是所有有质量缺陷的接头都能采用此法。

1. 不能采用焊补的几种接头

(1) 已经过烧的接头。

(2) 接头处的铜管已经熔蚀。

(3) 接头处开裂现象严重(一般大于 2mm)。

(4) 已经焊补过一次的接头。

(5) 接头处的铜管已经严重变薄。

2. 能采用焊补的几种接头

(1) 接头间隙部分未填满。

(2) 钎料只在一面填缝，未完成圆角，钎缝表面粗糙。

(3) 钎缝中有杂质(清除钎缝后重焊)。

(4) 有漏现象(未补焊过)。

(5) 焊缝有气孔。

(6) 接头部位及外套管臂焊瘤太大(超过 2mm),需用外焰进行加热而且方向要向焊口拨动。

焊补使用钎料应注意的事项：

(1) 对于臂厚大于 0.5mm 的铜管,可以采用普通的铜磷钎料进行焊补。

(2) 对于臂厚小于 0.45mm 的铜管,可以采用含银钎料进行焊补。

思考题

1. 试述钎焊的原理和特点。
2. 钎焊的钎料分哪几种?
3. 钎剂主要由哪几种组成?钎剂的主要作用是什么?
4. 根据热源的种类和加热方法的不同,钎焊可分为哪几种?
5. 试述火焰钎焊铜管接头的具体步骤。

项目十二　焊接缺陷与焊接质量检验

任务一　一般常见的焊接缺陷

一、缺陷的分类

1. 焊缝尺寸不符合要求

如焊缝超高、超宽、过窄、高低差过大、焊缝过渡到母材不圆滑等。

2. 焊接表面缺陷

如咬边、焊瘤、内凹、满溢、未焊透、表面气孔、表面裂纹等。

3. 焊缝内部缺陷

如气孔、夹渣、裂纹、未熔合、夹钨、双面焊的未焊透等。

4. 焊接接头性能不符合要求

因过热、过烧等原因导致焊接接头的机械性能、抗腐蚀性能降低等。

5. 焊接缺陷对焊接构件的危害

主要有以下几方面：

(1) 引起应力集中。焊接接头中应力的分布是十分复杂的。凡是结构截面有突然变化的部位，应力的分布就特别不均匀，在某些点的应力值可能比平均应力值大许多倍，这种现象称为应力集中，如图 12-1 所示。造成应力集中的原因很多，而焊缝中存在工艺缺陷是其中一个很重要的因素。焊缝内存在的裂纹、未焊透及其他带尖缺口的缺陷，使焊缝截面不连续，产生突变部位，在外力作用下将产生很大的应力集中。当应力超过缺陷前端部位金属材料的断裂强度时，材料就会开裂破坏。

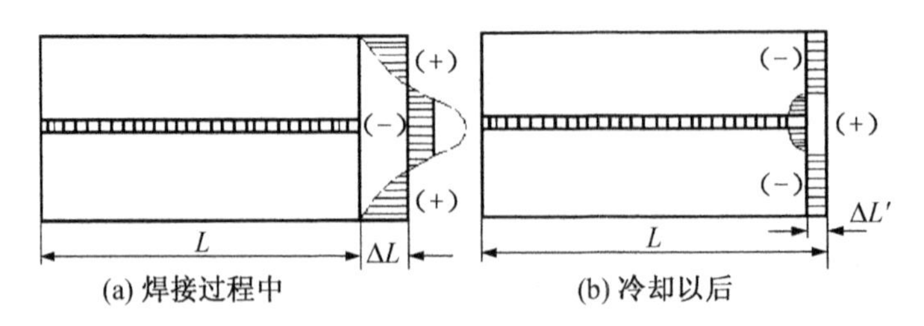

(a) 焊接过程中　　(b) 冷却以后

图 12-1　应力集中

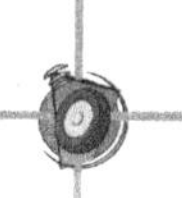

(2) 缩短使用寿命。对于承受低周疲劳载荷的构件，如果焊缝中的缺陷尺寸超过一定界限，循环一定周次后，缺陷会不断扩展、长大，直至引起构件发生断裂。

(3) 造成脆裂，危及安全。脆性断裂是一种低应力断裂，是结构件在没有塑性变形情况下，产生的快速突发性断裂，其危害性很大。焊接质量对产品的脆断有很大的影响。

二、焊接变形

工件焊后一般都会产生焊接变形和焊接残余应力变形，如果变形量超过允许值，就会影响生产工艺流程的正常进行，而且会降低结构承载能力，影响结构的尺寸精度与外形。

焊接变形的几个例子如图 12-2 所示。产生的主要原因是焊件不均匀地局部加热和冷却。因为焊接时，焊件仅在局部区域被加热到高温，离焊缝越近，温度越高，膨胀也越大，焊接塑性变形区就扩大，焊后纵向收缩量也同时增大。特别是线膨胀系数大的材料，如铝和不锈钢焊件，不仅产生纵向收缩变形，有可能也产生横向收缩变形，尤其是多道多层焊接。在焊接结构生产过程中，各种变形往往不是单独出现，而是同时出现并相互影响。

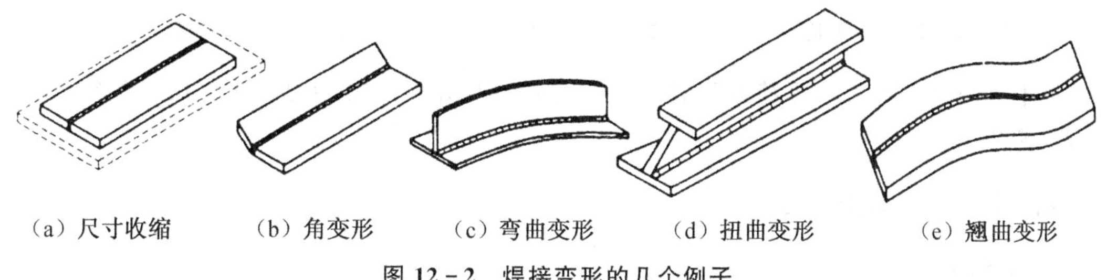

(a) 尺寸收缩　(b) 角变形　(c) 弯曲变形　(d) 扭曲变形　(e) 翘曲变形

图 12-2　焊接变形的几个例子

焊接过程中，加热区域的金属因受到周围温度较低的金属阻止而不能自由膨胀，冷却时又由于周围金属的制止不能自由地收缩，结果这部分加热的金属存在拉应力，而其他部分的金属则存在与之平衡的压应力。当这些应力超过金属的屈服极限时，将产生焊接变形；当超过金属的强度极限时，则会出现裂缝，造成焊接变形如图 12-3 所示。

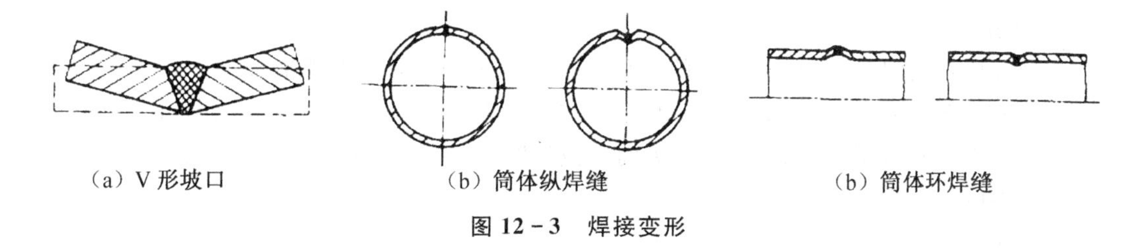

(a) V 形坡口　(b) 筒体纵焊缝　(b) 筒体环焊缝

图 12-3　焊接变形

三、焊缝的外部缺陷

1. 焊缝余高过高

如图 12-4 所示，当焊接坡口的角度开得太小或焊接电流过小时，均会出现焊缝余高过高的现象。焊件焊缝的危险平面已从 M—M 平面过渡到熔合区的 N—N 平面，由于应力集中易发生破坏。因此，为提高压力容器的疲劳寿命，要求将焊缝的余高铲平。

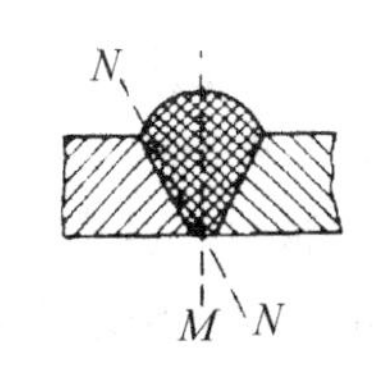

图 12-4　焊缝余高过高

2. 焊缝过凹

如图 12－5 所示，因焊缝工作截面的减小而使接头处的强度降低。

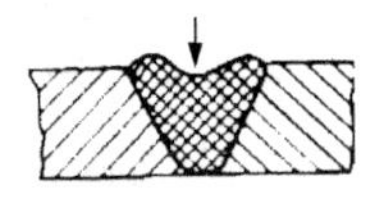

图 12－5　焊缝过凹

3. 焊缝咬边

在工件上沿焊缝边缘所形成的凹陷叫咬边，如图 12－6 所示。它不仅减少了接头工作截面，而且在咬边处造成严重的应力集中。

4. 焊瘤

熔化金属流到熔池边缘未熔化的工件上，堆积形成焊瘤，它与工件没有熔合，如图 12－7 所示。焊瘤对静载强度无影响，但会引起应力集中，使动载强度降低。

5. 烧穿

如图 12－8 所示，烧穿是指部分熔化金属从焊缝反面漏出，甚至烧穿成洞，它使接头强度下降。

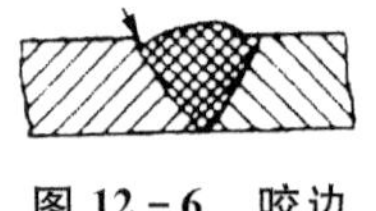

图 12－6　咬边

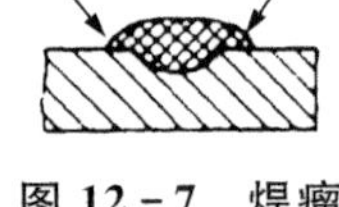

图 12－7　焊瘤

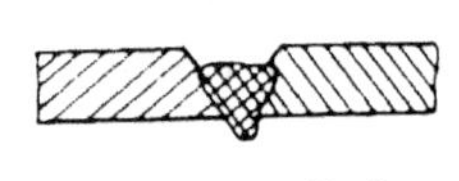

图 12－8　烧穿

以上 5 种缺陷存在于焊缝的外表，肉眼就能发现，并可及时补焊。如果操作熟练，一般是可以避免的。

四、焊缝的内部缺陷

1. 未焊透

未焊透是指工件与焊缝金属或焊缝层间局部未熔合的一种缺陷。未焊透减弱了焊缝工作截面，造成严重的应力集中，大大降低接头强度，它往往成为焊缝开裂的根源。

2. 夹渣

焊缝中夹有非金属熔渣，即称夹渣。夹渣减少了焊缝工作截面，造成应力集中，会降低焊缝强度和冲击韧性。

3. 气孔

焊缝金属在高温时，吸收了过多的气体（如 H_2）或由于熔池内部冶金反应产生的气体（如 CO），在熔池冷却凝固时来不及排出，而在焊缝内部或表面形成孔穴，即为气孔。气孔的存在减少了焊缝有效工作截面，降低接头的机械强度。若有穿透性或连续性气孔存在，会严重影响焊件的密封性。

4. 裂纹

焊接过程中或焊接以后，在焊接接头区域内所出现的金属局部破裂叫裂纹。裂纹可能产生在焊缝上，也可能产生在焊缝两侧的热影响区。有时产生在金属表面，有时产生在金属内部。通常按照裂纹产生的机理不同，可分为热裂纹和冷裂纹两类。

(1) 热裂纹。热裂纹是在焊缝金属中由液态到固态的结晶过程中产生的，大多产生在焊缝金属中。其产生原因主要是焊缝中存在低熔点物质（如 FeS，熔点 1193℃），它削弱了晶粒间的联系，当受到较大的焊接应力作用时，就容易在晶粒之间引起破裂。焊件及焊条内含 S、Cu 等杂质多时，就容易产生热裂纹。

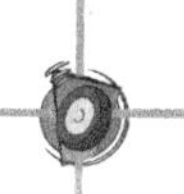

热裂纹有沿晶界分布的特征。当裂纹贯穿表面与外界相通时，则具有明显的氢化倾向。

(2) 冷裂纹。冷裂纹是在焊后冷却过程中产生的，大多产生在基体金属或基体金属与焊缝交界的熔合线上。其产生的主要原因是由于热影响区或焊缝内形成了淬火组织，在高应力作用下，引起晶粒内部的破裂，焊接含碳量较高或合金元素较多的易淬火钢材时，最易产生冷裂纹。焊缝中熔入过多的氢，也会引起冷裂纹。

裂纹是最危险的一种缺陷，它除了减少承载截面之外，还会产生严重的应力集中，在使用中裂纹会逐渐扩大，最后可能导致构件的破坏。所以焊接结构中一般不允许存在这种缺陷，一经发现须铲去重焊。

任务二　焊接的检验

焊接检验是保证焊接产品质量的重要措施。焊接检验一般包括焊前检验、焊接过程中检验和成品的焊接质量检验。

焊接检验可分为破坏性检验、非破坏性检验和声发射检验，如图 12 - 9 所示。

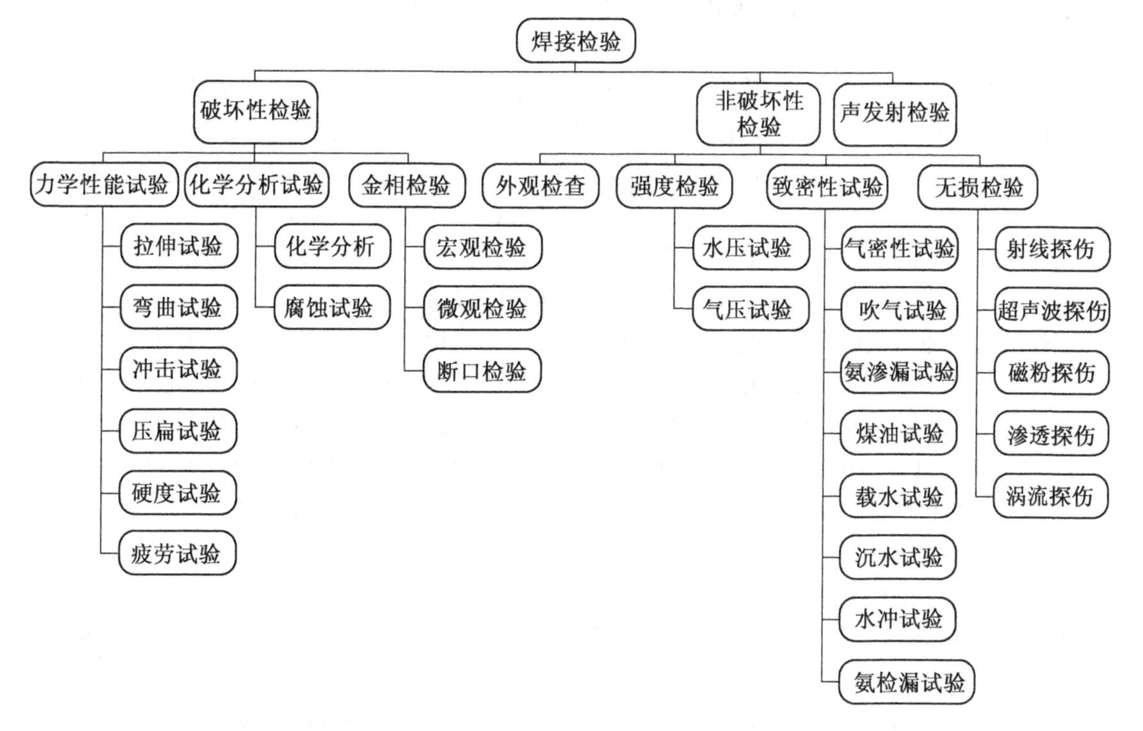

图 12 - 9　焊接检验的分类

破坏性检验主要包括焊缝的化学成分分析、金相组织分析和力学性能试验，主要用于科研和新产品试生产；非破坏性检验的方法很多，由于不对产品产生损害，因而在焊接质量检验中占有很重要的地位。

一、破坏性检验

破坏性检验是从焊件或试件上切取试样，或以产品（或模拟体）的整体破坏做试验，以检验其各种力学性能、化学成分和金相组织等的试验方法。

1. 焊缝金属及焊接接头力学性能试验

（1）拉伸试验。拉伸试验用于评定焊缝或焊接接头的强度和塑性性能。抗拉强度和屈服强度的差值能定性说明焊缝或焊接接头的塑性储备量。伸长率和断面收缩率的比较可以看出塑性变形的不均匀程度，能定性说明焊缝金属的偏析和组织不均匀性，以及焊接接头各区域的性能差别。

焊缝金属的拉伸试验有关规定应按 GB/T2652－1989《焊缝及熔敷金属拉伸试验方法》标准进行。焊接接头的拉伸试验应按 GB/T2651－1989《焊接接头拉伸试验方法》标准进行。

（2）弯曲试验。弯曲试验用于评定焊接接头塑性并可反映出焊接接头各个区域的塑性差别，暴露焊接缺陷，考核熔合区的接合质量。弯曲试验可分为横弯、纵弯、正弯、背弯和侧弯。侧弯试验能评定焊缝与母材之间的结合强度、双金属焊接接头过渡层及异种钢接头的脆性、多层焊的层间缺陷等。

焊接接头的弯曲试验有关规定应按 GB/T2653－1989《焊接接头弯曲及压扁试验方法》标准进行。

（3）冲击试验。冲击试验用于评定焊缝金属和焊接接头的韧性和缺口敏感性。试样为V形缺口，缺口应开在焊接接头最薄弱区，如熔合区、过热区、焊缝根部等。缺口表面的光洁度、加工方法对冲击值均有影响。缺口加工应采用成型刀具，以获得真实的冲击值。V形缺口冲击试验应在专门的试验机上进行。根据需要可以作常温冲击、低温冲击和高温冲击试验。后两种试验需把冲击试样冷却或加热至规定温度下进行。冲击试样的断口情况对接头是否处于脆性状态的判断很重要，常常被用于宏观和微观断口分析。

焊接接头冲击试验有关规定应按 GB/T2650－1989《焊接接头冲击试验方法》标准进行。

（4）硬度试验。硬度试验用于评定焊接接头的硬化倾向，并可间接考核焊接接头的脆化程度。硬度试验可以测定焊接接头的洛氏、布氏和维氏硬度，以对比焊接接头各个区域性能上的差别，找出区域性偏析和近缝区的淬硬倾向。硬度试验也用于测定堆焊金属表面硬度。

焊接接头和堆焊金属硬度试验有关规定应按 GB/T2654－1989《焊接接头及堆焊金属硬度试验方法》的标准进行。

（5）断裂韧度 COD（裂纹张开位移）试验。断裂韧度 COD 试验用于评定焊接接头的 COD 断裂韧度，通常将预制疲劳裂纹分别开在焊缝、熔合线和热影响区，评定各区的断裂韧度。

断裂韧度 COD 试验应按 JB/T4291－1999《焊接接头裂纹张开位移\[COD\]试验方法》的标准进行。

（6）疲劳试验。疲劳试验用于评定焊缝金属和焊接接头的疲劳强度及焊接接头疲劳裂纹扩展速率。

评定焊缝金属和焊接接头的疲劳强度时，应按 GB/T2656－1981《焊缝金属和焊接接头的疲劳试验法》、GB/T13816－1992《焊接接头脉动拉伸疲劳试验》和 JB/T7716－1995《焊接

接头四点弯曲疲劳试验方法》等标准进行。测定焊接接头疲劳裂纹扩展速率，应按 GB/T9447－1988《焊接接头疲劳裂纹扩展速率试验方法》或 JB/T6044－1992《焊接接头疲劳裂纹扩展速率 侧槽试验方法》等标准进行。

2. 焊接金相检验

焊接金相检验（或分析）是把截取焊接接头上的金属试样经加工、磨光、抛光和选用适当的方法显示其组织后，用肉眼或在显微镜下进行组织观察，并根据焊接冶金、焊接工艺、金属相图与相变原理和有关技术文件，对照相应的标准和图谱，定性或定量地分析接头的组织形貌特征，从而判断焊接接头的质量和性能，查找接头产生缺陷或断裂的原因，以及与焊接方法或焊接工艺之间的关系。金相分析包括光学金相和电子金相分析。光学金相分析包括宏观和显微分析两种。具体方法略。

3. 断口分析

断口分析是对试样或构件断裂后的破断表面形貌进行研究，了解材料断裂时呈现的各种断裂形态特征，探讨其断裂机理和材料性能的关系。

断口分析的目的有 3 个：

(1) 判断断裂性质，寻找破断原因。

(2) 研究断裂机理。

(3) 提出防止断裂的措施。

因此，断口分析是事故（失效）分析中的重要手段。在焊接检验中主要是了解断口的组成、断裂的性质（塑性或脆性）及断裂的类型（晶间、穿晶或复合）、组织与缺陷及其对断裂的影响等。断口来源于冲击、拉伸、疲劳等试样的断口和折断试验法的断口，此外是破裂、失效的断口等。

断口分析一般包括宏观分析和微观分析两方面。前者指用肉眼或 20 倍以下的放大镜分析断口，后者指用光学显微镜或电子显微镜研究断口。宏观分析和微观分析不可分割，互相补充，不能互相代替。

4. 化学分析与试验

(1) 化学成分分析。主要是对焊缝金属化学成分进行分析，从焊缝金属中钻取试样是关键，除应注意试样不得氧化和沾染油污外，还应注意取样部位在焊缝中所处的位置和层次。不同层次的焊缝金属受母材的稀释作用不同。一般以多层焊或多层堆焊的第三层以上的成分作为熔敷金属的成分。

(2) 扩散氢的测定。熔敷金属中扩散氢的测定有 45℃ 甘油法、水银法和色谱法 3 种。目前多用甘油法，按《熔敷金属中扩散氢测定方法》(GB/T3965－1995) 规定进行，但甘油法测定精度较差，正逐步被色谱法所替代。水银法因污染问题而极少应用。

(3) 腐蚀试验。焊缝金属和焊接接头的腐蚀破坏有总体腐蚀、晶间腐蚀、刀状腐蚀、点腐蚀、应力腐蚀、海水腐蚀、气体腐蚀和腐蚀疲劳等。

二、常用的非破坏性检验方法

1. 外观检验

用肉眼或借助样板、低倍放大镜（5～20 倍）检查焊缝成形、焊缝外形尺寸是否符合要求,焊缝表面是否存在缺陷,所有焊缝在焊后都要经过外观检验。

2. 致密性检验

对于贮存气体、液体、液化气体的各种容器、反应器和管路系统,都需要对焊缝和密封面进行致密性检验,常用方法如下:

(1) 水压试验。检查承受较高压力的容器和管道。这种试验不仅用于检查有无穿透性缺陷,同时也检验焊缝强度。试验时,先将容器灌满水,然后将水压提高至工作压力的1.2～1.5倍,并保持5min以上,再降压至工作压力,并用圆头小锤沿焊缝轻轻敲击,检查焊缝的渗漏情况。

(2) 气压试验。检查低压容器、管道和船舶舱室等的密封性。试验时将压缩空气注入容器或管道,在焊缝表面涂抹肥皂水,以检查渗漏位置。也可将容器或管道放入水槽,然后向焊件中通入压缩空气,观察是否有气泡冒出。

(3) 煤油试验。用于不受压的焊缝及容器的检漏。方法是在焊缝一侧涂上白垩粉水溶液,待干燥后,在另一侧涂刷煤油。若焊缝有穿透性缺陷,则会在涂有白垩粉的一侧出现明显的油斑,由此可确定缺陷的位置。如在15～30min内未出现油斑,即可认为合格。

3. 磁粉检验

用于检验铁磁性材料的焊件表面或近表面处缺陷(裂纹、气孔、夹渣等)。将焊件放置在磁场中磁化,使其内部通过分布均匀的磁力线,并在焊缝表面撒上细磁铁粉,若焊缝表面无缺陷,则磁铁粉均匀分布;若表面有缺陷,则一部分磁力线会绕过缺陷,暴露在空气中,形成漏磁场,则该处出现磁粉集聚现象。根据磁粉集聚的位置、形状、大小可相应判断出缺陷的情况。

4. 渗透探伤

该法只适用于检查工件表面难以用肉眼发现的缺陷,对于表层以下的缺陷无法检出。常用荧光检验和着色检验两种方法。

(1) 荧光检验是把荧光液(含 MgO 的矿物油)涂在焊缝表面,荧光液具有很强的渗透能力,能够渗入表面缺陷中,然后将焊缝表面擦净,在紫外线的照射下,残留在缺陷中的荧光液会显出黄绿色反光。根据反光情况,可以判断焊缝表面的缺陷状况。荧光检验一般用于非铁合金工件表面探伤。

(2) 着色检验是将着色剂(含有苏丹红染料、煤油、松节油等)涂在焊缝表面,遇有表面裂纹,着色剂会渗透进去。经一定时间后,将焊缝表面擦净,喷上一层白色显像剂,保持15～30min后,若白色底层上显现红色条纹,即表示该处有缺陷存在。

5. 超声波探伤

该法用于探测材料内部缺陷,如图12－10所示。

当超声波通过探头从焊件表面进入内部遇到缺陷和焊件底面时,分别发生反射。反射波信号被接收后在荧光屏上出现脉冲波形,根据脉冲波形的高低、间隔、位置,可以判断出缺陷的有无、位置和大小,但不能确定缺陷的性质和形状。超声波探伤主要用于检查表面光滑、形状简单的厚大焊件,且常与射线探伤配合使用,即用超声波探伤确定有无

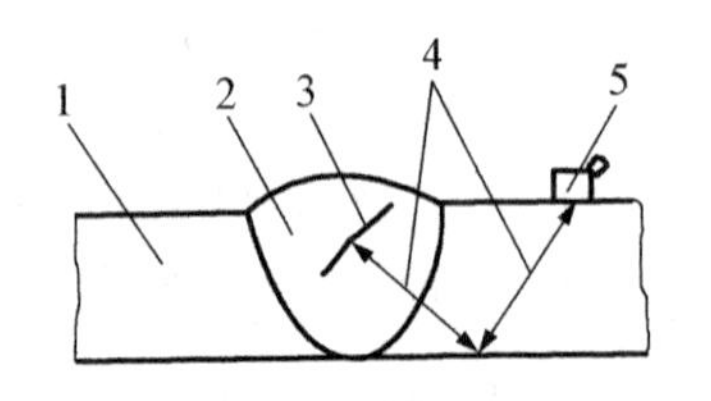

1－工件;2－焊缝;3－缺陷;
4－超声波束;5－探头

图12－10　超声波探伤原理

缺陷，发现缺陷后用射线探伤确定其性质、形状和大小。

6. 射线探伤

利用X射线或γ射线照射焊缝，根据底片感光程度检查焊接缺陷。由于焊接缺陷的密度比金属小，故在有缺陷处底片感光度大，显影后底片上会出现黑色条纹或斑点，根据底片上黑斑的位置、形状、大小即可判断缺陷的位置、大小和种类。X射线探伤宜用于厚度50mm以下焊件，γ射线探伤宜用于厚度50～150mm的焊件。

思考题

1. 常见的焊接缺陷有哪几大类？
2. 举例说明焊接缺陷的危害。
3. 常用的破坏性检验有哪几种？
4. 常用的非破坏性检验有哪些？

项目十三　热切割技术

任务一　热切割的概念及分类

一、概述

热切割是利用集中热能使材料熔化并分离的方法，如图 13－1 所示。

热切割广泛用于工业部门中金属材料下料、零部件的加工、废品废料解体以及安装和拆除等。由于热切割与焊接有直接关系，两者所用热源设备相同，且热切割常用作焊接前的焊件下料和接头坡口加工，因而通常将热切割归并在焊接技术领域内。

图 13－1　热切割

1876 年，法国的 A. L. L 拉瓦锡提出气割的基本原理。1887 年，美国的费莱彻试验成功用氧乙炔火焰切割钢材。1901 年，比利时的若尔兰设计制造了手工气割割炬，使气割得到应用。20 世纪 50 年代出现了电弧和等离子弧切割，以后又研制出自动化程度更高的仿型、光电跟踪和数控等精密热切割设备。20 世纪 60 年代，激光切割技术获得发展。

二、热切割的种类

按所用热能种类，热切割分为：

1. 气割(火焰切割)

用可燃气体同氧混合燃烧所产生的火焰熔化金属并将其吹除而形成切口。可燃气体一般用乙炔气，也可用石油气、天然气或煤气。

2. 等离子弧切割

用等离子弧作为热源，借助高速热离子气体(如 N_2、Ar 及 $Ar+N_2$、$Ar+H_2$ 等混合气体)熔化金属并将其吹除而成割缝。同样条件下等离子弧的切割速度大于气割，且切割材料范围也比气割更广。有小电流等离子弧切割、大电流等离子弧切割和喷水等离子弧切割 3 种。

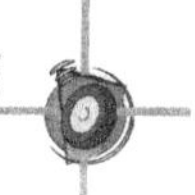

3. 电弧切割

利用电弧作为热源进行的切割，其切割质量较气割差，但切割材料种类比气割广泛，所有金属材料几乎都可用电弧切割。电弧切割又可分为碳弧、气刨和空心焊条电弧切割3种。

4. 激光切割

利用激光束作为热源进行的切割，其温度超过11000℃，足以使任何材料汽化。激光切割的切口细窄、尺寸精确、表面光洁，电弧切割质量优于任何其他热切割方法。

任务二 气 割

一、气割的原理及应用特点

气割即氧气切割。它是利用割炬喷出乙炔与氧气混合燃烧的预热火焰，将金属的待切割处预热到它的燃烧点(红热程度)，并从割炬的另一喷孔高速喷出纯氧气流，使切割处的金属发生剧烈的氧化，成为熔融的金属氧化物，同时被高压氧气流吹走，从而形成一条狭小整齐的割缝使金属割开，如图13－2所示。因此，气割包括预热、燃烧、吹渣3个过程。气割原理与气焊原理在本质上是完全不同的，气焊是熔化金属，而气割是金属在纯氧中的燃烧(剧烈的氧化)，故气割的实质是“氧化”并非“熔化”。由于气割所用设备与气焊基本相同，而操作也有近似之处，因此常把气割与气焊在使用上和场地上都放在一起。由于气割原理所致，气割的金属材料必须满足下列条件：

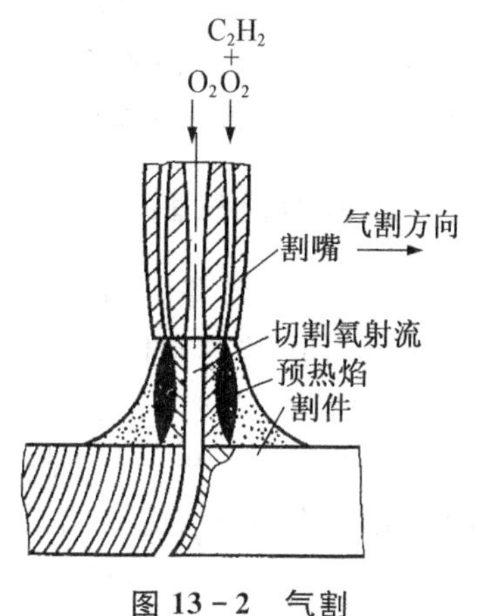

图13－2 气割

(1) 金属熔点应高于燃点(即先燃烧后熔化)。在铁碳合金中，碳的含量对燃点有很大影响，随着C含量的增加，合金的熔点减低而燃点却提高，所以C含量越大，气割越困难。例如低碳钢熔点为1528℃，燃点为1050℃，易于气割。但C含量为0.7%的碳钢，燃点与熔点差不多，都为1300℃；当C含量大于0.7%时，燃点则高于熔点，故不易气割。铜、铝的燃点比熔点高，故不能气割。

(2) 氧化物的熔点应低于金属本身的熔点，否则形成高熔点的氧化物会阻碍下层金属与氧气流接触，使气割困难。有些金属由于形成氧化物的熔点比金属熔点高，故不易或不能气割。如高铬钢或铬镍不锈钢加热形成熔点为2000℃左右的Cr_2O_3，铝及铝合金形成熔点为2050℃的Al_2O_3，所以它们不能用氧乙炔焰气割，但可用等离子气割法气割。

(3) 金属氧化物应易熔化和流动性好，否则不易被氧气流吹走，难以切割。例如铸铁气割生成很多SiO_2，不但难熔(熔点约1750℃)而且熔渣粘度很大，所以铸铁不易气割。

(4) 金属的导热性不能太高，否则预热火焰的热量和切割中所发出的热量会迅速扩散，使切割处热量不足，切割困难。例如，铜、铝及其合金由于导热性高成为不能用一般气割法切割的原因之一。

此外，金属在氧气中燃烧时应能发出大量的热量，足以预热周围的金属。其次金属中所

含的杂质要少。

满足以上条件的金属材料有纯铁、低碳钢、中碳钢和低合金结构钢。而高碳钢、铸铁、高合金钢及铜、铝等非铁金属及其合金，均难以气割。

与一般机械切割相比较，气割的最大优点是设备简单，操作灵活、方便，适应性强。它可以在任意位置、任何方向切割任意形状和任意厚度的工件，生产效率高，切口质量也相当好，如图 13－3 所示。采用半自动或自动切割时，由于运行平稳，切口的尺寸精度误差在±0.5～3mm 以内，表面粗糙度数值 R_a 25μm，因而在某些地方可代替刨削加工，如厚钢板的开坡口。气割在造船工业中使用最普遍，特别适用于稍大的工件和特型材料，还可用来气割锈蚀的螺栓和铆钉等。气割的最大缺点是对金属材料的适用范围有一定的限制，但由于低碳钢和低合金钢是应用最广泛的材料，所以气割的应用也就非常普遍了。

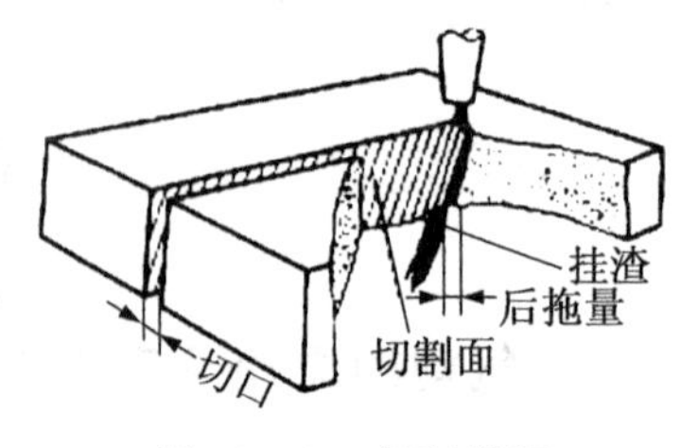

图 13－3　气割状况

二、割炬及气割过程

气割所需的设备中，氧气瓶、乙炔瓶和减压器同气焊一样。所不同的是，气焊用焊炬，而气割要用割炬（又称割枪）。

割炬有两根导管，一根是预热焰混合气体管道，另一根是切割氧气管道。割炬比焊炬只多一根切割氧气管和一个切割氧阀门，如图 13－4 所示。此外，割嘴与焊嘴的构造也不同，割嘴的出口有两条通道，周围的一圈是乙炔与氧的混合气体出口，中间的通道为切割氧（即纯氧）的出口，两者互不相通。割嘴有梅花形和环形两种。常用的割炬型号有 G01—30、G01—100和 G01—300 等。其中“G”表示割炬，“0”表示手工，“1”表示射吸式，“30”表示最大气割厚度为 30mm。同焊炬一样，各种型号的割炬均配备了几个不同大小的割嘴。

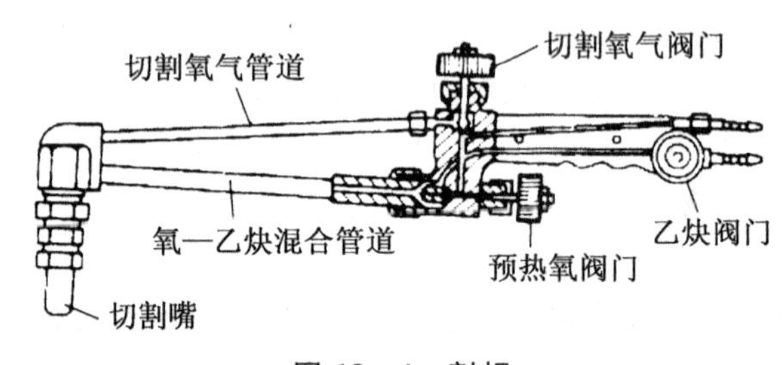

图 13－4　割炬

气割过程，例如切割低碳钢工件时，先开预热氧气及乙炔阀门，点燃预热火焰，调成中性焰，将工件割口的开始处加热到高温（达到橘红至亮黄色，约为 1300℃）。然后打开切割氧阀门，高压的切割氧与割口处的高温金属发生作用，产生激烈燃烧反应，将铁烧成氧化铁，氧化铁被燃烧热熔化后，迅速被氧气流吹走，这时下一层碳钢也已被加热到高温，与氧接触后继续燃烧和被吹走，因此氧气可将金属自表面烧到底部，随着割炬以一定速度向前移动即可形成割口。

三、气割的工艺参数

气割的工艺参数主要有割炬、割嘴大小和氧气压力等。工艺参数的选择也是根据要切

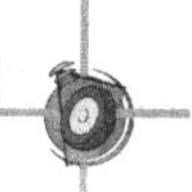

割的金属工件厚度而定，普通割炬及其技术参数见表 13-1。

表 13-1 普通割炬及其技术参数

割炬型号	切割厚度/mm	氧气压力/Pa	可换割嘴数/个	割嘴孔径/mm
G01—30	2～30	$(2\sim3)\times10^5$	3	0.6～1.0
G01—100	10～100	$(2\sim5)\times10^5$	3	1.0～1.6
G01—300	100～300	$(5\sim10)\times10^5$	4	1.8～3.0

气割不同厚度的钢时，割嘴的选择和氧气工作压力调整，对气割质量和工作效率都有密切的关系。例如，使用太小的割嘴来割厚钢，由于得不到充足的氧气燃烧和喷射能力，切割工作就无法顺利进行，即使勉强一次又一次地割下来，质量既坏，工作效率也低。反之，如果使用太大的割嘴来割薄钢，不但浪费大量的氧气和乙炔，而且气割的质量也不好。因此要选择好割嘴的大小。切割氧的压力与金属厚度的关系：压力不足，不但切割速度缓慢，而且熔渣不易吹掉，切口不平，甚至有时会切不透；压力过大时，除了氧气消耗量增加外，金属也容易冷却，从而使切割速度降低，切口加宽，表面也粗糙。

无论气割多厚的钢料，为了得到整齐的割口和光洁的断面，除熟练的技巧外，割嘴喷射出来的火焰应该形状整齐，喷射出来的纯氧流风线应该成为一条笔直而清晰的直线，在火焰的中心没有歪斜和出叉现象，喷射出来的风线周围和全长上都应粗细均匀，只有这样才能符合标准，否则会严重影响切割质量和工作效率，并且会浪费大量的氧气和乙炔。当发现纯氧气流不良时，决不能迁就使用，必须用专用通针把附着在嘴孔处的杂质毛刺清除掉，直到喷射出标准的纯氧气流风线再进行切割。

四、气割的基本操作技术

1. 气割前的准备

气割前，应根据工件厚度选择好氧气的工作压力和割嘴的大小，把工件割缝处的铁锈和油污清理干净，用石笔画好割线，平放好。在割缝的背面应有一定的空间，以便切割气流冲出来时不致遇到阻碍，同时还可散放氧化物。

握割枪的姿势与气焊时一样，右手握住枪柄，大拇指和食指控制调节氧气阀门，左手扶在割枪的高压管子上，同时大拇指和食指控制高压氧气阀门。右手膀紧靠右腿，在切割时随着腿部从右向左移动进行操作，这样手膀有个靠导切割起来比较稳当，特别是当切割技术没有熟练掌握时更应该注意到这一点。

点火动作与气焊时一样，首先把乙炔阀打开，氧气可以稍开一点。点着后将火焰调至中性焰(割嘴头部是一蓝白色圆圈)，然后把高压氧气阀打开，看原来的加热火焰是否在氧气压力下变成碳化焰。同时还要观察，在打开高压氧气阀时割嘴中心喷出的风线是否笔直清晰，然后方可切割。

2. 气割操作要点

(1) 气割一般从工件的边缘开始。如果要在工件中部或内部切割时，应在中间处先钻一个直径大于 5mm 的孔，或开出一孔，然后从孔处开始切割。

(2) 开始气割时，先用预热火焰加热开始点(此时高压氧气阀是关闭的)，预热时间应视金属温度情况而定，一般加热到工件表面接近熔化(表面呈橘红色)。这时轻轻打开高压氧气阀门，开始气割。如果预热的地方切割不掉，说明预热温度太低，应关闭高压氧继续预热，预热火焰的焰芯前端应离工件表面 2～4mm，同时要注意割炬与工件间应有一定的角度，如图 13－5 所示。当气割 5～30mm 厚的工件时，割炬应垂直于工件；当厚度小于 5mm 时，割炬可向后倾斜 5°～10°；若厚度超过 30mm，在气割开始时割炬可向前倾斜 5°～10°，待割透时，割炬可垂直于工件，直到气割完毕。如果预热的地方被切割掉，则继续加大高压氧气量，使切口深度加大，直至全部切透。

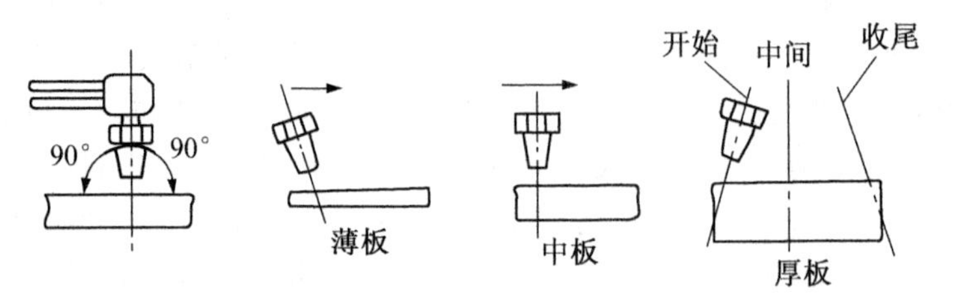

图 13－5　割炬与工件之间的角度

(3) 气割速度与工件厚度有关。一般而言，工件越薄，气割的速度越快，反之则越慢。气割速度还要根据切割中出现的一些问题加以调整：当看到氧化物熔渣直往下冲或听到割缝背面发出"喳喳"的气流声时，便可将割枪匀速地向前移动；如果在气割过程中发现熔渣往上冲，就说明未打穿，这往往是由于金属表面不纯，红热金属散热和切割速度不均匀，这种现象很容易使燃烧中断，所以必须继续供给预热的火焰，并将速度稍微减慢些，待打穿正常起来后再保持原有的速度前进；如发现割枪在前面走，后面的割缝又逐渐熔结起来，则说明切割移动速度太慢或供给的预热火焰太大，必须将速度和火焰加以调整再往下割。

3. 气焊、气割时的回火现象

气焊、气割时，火焰回进焊(割)炬并继续在管颈或混合室燃烧，随着火焰进入焊(割)炬，可以由爆鸣声转为"嗞嗞"声的现象叫回火。

回火有回烧和回流两种形式：火焰通过焊(割)炬再进入软管甚至到调压器，叫回烧。回烧有可能达到乙炔气瓶，可造成气瓶内含物的加热分解。气体由高压区通过软管流向低压区，叫回流。这种现象是由喷嘴出口堵塞而形成。

回火的产生，从理论上讲是氧气系统中混入了乙炔或乙炔系统中混入了氧气，这种氧气和乙炔的混合气体燃烧速度很快，超过了工作时氧气和乙炔的混合气体燃烧的速度，喷嘴孔道堵塞和喷嘴温度过高，造成气流不畅，使混合气体的喷射速度小于燃烧速度所致，致使火焰向焊炬、割炬内部燃烧而形成回火。

气焊、气割作业时，回火现象是不可避免的，为了防止回火的火焰进入乙炔管道和乙炔瓶，造成灾难性事故，在乙炔管路上一定要装设一个防止回燃气体的保险装置，叫回火防止器。回火防止器有水封式和干式两种。

操作中产生回火的原因有以下几种：

(1) 焊、割嘴过分接近熔融金属，使嘴孔附近阻力增大，焊、割炬内混合气体难以流出，压力升高，将部分混合气体压进乙炔系统。

(2) 喷嘴过热，增加了混合气体的流动阻力，使混合气体受热膨胀，如喷嘴温度超过400℃时，一部分混合气体来不及流出喷嘴，就在喷嘴内部燃烧而发出“啪啪”的爆炸声。

(3) 喷嘴被熔化金属或飞溅堵塞，混合气体难以喷出而倒流入乙炔系统。

(4) 乙炔压力过小，氧气进入乙炔系统；在熄火的瞬间，往往因氧气或空气进入焊、割炬乙炔管，这样最易引起回火爆炸。

(5) 焊、割炬年久失修，阀门渗漏，造成氧气混入乙炔系统内，点火时立即发生回火爆炸，这种情况危险性最大。

4. 防止回火的措施及处理方法

在减压器的出口处一定要安装回火防止器，如图 13－6 所示。回火现象一旦发生，轻则在焊、割炬内发生“啪啪”的爆炸声，严重则会烧坏焊、割炬和引起乙炔发生器爆炸事故。操作过程中发生回火时，应及时将乙炔皮管折拢并捏紧，同时紧急关闭气源，一般先关闭乙炔阀，再关闭氧气阀，使回火在割炬内迅速熄灭，稍待片刻，再开启氧气阀，以吹掉割炬内残余的燃气微粒，然后再点火使用。

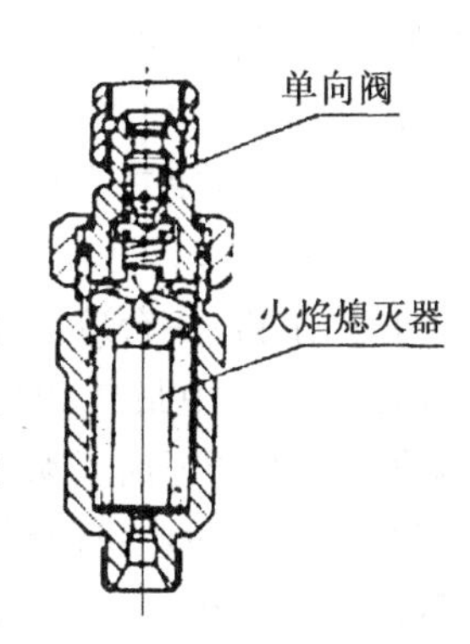

图 13－6　回火防止器

5. 气割安全操作规程

(1) 工作前应检查各压力表、回火防止器是否完好有效。

(2) 乙炔瓶减压后的压力一般在 0.02～0.03MPa(表压)割厚钢板时，最高不得超过0.07MPa(表压)，金属表面淬火用时乙炔压力最高也不能大于 0.1MPa(表压)。

(3) 乙炔气瓶用到最后，环境温度小于 0℃时瓶内剩余压力不得小于 0.05MPa；环境温度在 0～15℃时瓶内剩余压力不得小于 0.1MPa；环境温度在 15～25℃时瓶内剩余压力不得小于 0.2MPa；环境温度在 25～40℃时瓶内剩余压力不得小于 0.3MPa。

(4) 乙炔气瓶禁止敲击、碰撞，不得靠近热源和电气设备，夏季要防止暴晒，与明火的距离一般不少于 10m。

(5) 乙炔瓶必须装设专用的减压器，回火防止器开合时操作者应站在阀门的侧后方，动作要轻缓，使用压力不得超过 0.15MPa，输出流量不应超过 1.5～$2m^3/h$。

(6) 氧气瓶不准放置在易跌落杂物撞击的地方，禁止高温和阳光暴晒。

(7) 不准对有压力、带电设备和容器进行焊割。

(8) 乙炔气、氧气软管接头要严密，不得漏气，不准接触油类、高温管道，横过公路或通道时应加护盖。

(9) 动火点周围 10m 以内的其他易燃可燃物质应清除干净。

(10) 动火作业场所应设灭火器材，操作时应有专人监护。

任务三　等离子切割

一、概述

现代工业需要对重型金属以及合金进行加工，日常活动所必需的工具及运输载体的制造都离不开金属。例如，起重机、汽车、摩天大楼、机器人以及悬索桥都是由精确加工成型的金属零部件构成的，原因很简单，就是金属材料非常坚固和耐久。对于大多数制造而言，特别是在满足大型、坚固性方面，金属材料自然成为合理地选择。

有趣的是，金属材料的坚固性同时也是它的缺点：由于金属非常不容易损坏，那么要将其加工成特定的形状就非常困难。当人们需要加工一个大小和强度与飞机机翼一样的部件时，如何实现精确的切割与成型呢？绝大多数情况下，这都需要求助于等离子切割机。尽管这听起来像是科幻小说中的东西，但实际上自第二次世界大战以来，等离子切割机就已有了广泛的应用。

图 13－7　数控等离子切割机

理论上讲，一台等离子切割机的原理非常简单，它是通过操控现知宇宙中最普遍的物质形态之一进行加工的。本文中，我们将揭开等离子切割机神秘的面纱，看看这种最为神奇的工具是如何塑造我们周围的世界的。如图 13－7 所示为数控等离子切割机。

第二次世界大战中，美国的工厂生产装甲车、武器和飞机的速度很快。这些都多亏了私营工业在大规模生产领域所做的巨大革新。如何更有效地切割和连接飞机的部件就引发了其中一部分技术革新。许多生产军用飞机的工厂采用了一种新的焊接方法，该方法涉及惰性气体保护焊的使用。突破性的发现在于通过电流电解的气体可以在焊接点附近形成一道屏障，以防止氧化。该新方法使得焊缝更加整齐，连接结构的强度更坚固。20 世纪 60 年代初，工程师们又有了新的发现。他们发现加快气流速度和缩小气孔有助于提高焊接温度。新的系统可以得到比任何商用焊机更高的温度。事实上，在这样的高温下，此工具并不再起到焊接的作用。相反，它更像是一把锯，切割坚韧的金属如同热刀切黄油一般。

等离子电弧的引入革命性地提高了切具的速度、准确性以及切割种类，并且可应用于各种金属。等离子切割机可以很容易地穿透金属还要归功于等离子状态的独特性质。那么什么是等离子状态呢？

世界上的物质一共有 4 种状态。在我们日常生活中所接触的物质大多是固态、液态或是气态的，物质的状态由物质分子间的相互作用决定。以水为例，固态的水就是冰。冰是由电中性的原子按六角晶格排列而成的固体。由于分子间的相互作用稳定，因此呈保持形状的固态。液态的水就是可以饮用的状态。分子之间仍然保持着作用力，但相互之间以缓慢的速度移动。液体有固定的体积，但没有固定的形状。液体的形状根据盛其器皿的形状改变而改变。

气态的水则为水蒸气。水蒸气中，分子高速运动，相互之间没有联系。由于分子之间没有作用力，因此气体没有固定的形状和体积。

水分子得到热量（折算为能量）的多少决定了它们的性质，也决定了它们的状态。简单地说，更多的热量（更多的能量）使得水分子到达了摆脱相互之间化学键作用的临界状态。低热量状态下，分子间紧密结合，呈固态。吸收更多的热量，分子间的作用力减弱，呈液态。再吸收更多的热量，分子间几乎失去了作用力，呈气态。那么如果继续对气体加热将会发生什么呢？这将使其达到第四种状态，即等离子态。

当气体达到极高温度时，就进入了等离子态。能量开始使分子与分子之间彻底分离，原子开始分裂。通常的原子由原子核(参见原子理论)中的质子和中子，以及包围在原子核周围的电子组成。等离子态时，电子从原子中分离出来。一旦热能使电子脱离了原子，电子就开始了高速的运动。电子带负电，剩下的原子核带正电。这些带正电的原子核就称为离子。当高速运动的电子撞击到其他的电子或是离子时，将释放出巨大的能量。正是这些能量使等离子态有着特殊的性质，从而有了令人难以置信的切割能力。

宇宙中几乎99%的物质是等离子态。由于自身极高的温度，其在地球上并不常见，但在类似太阳这样的天体上是非常常见的。地球上，闪电中具有的这种状态如图13-8所示。

图13-8 自然界等离子的产生

等离子切割机并不是唯一操控等离子能量的装置。霓虹灯、荧光灯和等离子显示器等等，都是依靠等离子状态工作的。这些装置应用的是“冷态”的等离子态。尽管冷态的等离子态不能用于切割金属，但仍然有相当多的应用。

二、工作原理

等离子切割机的外形和尺寸多种多样，有用机器人手臂控制精确切割的巨型等离子切割机，也有在手工作坊中使用的精简的手持式等离子切割机。无论尺寸大小，所有的等离子切割机都是基于相同的原理，结构设计也大致相同。如图13-9所示为等离子切割机工作原理。

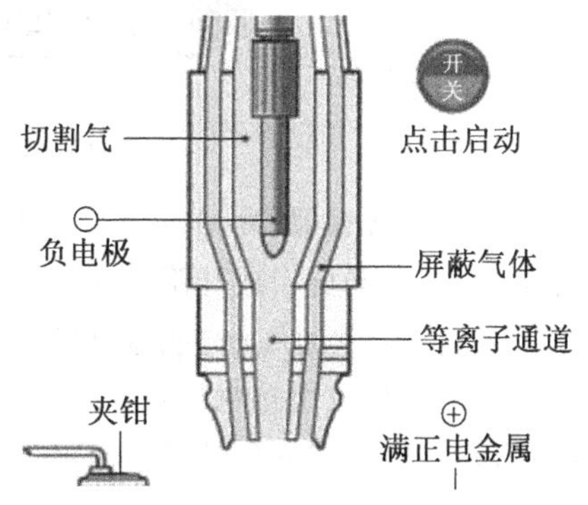

图13-9 等离子切割机工作原理

等离子切割机工作时，通过一个狭小的管道送出如氮气、氩气或氧气的压缩气体。管道的中间放置有负电极。在给负电极供电并将喷嘴口接触金属时，就形成了导通的回路，电极与金属之间就会产生高能量的电火花。随着惰性气体流过管道，电火花即对气体加热，直至其达到物质的第四种状态。这一反应过程产生了一束等离子体流，温度高达约16649℃，流速高达6096m/s，可使金属迅速变为熔渣。

等离子体本身有电流流过。只要持续给电极供电并且保持等离子体与金属接触，那么产生电弧的周期就是连续的。为能够在确保这种接触的同时避免氧化以及其他等离子体尚不可知的特性引起的损坏，切割机喷嘴装有另外一组管道。这组管道持续放出保护气体以保护切割区域。保护气体的气压可以有效地控制柱状等离子体的半径。

等离子切割机已成为现代工业的常用工具。在定制汽车车间以及汽车制造商的定制底盘和车身制造等方面都有大规模的应用。建筑公司在大规模的工程中应用等离子切割机，用于切割和制造大型的横梁和金属板件。当客户被锁在门外时，开锁师傅可以用等离子切割机在安全区钻孔开锁。图 13－10 所示为数控等离子切割过程，在 CNC（计算机数字控制）切割系统中，操作者无需接触材料，只需在电脑上画好要切割的形状，切割即可自动完成。

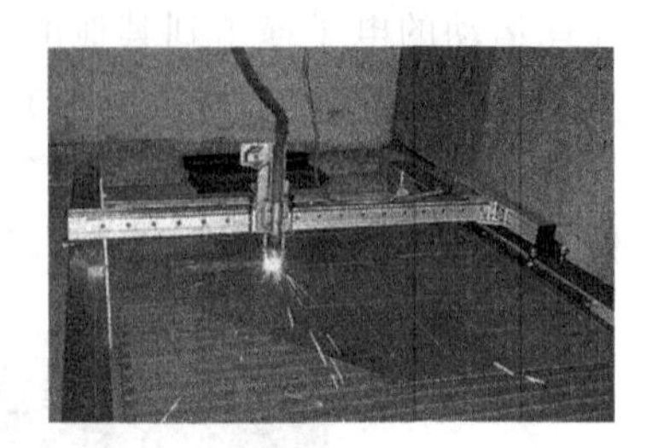
图 13－10　数控等离子切割过程

等离子是加热到极高温度并被高度电离的气体，它将电弧功率转移到工件上，高热量使工件熔化并被吹掉，形成等离子弧切割的工作状态。压缩空气进入割炬后由气室分配两路，即形成等离子气体及辅助气体。等离子气体弧起熔化金属作用，而辅助气体则冷却割炬的各个部件并吹掉已熔化的金属。

切割电源包括主电路及控制电路两部分，其电气原理如图 13－11 所示。

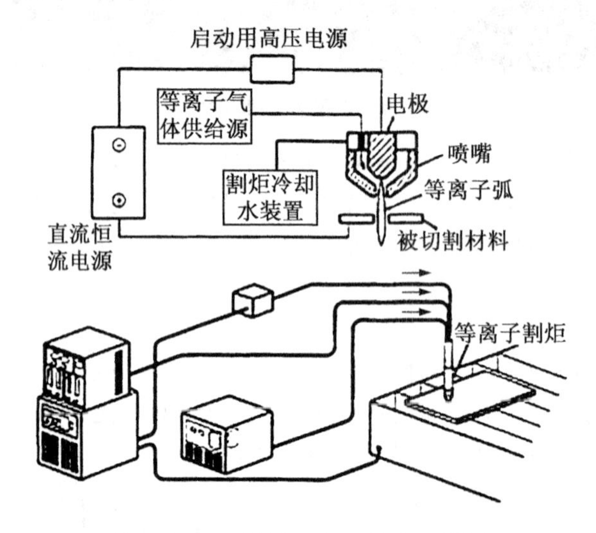

图 13－11　等离子切割机电气原理

主电路由接触器、高漏抗的三相电源变压器、三相桥式整流器、高频引弧线圈及保护元件等组成，有高漏抗引成陡降的电源外特性。控制电路通过割炬上的按钮开关来完成整个切割工艺过程：预通气→主电路供电→高频引弧→切割过程→息弧→停止。

主电路的供电由接触器控制；气体的通断由电磁阀控制；由控制电路控制高频振荡器引燃电弧，并在电弧建立后使高频停止工作。LGK8 型等离子切割机技术参数见表 13－2。

表 13-2　LGK8 型等离子切割机技术参数

项目＼型号	LGK8—40	LGK8—63	LGK8—100	LGK8—125
电源电压	380V	380V	380V	380V
相　数	三相	三相	三相	三相
额定输入容量	10kVA	14kVA	24kVA	27kVA
额定输入电流	17A	21A	36A	41A
额定负载持续率	60%	60%	60%	60%
空载电压	240V	250V	260V	270V
工作电压	96V	105V	120V	130V
切割厚度	≤12mm	≤18mm	≤28mm	≤32mm
空气压力	0.4～0.6MPa	0.4～0.6MPa	0.5～0.6MPa	0.5～0.6MPa
气体流量	110L/min	110L/min	130L/min	130L/min
防护等级	IP21S	IP21S	IP21S	IP21S
重　量	85kg	98kg	120kg	140kg

三、等离子切割的种类

1. 普通等离子弧切割

根据所使用的主要工作气体，主要分为氩等离子弧切割、氧等离子弧切割和空气等离子弧切割等几类。切割电流一般在 100A 以下，切割厚度小于 30mm。

2. 再约束等离子弧切割

根据等离子弧的再约束方式，主要分为水再压缩等离子弧切割、磁场再约束等离子弧切割等。由于等离子弧受到再次压缩，其电流密度、切割弧的能量进一步集中，从而提高了切割速度和加工质量。

3. 精细等离子弧切割

等离子弧电流密度很高，通常是普通等离子弧电流密度的数倍，由于引进了诸如旋转磁场等技术，其电弧的稳定性也得以提高，因此，其切割精度相当高。国外的精细等离子切割表面质量已达激光切割的下限，而其成本只有激光切割的三分之一。

四、工业用途

等离子切割配合不同的工作气体可以切割各种氧气切割难以切割的金属，尤其是对于有色金属切割效果更佳；其主要优点在于切割厚度不大的金属的时候，等离子切割速度快，尤其在切割普通碳素钢薄板时，速度可达氧切割法的 5～6 倍，切割面光洁，热变形小，几乎没有热影响区。如图 13-12 所示为等离子切割机切割钢板。等

图 13-12　等离子切割机切割钢板

离子切割机广泛运用于汽车、机车、压力容器、化工机械、核工业、通用机械、工程机械、钢结构、船舶等各行各业。

五、工作气体

等离子切割发展到现在，可采用的工作气体（工作气体既是等离子弧的导电介质又是携热体，同时还要排除切口中的熔融金属）对等离子弧的切割特性以及切割质量、速度都有明显的影响。常用的等离子弧工作气体有氩、氢、氮、氧、空气、水蒸气以及某些混合气体。

六、空气等离子切割机的工作原理

由电控系统和喷嘴组成，电控系统产生的电弧由压缩空气压缩后在喷嘴喷出，压缩后的电弧有上万摄氏度的高温，可以切割铜、不锈钢、铝等有色金属，并且切口窄。压缩后的电弧温度是很高的，用压缩空气把电弧在一个小孔里吹出来，电弧就是电离的空气。

七、数控等离子切割技术

在工业生产中，金属热切割一般有气割、等离子切割、激光切割等。其中等离子切割与气割相比，其切割范围更广、效率更高。而精细等离子切割技术在材料的切割表面质量方面已接近了激光切割的质量，但成本却远低于激光切割，在节约材料、提高劳动生产率等方面显示出巨大优势。这促使等离子切割技术从手工或半自动逐步向数控方向发展，并成为数控切割技术发展的主要方向之一。数控等离子切割技术是集数控技术、等离子切割技术、逆变电源技术于一体的高新技术，它的发展建立在计算机控制、等离子弧特性研究、电力电子等学科共同进步基础之上。我国的数控切割技术起步于20世纪80年代，而数控等离子切割技术起步更晚。但近年来，国内一些高校、科研单位、制造厂商对数控等离子切割技术进行了研究，并逐步开发生产了各种规格的数控等离子切割设备，缩小了与国外先进技术的差距。

八、等离子切割参数

各种等离子弧切割工艺参数，直接影响切割过程的稳定性、切割质量和效果。主要切割规范简述如下：

1. 空载电压和弧柱电压

等离子切割电源，必须具有足够高的空载电压，才能容易引弧和使等离子弧稳定燃烧。空载电压一般为120～600V，而弧柱电压一般为空载电压的一半。提高弧柱电压，能明显地增加等离子弧的功率，因而能提高切割速度和切割更大厚度的金属板材。弧柱电压往往通过调节气体流量和加大电极内缩量来达到，但弧柱电压不能超过空载电压的65%，否则会使等离子弧不稳定。

2. 切割电流

增加切割电流同样能提高等离子弧的功率，但它受到最大允许电流的限制，否则会使等离子弧柱变粗、割缝宽度增加、电极寿命下降。

3. 气体流量

增加气体流量既能提高弧柱电压，又能增强对弧柱的压缩作用而使等离子弧能量更加

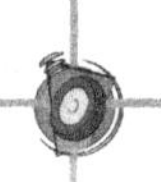

集中、喷射力更强，因而可提高切割速度和质量。但气体流量过大，反而会使弧柱变短，损失热量增加，使切割能力减弱，直至使切割过程不能正常进行。

4. 电极内缩量

所谓内缩量，是指电极到割嘴端面的距离，合适的距离可以使电弧在割嘴内得到良好的压缩，获得能量集中、温度高的等离子弧而进行有效的切割。距离过大或过小，会使电极严重烧损、割嘴烧坏和切割能力下降。内缩量一般取8～11mm。

5. 割嘴高度

割嘴高度是指割嘴端面至被割工件表面的距离。该距离一般为4～10mm。它与电极内缩量一样，距离要合适才能充分发挥等离子弧的切割效率，否则会使切割效率和切割质量下降或使割嘴烧坏。

6. 切割速度

以上各种因素直接影响等离子弧的压缩效应，也就是影响等离子弧的温度和能量密度，而等离子弧的高温、高能量决定着切割速度，所以以上的各种因素均与切割速度有关。在保证切割质量的前提下，应尽可能地提高切割速度。这不仅能提高生产率，而且能减少被割零件的变形量和割缝区的热影响区。若切割速度不合适，其效果相反，而且会使粘渣增加，切割质量下降。

九、安全防护

(1) 等离子切割下部应设置水槽，在切割过程中切割部分应放在水下切割，避免产生的烟对人体的毒害。

(2) 在等离子弧切割过程中避免直接目视等离子弧，需配戴专业防护眼镜及面部罩，避免弧光对眼睛及皮肤的灼伤。

(3) 在等离子弧切割过程中会产生大量毒害气体，需要通风并佩戴多层过滤的防尘口罩。

(4) 在等离子弧切割过程中需穿戴毛巾、手套、脚护套等防护用具，防止四溅的火星对皮肤的灼伤。

(5) 在等离子弧切割过程中高频振荡器产生的高频以及电磁辐射会对身体造成损伤，部分长期从业者甚至出现不孕的症状，虽然医学界和业界对比暂时尚无定论，但仍需做好防护工作。

十、等离子切割与火焰切割的比较

等离子切割是利用具有很高能量密度的高温等离子电弧对切口集中加热、快速熔断的切割技术，等离子切割被认为是中薄板最理想的切割方法之一，以其切割效率高、质量好而备受用户的欢迎。特别是20世纪90年代以来，由于等离子技术的不断改进，其消耗品如电极、喷嘴、涡流环的使用寿命不断提高，使得等离子消耗品的费用大幅度下降，为等离子切割的应用开拓了广阔的前景。

现根据大连造船厂钢材加工车间的调查情况，对等离子切割机与传统的数控氧—乙炔切割做个比较。

1. 切割成本的比较

数控氧—乙炔切割的费用主要为氧气、乙炔的费用，等离子切割的主要费用主要为消耗品电极、喷嘴、涡流环的费用。

现将两种切割成本计算如下：

(1) 数控氧—乙炔切割。切割厚度为18mm，长度为1m的钢板消耗费用的计算。

已知：氧气流量(m^3/h)为$3.65m^3/h$，乙炔流量(m^3/h)为$0.73m^3/h$，切割速度(mm/min)为520mm/min，氧气单价为4.75元/m^3，乙炔单价为14元/m^3。

切割1米钢板氧气的消耗费用＝消耗的氧气量×氧气单价

消耗的氧气量＝氧气流量/切割速度

$$=3.65\div 60\div 0.52\doteq 0.12\ (m^3)$$

切割1米钢板氧气的消耗费用＝消耗的氧气量×氧气单价

$$=0.12\times 4.75=0.57(元)$$

切割1米钢板乙炔的消耗费用＝消耗的乙炔量×乙炔单价

消耗的乙炔量＝乙炔流量/切割速度

$$=0.73\div 60\div 0.52\doteq 0.023(m^3)$$

切割1米钢板乙炔的消耗费用＝消耗的乙炔量×乙炔单价

$$=14\times 0.023\doteq 0.32(元)$$

切割1米钢板总费用＝氧气费用＋乙炔费用

$$=0.57+0.32=0.89(元)$$

(2)数控等离子切割。切割厚度为18mm，长度为1米的钢板消耗费用的计算。

已知：消耗品中每小时电极费用为12.5元/小时，每小时喷嘴费用为32元/小时，每小时涡流环的费用为18.1元/小时，电机功率为30kW，电费单价为0.8元/(kW·h)，电机工作效率为100%，切割速度(mm/min)为1500mm/min。

切割1米钢板每小时的电费＝功率×效率×电费单价

$$=30\times 100\%\times 0.8=24(元)$$

每小时消耗品的费用＝电极费用＋喷嘴费用＋涡流环费用

$$=12.5+32+18.10=62.6(元)$$

每分钟切割钢板的费用＝(每小时的电费＋每小时消耗品的费用)/60

$$=(24+62.6)\div 60\doteq 1.44(元)$$

切割1米钢板的总费用＝每分钟切割钢板的费用/切割速度

$$=1.44\div 1.5=0.96(元)$$

通过以上调查计算，火焰切割的每米成本与等离子切割成本基本相当。

2. 生产效率的比较

等离子切割，切割厚度18mm的钢板时，速度为1500mm/min，氧—乙炔火焰为500mm/min，等离子为氧—乙炔火焰速度的3倍，生产效率相当高。

3. 切割质量的比较

切割质量对比，更显现出等离子切割的优越性。等离子切割的工件无毛刺和挂渣，表面光滑无塌边，切割精度公差不大于0.5mm，工件变形小，可以代替或省掉机加工工序，通过实践证明，等离子切割的零件不进行机加工完全可以满足焊接装配质量要求。省去机加工的工序，即可以节省机加工设备费、加工费几十万元。不仅如此，由于等离子切割的效率高，一台等离子可以代替2～3台火焰切割机，这大大压缩了生产作业的面积，提高了厂房的有效利用效率，其综合效益是非常可观的。

任务四　激光切割

一、激光切割原理、分类及特点

1. 激光切割的原理

激光切割是利用经聚焦的高功率密度的激光束照射工件，使被照射的材料迅速熔化、汽化、烧蚀或达到燃点，同时借助与光束同轴的高速气流吹除熔融物质，从而实现将工件割开的目的。激光切割属于热切割方法之一，其原理如图13-13所示。

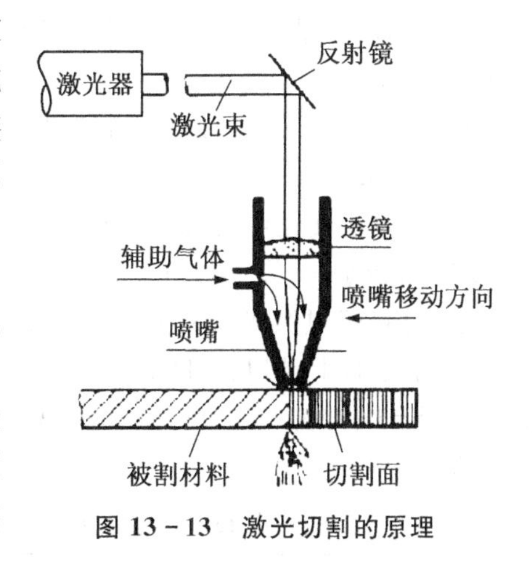

图13-13　激光切割的原理

2. 激光切割的分类

激光切割可分为激光汽化切割、激光熔化切割、激光氧气切割和激光划片与控制断裂4类。

(1) 激光汽化切割。激光汽化切割利用高能量密度的激光束加热工件，使温度迅速上升，在非常短的时间内达到材料的沸点，材料开始汽化，形成蒸气。这些蒸气的喷出速度很大，在蒸气喷出的同时，在材料上形成切口。材料的汽化热一般很大，所以激光汽化切割时需要很大的功率和功率密度。

激光汽化切割多用于极薄金属材料和非金属材料（如纸、布、木材、塑料和橡皮等）的切割。

(2) 激光熔化切割。激光熔化切割时，用激光加热使金属材料熔化，然后通过与光束同轴的喷嘴喷吹非氧化性气体（Ar、He、N等），依靠气体的强大压力使液态金属排出，形成切口。如图13-14所示为激光熔化切割，不需要使金属完全汽化，所需能量只有汽化切割的1/10。

激光熔化切割主要用于一些不易氧化的材料或活性金属切割，如不锈钢、钛、铝及其合金等。

(3) 激光氧气切割。激光氧气切割原理类似于氧—乙炔切割。它是用激光作为预热热源,用氧气等活性气体作为切割气体。喷吹出的气体一方面与切割金属作用,发生氧化反应,放出大量的氧化热;另一方面把熔融的氧化物和熔化物从反应区吹出,在金属中形成切口。由于切割过程中的氧化反应产生了大量的热,所以激光氧气切割所需要的能量只是熔化切割的1/2,而切割速度远远大于激光汽化切割和熔化切割。激光氧气切割主要用于碳钢、钛钢以及热处理钢等易氧化的金属材料。

图13-14　激光熔化切割

(4) 激光划片与控制断裂。激光划片是利用高能量密度的激光在脆性材料的表面进行扫描,使材料受热蒸发出一条小槽,然后施加一定的压力,脆性材料就会沿小槽处裂开。激光划片用的激光器一般为Q开关激光器和CO_2激光器。

控制断裂是利用激光刻槽时所产生的陡峭的温度分布图,在脆性材料中产生局部热应力,使材料沿小槽断开。

3. 激光切割的特点

激光切割与其他热切割方法相比较,总的特点是切割速度快、质量高。具体概括为如下几个方面。

(1) 切割质量好。由于激光光斑小、能量密度高、切割速度快,因此激光切割能够获得较好的切割质量。

① 激光切割切口细窄,切缝两边平行并且与表面垂直,切割零件的尺寸精度可达±0.05mm。

② 切割表面光洁美观,表面粗糙度只有几十微米,甚至激光切割可以作为最后一道工序,无需机械加工,零部件可直接使用。

③ 材料经过激光切割后,热影响区宽度很小,切缝附近材料的性能也几乎不受影响,并且工件变形小,切割精度高,切缝的几何形状好,切缝横截面形状呈现较为规则的长方形。激光切割、氧—乙炔切割和等离子切割方法的比较见表13-5,切割材料为6.2mm厚的低碳钢板。

表13-3　激光切割、氧—乙炔切割和等离子切割方法的比较

切割方法	切缝宽度/mm	热影响区宽度/mm	切缝形态	切割速度	设备费用
激光切割	0.2～0.3	0.04～0.06	平行	快	高
氧—乙炔切割	0.9～1.2	0.6～1.2	不太平行	慢	低
等离子切割	3.0～4.0	0.5～1.0	比较平行	快	中高

(2) 切割效率高。由于激光的传输特性,激光切割机上一般配有多台数控工作台,整个切割过程可以全部实现数控。操作时,只需改变数控程序,就可适用不同形状零件的切割,既可进行二维切割,又可实现三维切割。

(3) 切割速度快。用功率为1200W的激光切割2mm厚的低碳钢板,切割速度可达600cm/min;切割5mm厚的聚丙烯树脂板,切割速度可达1200cm/min。材料在激光切割时

不需要装夹固定，既可节省工装夹具，又节省了上、下料的辅助时间。

(4) 非接触式切割。激光切割时割炬与工件无接触，不存在工具的磨损。加工不同形状的零件，不需要更换“刀具”，只需改变激光器的输出参数。激光切割过程噪声低，振动小，无污染。

(5) 切割材料的种类多。与氧—乙炔切割和等离子切割比较，激光切割材料的种类多，包括金属、非金属、金属基和非金属基复合材料、皮革、木材及纤维等。但是对于不同的材料，由于自身的热物理性能及对激光的吸收率不同，表现出不同的激光切割适应性。

(6) 缺点。激光切割由于受激光器功率和设备体积的限制，激光切割只能切割中、小厚度的板材和管材，而且随着工件厚度的增加，切割速度明显下降。激光切割设备费用高，一次性投资大。

4. 激光切割的应用范围

大多数激光切割机都由数控程序进行控制操作或做成切割机器人。激光切割作为一种精密的加工方法，几乎可以切割所有的材料，包括薄金属板的二维切割或三维切割。

在汽车制造领域，小汽车顶窗等空间曲线的切割技术都已经获得广泛应用。德国大众汽车公司用功率为 500W 的激光器切割形状复杂的车身薄板及各种曲面件。在航空航天领域，激光切割技术主要用于特种航空材料的切割，如钛合金、铝合金、镍合金、铬合金、不锈钢、氧化铍、复合材料、塑料、陶瓷及石英等。用激光切割加工的航空航天零部件有发动机火焰筒、钛合金薄壁机匣、飞机框架、钛合金蒙皮、机翼长桁、尾翼壁板、直升机主旋翼、航天飞机陶瓷隔热瓦等。

激光切割成形技术在非金属材料领域也有着较为广泛的应用，不仅可以切割硬度高、脆性大的材料，如氮化硅、陶瓷、石英等，还能切割加工柔性材料，如布料、纸张、塑料板、橡胶等，如用激光进行服装剪裁，可节约衣料 10%～12%，提高功效 3 倍以上。如图 13－15 所示为激光切割的皮革。

图 13－15 激光切割的皮革

二、激光切割的主要工艺

1. 激光切割技术概要以及激光切割的精度

激光束聚焦成很小的光点，其最小直径可小于 0.1mm，使焦点处达到很高的功率密度，可超过 106W/cm^2。这时光束输入的热量远远超过被材料反射、传导或扩散部分，材料很快加热至汽化温度，蒸发形成孔洞。随着光束与材料相对线性移动，使孔洞连续形成宽度很窄(如 0.1mm 左右)的切缝。切边热影响很小，基本没有工件变形。切割过程中还添加与被切材料相适合的辅助气体。钢切割时用氧作为辅助气体与熔融金属产生放热化学反应氧化材料，同时帮助吹走割缝内的熔渣；切割聚丙烯一类塑料使用压缩空气；棉、纸等易燃材料切割使用惰性气体。进入喷嘴的辅助气体还能冷却聚焦透镜，防止烟尘进入透镜座内污染镜片并导致镜片过热。

大多数有机与无机材料都可以用激光切割。在工业制造占有分量很重的金属加工业，许多金属材料，不管它具有什么样的硬度，都可进行无变形切割(目前使用最先进的激光切割系统可切割工业用钢的厚度已可接近20mm)。当然，对高反射率材料，如金、银、铜和铝合金，它们也是好的传热导体，因此激光切割很困难，甚至不能切割(某些难切割材料可使用脉冲波激光束进行切割，由于极高的脉冲波峰值功率，会使材料对光束的吸收系数瞬间急剧提高)。

激光切割无毛刺、皱折，精度高，优于等离子切割。对许多机电制造行业来说，由于微机程序的现代化激光切割系统能方便切割不同形状与尺寸的工件(工件图纸也可修改)，它往往比冲切、模压工艺更被优先选用；尽管它加工速度慢于模冲，但它没有模具消耗，无需修理模具，还节约更换模具时间，从而节省加工费用，降低产品成本。

另一方面，从如何使模具适应工件设计尺寸和形状变化角度看，激光切割也可发挥其精确、重现性好的优势。作为层叠模具的优先制造手段，由于不需要高级模具制作工，激光切割运转费用也并不昂贵，因此还能显著地降低模具制造费用。激光切割模具还带来的附加好处是模具切边会产生一个浅硬化层(热影响区)，提高模具运行中的耐磨性。激光切割的无接触特点给圆锯片切割成形带来无应力优势，由此提高了使用寿命。

2. 常用工程材料的激光切割

(1) 金属材料的激光切割。虽然几乎所有的金属材料在室温对红外波能量有很高的反射率，但发射处于远红外波段1.064μm光束的灯泵浦激光器及10.6μm CO_2 激光器，还成功地应用于许多金属的激光切割。

(2) 非金属材料的激光切割。10.6μm波长的 CO_2 激光束很容易被非金属材料吸收，导热性不好和低的蒸发温度又使吸收的光束几乎输入整个材料内部，并在光斑照射处瞬间汽化，形成起始孔洞，进入切割过程的良性循环。

(3) 激光切割的精度由多方面因素组成。

① 激光束通过聚焦后的光斑的大小。激光束聚集后的光斑越小，切割精度越高，特别是切缝较小，最小的光斑可达0.01mm。

② 工作台的走位精度决定着切割的重复精度，工作台精度越高，切割的精度越高。

③ 工件厚度越大，精度越低，切缝越大。

由于激光光束为锥形，切缝也是锥形，厚度0.3mm的不锈钢比2mm的切缝小得多。

④ 工件材质对激光切割精度有一定影响。

同样情况下，不锈钢要比铝的切割精度高，切面光滑一些。

激光切割机的切割质量好。切口宽度窄(一般为0.1～0.5mm)、精度高(一般孔中心距误差0.1～0.4mm，轮廓尺寸误差0.1～0.5mm)、切口表面粗糙度好(一般 R_a12.5～R_a25μm)，切缝一般不需要再加工即可焊接。

三、激光切割安全操作规程

(1) 遵守一般切割机安全操作规程，严格按照激光器启动程序进行启动激光器。

(2) 操作者须经过培训，熟悉设备结构性能，掌握操作系统有关知识。

(3) 按规定穿戴好劳动防护用品，在激光束附近必须配带符合规定的防护眼镜。

(4) 在未弄清某一材料是否能用激光切割前，不要对其加工，以免产生潜在危险。

(5) 设备开动时操作人员不得擅自离开岗位或做与加工无关的事。

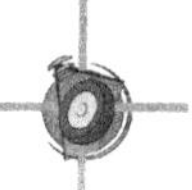

(6) 要将灭火器放在随手可及的地方，不加工时要关掉激光器；不要在未加防护的激光束附近放置纸张、布或其他易燃品。

(7) 对激光器内部维修时，要遵守下列高压安全程序：

① 关掉高压钥匙开关，并将其拔走，以锁住高压。

② 用高压棒对高压电容放电。

③ 不要一人单独检修激光器。

(8) 在加工过程中发现异常时，应立即停机，及时排除故障或通知相关人员。

(9) 保持激光机机身及周围场地整洁、有序，工件、板材、废料按规定堆放。

(10) 每工作 40 工时，要对运动轨轴清洁加润滑油。

任务五　碳弧气刨

一、碳弧气刨的原理

碳弧气刨是利用碳极和金属之间产生的高温电弧，把金属局部加热到熔化状态，同时利用压缩空气的高速气流把这些熔化金属吹掉，从而实现对金属母材进行刨削和切割的一种加工工艺方法，如图 13－16 所示。

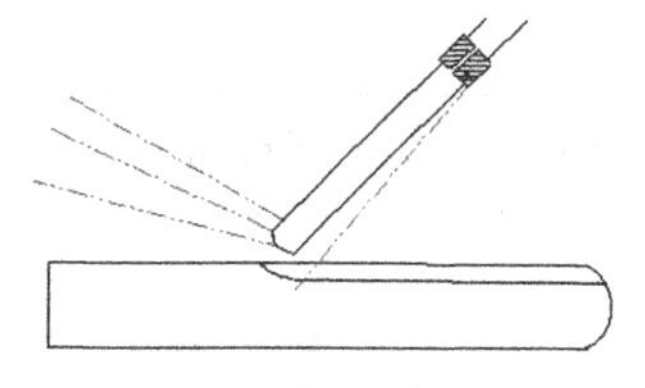

图 13－16　碳弧气刨

二、碳弧气刨的应用

碳弧气刨的应用(图 13－17)如下：

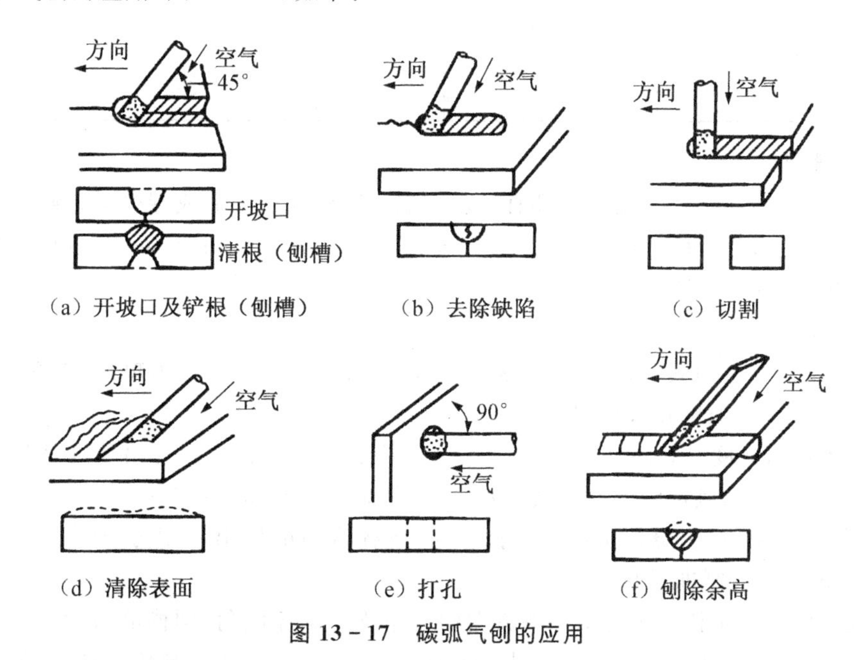

(a) 开坡口及铲根（刨槽）　(b) 去除缺陷　(c) 切割

(d) 清除表面　(e) 打孔　(f) 刨除余高

图 13－17　碳弧气刨的应用

(1) 焊缝挑焊根工作中。

(2) 利用碳弧气刨开坡口,尤其是 U 形坡口。

(3) 返修焊件时,可使用碳弧气刨消除焊接缺陷(挖出)。

(4) 清除铸件表面的毛边、飞刺、冒口和铸件中的缺陷。

(5) 切割不锈钢中、薄板。

(6) 在板材工件上打孔。

(7) 刨削焊缝表面的余高。

三、碳弧气刨的工艺参数

1. 碳棒规格及适用电流

电流对刨槽的尺寸影响很大,电流增加时,刨槽的宽度增加,深度增加更多,采取大电流可以提高刨削速度,并获得较光滑的刨槽。但电流过大时,碳棒头易发红,镀铜层易脱落。正常电流下,碳棒发红长度为 25mm,电流小则容易产生夹碳现象。实际生产中可参考表 13-4选用电流。

表 13-4　碳棒规格及适用电流

断面形状	规格/mm	适用电流/A	断面形状	规格/mm	适用电流/A
圆形	φ3×355	150～180	扁形	3×12×355	200～300
	φ4×355	150～200		5×10×355	300～400
	φ5×355	150～250		5×12×355	350～450
	φ6×355	180～300		5×15×355	400～500
	φ7×355	200～350		5×18×355	450～550
	φ8×355	250～400		5×20×355	500～600
	φ10×355	400～550		5×25×355	550～600
	φ12×355	450～600		6×20×355	550～600

2. 刨削速度

刨削速度对刨槽尺寸、表面质量都有一定影响。速度太快会造成碳棒与金属相碰,会使碳粘于刨槽顶端,形成"夹碳"的缺陷。相反,速度过慢又易出现"粘渣"问题。通常刨削速度为 0.5～1.2m/min 较合适。

3. 电弧长度

气刨时,电弧长会引起电弧不稳定,甚至造成息弧。操作一般宜用短弧,以提高生产效率和碳棒利用率。一般电弧长度以 1～2mm 为宜。

(1) 碳棒伸出长度。碳棒从钳口到电弧端的长度为伸出长度。伸出长度越长,钳口离电弧越远,压缩空气吹到熔池的吹力就不足,不能将熔化的金属顺利吹掉;另一方面,伸出长度越长,碳棒的电阻越大,烧损也越快。操作时,碳棒合适的伸出长度为 80～100mm,当烧损到 20～30mm 后就要进行调整。

(2) 碳棒倾角。碳棒与工件沿刨槽方向的夹角称为碳棒倾角,刨槽的深度与倾角有关。倾角增大,刨槽深度增加;反之,倾角减小,则刨槽深度减小。碳棒的倾角一般为 25°～ 45°。

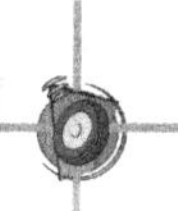

四、碳弧气刨的基本操作

1. 工件准备

刨削前应先检查电源的极性是否正确(一般刨枪接正极、工件接负极),检查电缆及气管是否接好,并根据工件厚度、槽的宽度选择碳棒直径和调节好电流,调节碳棒伸出长度,检查压缩空气管路和调节压力,调正风口并使其对准刨槽。

2. 引弧

引弧时,应先缓慢打开气阀,随后引燃电弧,否则易产生“夹碳”和碳棒烧红。电弧引燃瞬间,不宜拉得过长,以免熄灭。

3. 刨削

因为开始刨削时钢板温度低,不能很快熔化,当电弧引燃后,此时刨削速度应慢一点;否则易产生夹碳。当钢板熔化且被压缩空气吹去时,可适当加快刨削速度。

(1) 刨削过程中,碳棒不应横向摆动和前后往复移动,只能沿刨削方向做直线运动。碳棒倾角按槽深要求而定,倾角可为 25°～ 45°。

(2) 刨削时,手的动作要稳,对好准线,碳棒中心线应与刨槽中心线重合。否则,易造成刨槽形状不对称。在垂直位置气刨时,应由上向下移动,以便焊渣流出。

(3) 要保持均匀的刨削速度。刨削时,均匀清脆的“嗞嗞”声表示电弧稳定,能得到光滑均匀的刨槽。每段刨槽衔接时,应在弧坑上引弧,防止碰触刨槽或产生严重凹痕。

(4) 刨削结束时,应先切断电弧,过几秒后再关闭气阀,使碳棒冷却。

(5) 刨槽后应清除刨槽及其边缘的铁渣、毛刺和氧化皮,用钢丝刷清除刨槽内碳灰和“铜斑”,并按刨槽要求检查焊缝根部是否完全刨透,缺陷是否完全清除。

(6) 焊缝返修时刨削缺陷:焊缝经探伤后,发现有超标准的缺陷,可用碳弧气刨进行刨除。根据检验人员在焊缝上做出的缺陷位置的标记来进行刨削,刨削过程中要注意一层一层地刨,每层不要太厚。当发现缺陷后,要轻轻地再往下刨一两层,直到将缺陷彻底刨掉为止。如图 13 - 18 所示为刨除焊缝后的槽形。

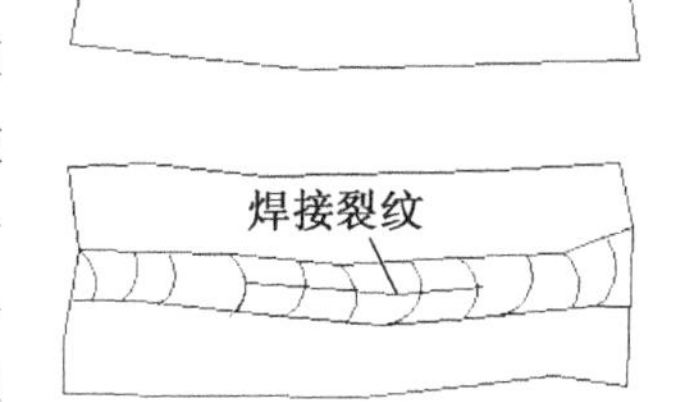

图 13 - 18　刨除焊缝后的槽形

思考题

1. 气割的优点有哪些?
2. 气割为什么比气焊更容易发生回火?发生回火时应如何紧急处理?
3. 试述气焊、气割的安全操作技术。
4. 解释等离子切割的工作原理。
5. 等离子切割有哪些优点?
6. 试述等离子切割的安全操作技术。
7. 说说激光切割的原理和特点。
8. 试述激光切割的应用范围。
9. 激光切割操作要注意哪些事项?
10. 碳弧气刨有哪些作用?
11. 试述碳弧气刨的安全操作技术。

参考文献

[1] 李继三. 职业技能鉴定教材[M]. 北京:中国劳动社会保障出版社,2007.

[2] 王长忠. 焊工工艺与技能训练[M]. 北京:中国劳动社会保障出版社,2006.

[3] 王公安,刘玲娣. 机械制造工艺基础[M]. 6 版. 北京:中国劳动社会保障出版社,2011.

[4] 斯重遥. 焊接手册—材料的焊接[M]. 3 版. 北京:机械工业出版社,2008.